高等职业教育精品规划教材

# 构 造 地 质

主编　魏孔明

应 急 管 理 出 版 社

·北　京·

**图书在版编目（CIP）数据**

构造地质／魏孔明主编．--北京：应急管理出版社，2022（2025.7重印）

高等职业教育精品规划教材

ISBN 978-7-5020-9580-2

Ⅰ.①构… Ⅱ.①魏… Ⅲ.①构造地质学—高等职业教育—教材 Ⅳ.①P54

中国版本图书馆 CIP 数据核字（2022）第 207393 号

**构造地质**（高等职业教育精品规划教材）

**主　　编**　魏孔明
**责任编辑**　胡　畔
**责任校对**　李新荣
**封面设计**　王　滨

**出版发行**　应急管理出版社（北京市朝阳区芍药居 35 号　100029）
**电　　话**　010-84657898（总编室）　010-84657880（读者服务部）
**网　　址**　www.cciph.com.cn
**印　　刷**　北京地大彩印有限公司
**经　　销**　全国新华书店

**开　　本**　787mm×1092mm $^{1}/_{16}$　**印张**　$12^{1}/_{4}$　**字数**　258 千字
**版　　次**　2023 年 2 月第 1 版　2025 年 7 月第 2 次印刷
**社内编号**　20221442　**定价**　50.00 元

## 本书编写人员

**主　　编**　魏孔明

**参编人员**　关保国　孙晓鹏

# 序

改革开放以来，我国职业教育迅速发展。2019 年国务院印发《国家职业教育改革实施方案》，进一步肯定了职业教育的作用及现实意义，要求要牢固树立新发展理念，服务建设现代化经济体系和实现更高质量更充分就业需要，对接科技发展趋势和市场需求，完善职业教育和培训体系，优化学校、专业布局，深化办学体制改革和育人机制改革，以促进就业和适应产业发展需求为导向，鼓励和支持社会各界特别是企业积极支持职业教育，着力培养高素质劳动者和技术技能人才。2020 年《教育部　甘肃省人民政府关于整省推进职业教育发展打造“技能甘肃”的意见》出台，明确提出了部省合作推进甘肃职业教育发展，聚焦打造“技能甘肃”，树立西部职业教育发展示范，全面推进本科职业教育改革试点工作。甘肃高等职业教育发展迎来了新机遇、踏上了新征程。为了实施科教兴国战略，发展职业教育，提高劳动者素质，促进社会主义现代化建设，2022 年国家颁布了《中华人民共和国职业教育法》，鼓励并组织职业教育的科学研究。

在此关键时期，恰逢世行贷款甘肃职业教育发展项目助推甘肃省职业教育发展。世行贷款甘肃职业教育发展项目，是经国务院批准，由甘肃省人民政府担保，借用世界银行贷款以提高甘肃省职业院校开展职业教育与培训整体能力的改革创新项目；是全面贯彻全国职教工作会议精神，落实《甘肃省人民政府关于贯彻落实国务院加快发展现代职业教育决定的实施意见》，针对甘肃省经济产业发展战略中技能型人才不足的实际，通过利用外资，同时引进国际先进的职业教育发展理念和经验，进一步促进甘肃省现代职业教育体系建设的重要支撑项目。

甘肃能源化工职业学院子项目是该项目的重要组成部分。项目的实施，为学校引智引资，改善办学条件，改革教育教学方法，推进课程体系建设，提升人才培养质量，促进学校高质量发展奠定了基础。学校以此为契机，积极推进职业教育教材编写工作，遴选资深教师和企业专家组成编委会，编写了这套

“高等职业教育精品规划教材”。在此过程中，我们始终得到了世行专家团队、教育主管部门和相关院校的大力支持和积极参与，对此深表感谢。

我们要抢抓“一带一路”建设和新一轮西部大开发的历史机遇，探索经济欠发达地区职业教育与区域产业互动发展、融合发展、高质量发展的路径，推动高等职业教育发展，打造“技能甘肃”职业教育高地，为新时代甘肃融入“一带一路”建设培养技术技能型人才。

高等职业教育精品规划教材编委会

2022年9月

# 前　　言

本教材的编写力求体现职教特色。在进行充分的行业和企业调研的基础上，以考虑学生实际，遵循“理论够用，注重实践环节”的原则，做到内容简化、语言精准、文字恰当，理论教学与实训环节比例协调，相得益彰。内容选择上以从业实际应用的经验和心得为主，参照相应的规范标准，以适度够用为辅。教材采用项目、任务、知识点的逻辑框架编写，以立体化教材形式呈现，体现项目化、模块化、案例化职教特色。教材内容编排中嵌入课程思政元素，贯彻立德树人理念。

本教材是由兰州石化职业技术大学、甘肃煤田146地质队、甘肃煤田133地质队、靖远煤业集团等单位共同参与，校企合作，联合开发。本教材由兰州石化职业技术大学魏孔明教授担任主编，关保国副教授、孙晓鹏老师共同承担编写任务。靖远煤业集团教授级高级工程师高小明、甘肃煤田146地质队高级工程师袁响堂等承担教材编写大纲审定及实训教学内容、知识点能力要求的考核评价标准制定。教材中绪论、项目一、项目三、项目四、项目七由魏孔明教授编写，项目五、项目六由关保国副教授编写，项目二由孙晓鹏老师编写。

限于编者水平，尚祈广大师生及其他读者朋友对本书中的错误和不妥之处，予以指正！

编　者

2022年6月

# 目　　录

# 项目一　沉积岩层的原生构造及其特点

## 任务一　沉积岩层的原生构造

【课程思政】

中国地质学之父——李四光：一生践行科学报国。

李四光，1889—1971 年，原名李仲揆，字仲拱，湖北黄冈人，是我国杰出的地质学家，首创地质力学。他以独到的学术见解，不仅圆满解决了各种地质构造形式的形成机制，而且成功地指导了找矿工作。在他的理论指引下，我国相继发现了大庆油田、胜利油田、大港油田等重要油田，为祖国的建设做出了卓越贡献。

1889 年 10 月 26 日，李四光出生于湖北黄冈，他生命中最初的 13 年，都在农村中度过。5 岁时，他开始进私塾读书，每天午后放学回家，就和长兄一起为家里劳动，晚上又和哥哥一起在油灯下背书、习字。家境艰难，让小小年纪的李四光就懂得了生活之不易。当同龄的孩子还在四处调皮的时候，他已经懂得了将两段油灯芯分开来用，以延长读书时间。自小他便暗下决心，长大后一定要为祖国争气，学会造船，为中国的航海事业尽一份责任。

怀揣着报国之志，李四光离开家乡，来到湖北省的省城武昌，考入西路高等小学堂。之后，他又东渡日本在宏文学院学习，后又进入大阪高等工业学校系统地学习造船，这初步实现了他为祖国学习造船的心愿。

1918 年，李四光用英文写就了长达 387 页的论文《中国之地质》，这让他顺利获得了英国伯明翰大学自然科学硕士学位。不久，李四光接到了北京大学校长蔡元培发来的聘书，请他回国担任北京大学地质系教授。带着为真理奋斗的治学精神以及报效祖国的满腔热血，他回到了这片自己深爱着的热土。

1948 年，李四光赴欧洲从事地质考察和学术研究活动，由于国内缺少从事科研的基本条件，李四光便留在了欧洲。1949 年秋，在海外已经取得博士学位的李四光冲破重重阻力，满怀着唯图国强、不谋己荣的爱国情怀，携夫人回到了祖国的怀抱。

1956 年，67 岁高龄的李四光亲自主持石油普查勘探工作。他以自创的地质力学为理论基础，指出石油勘探工作应该打破“偏西北一隅”的局面，寻找几个希望大、面积广的可能含油区。在他的理论指导下，勘探队在很短的时间内先后发现了大庆、胜利、大港、华北、江汉等油田，一举摘掉了“中国贫油”的帽子。这一成就所带来的影响可想而知。时至今日，这依然是那个时代最振奋人心的标志性图景。

穷且益坚，不坠青云之志。老当益壮，不移报国之情。李四光用自己的一生践行了科学报国的理想信念，用实际行动为祖国富强繁荣奉献一生。

【任务目标】

1. 熟练掌握沉积岩原生构造的类型、特征。
2. 能利用沉积岩原生构造分析沉积岩形成的古地理环境。
3. 能利用沉积岩的原生构造确定岩层层序关系。

【任务描述】

当我们观察沉积岩时会发现岩层内部物质成分、颜色及颗粒大小具有明显的方向性，并且岩层顶、底面常有不同形状的凸起或凹陷等。所有这些沉积岩的各个组成部分之间的分布和排列方式等称为沉积岩的原生构造，它们是沉积物在沉积过程中或沉积物固结成岩之前产生的构造，如层理及层面构造（波痕、泥裂、生物遗迹等）。它们都与沉积岩形成时的环境条件（如气候条件、氧化还原条件、搬运介质的速度等）有密切关系。原生构造特征直接反映沉积环境的介质和能量条件，它们是碎屑岩最重要的成因标志之一，不仅为研究岩层形成时的古地理环境提供了重要资料，而且有些原生构造还是确定岩层成层顺序的重要依据。因此，研究沉积岩原生构造对分析构造环境、确定岩层产状和构造形态具有重要意义。

【任务知识】

**☞知识点1：岩层的概念**

沉积岩最突出的特征就是具有呈层分布的特征。由两个平行或近于平行的界面所限制且岩性基本一致的层状岩石称为岩层。岩层的上、下界面称为层面，在岩层层序正常的情况下，上层面称为顶面，下层面称为底面。由于沉积古地理环境、物质供应条件的差异，岩层的厚度及横向稳定性也不同，有的岩层在较大范围内均匀分布，且厚度稳定；有的岩层虽分布范围较大，但厚度不稳定，向某一方向变薄甚至尖灭，呈楔状；有的岩层分布范围不均匀，且向多个方向变薄、尖灭，呈透镜状。

岩层顶、底层面之间的垂直距离，称为岩层厚度。根据厚度大小，将岩层分为：

| | |
|---|---|
| 巨厚层 | ＞2 m |
| 厚　层 | 0.5 ~2.0 m |
| 中厚层 | 0.1 ~0.5 m |
| 薄　层 | 0.01 ~0.1 m |
| 微　层 | ＜0.01 m |

需要注意的是，在讨论岩层时常常联系到地层。地层指某一地区在某一地质时代形成的一套岩层的集合。

地层与岩层既有联系又有区别。对岩层的划分、命名，主要根据岩石的物质成分、结构、构造及颜色特征，而不考虑其时代属性，如砾岩层、砂岩层、石灰岩层等。对地层的划分、对比，不仅要考虑所含岩石特征，还要确定其地质时代，在地层划分与对比时，可以作为一个独立的地层单位。

☞ **知识点2：层理及其识别**

层理是沉积岩沉积时形成的成层构造。它是由沉积岩的成分、结构、胶结物、颜色等沿垂向的变化而显示出来的一种面状构造。层理是碎屑岩最典型、最重要的特征之一，它是沉积物沉积时介质动力条件的直接反映，也是沉积环境的重要标志之一。

## 一、层理的类型

按照岩层中层理的形态特征，可将其分为下列几种基本类型：

1. 水平层理

指细层界面平直，相互平行，且平行于岩层面（图1－1a）。细层可以由颜色差异、粒度变化、矿物成分不同、片状矿物定向排列等形式显示出来。水平层理多见于泥质岩、粉砂岩及碳酸盐岩中，通常形成于水介质较平稳的环境中，如深海、湖泊等，是静水或微弱水流中缓慢沉积作用的标志。

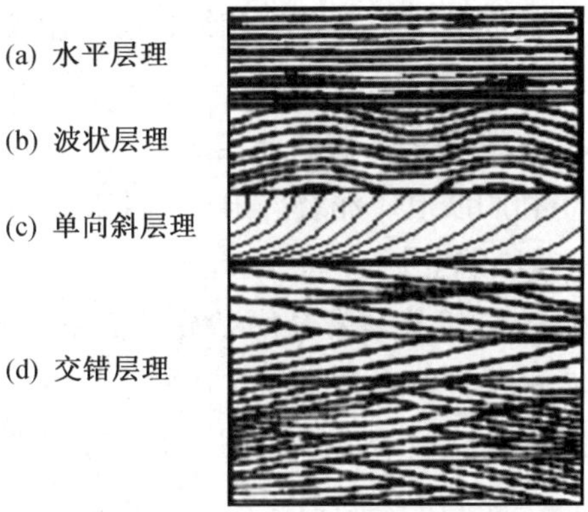


图1－1　层理的主要类型

2. 波状层理

指细层界面呈波状起伏，但总体方向平行于岩层面（图1－1b）。波状层理是由搬运介质的波浪运动而引起的，多形成于河漫滩及湖、海沿岸的浅水地带。常出现在细砂岩、中砂岩等细碎屑岩中。

3. 平行层理

它们的外貌与水平层理极为相似。平行层理主要由平行而又几乎水平的纹层状砂和粉砂组成，纹层厚从一二毫米至十几毫米不等，它是在较强水动力条件下流动水作用的产物，而非静水沉积，其多在细砂岩和中砂岩中发育良好。平行层理一般出现在急流及高能量环境中，如河道、海（湖）岸和海滩等沉积环境中，常与大型交错层理共生。

4. 斜层理

它是由一系列与岩层面斜交的细层所组成的，斜层理是由搬运介质流动而引起的，一般出现在砂岩中。按细层分布形态，斜层理可分为单向斜层理和交错层理。

单向斜层理的细层均向同一方向倾斜（图1－1c）。它是在介质作单向运动时形成的，细层的倾斜方向为介质的流动方向，单向斜层理多见于河流相砂质沉积物中。

交错层理是由倾斜方向不同的细层组成的，层系相互交错、切割（图1－1d）。交错层理是在介质流动方向频繁交替下形成的，常见于三角洲相及湖滨相、海滨相的砂质沉积物中。

## 二、层理的识别标志

在野外观察和研究地质构造工作中，识别层理是一项基础工作，只有识别出层理，才能正确确定岩层层序和产状，进而查明该地区的地质构造。层理的识别标志有下列几种：

1. 岩石成分的变化

在岩性均一的厚层岩层中，若有薄层特殊岩性的夹层，可作为判断层理的标志，如厚层石灰岩中的薄层泥灰岩或页岩夹层、厚层砂岩中的薄层泥质夹层等。

2. 岩石结构的变化

如果发现粗细颗粒相间成层，如扁平的砾石或扁平的原生结核呈面状排列、厚层砂岩底面定向分布的白云母片等，均可作为确定层理的标志。

3. 岩石颜色的变化

在成分单一、颗粒较细、层理隐蔽的岩石中，由于沉积环境的氧化还原条件变化造成颜色更替而显示出层理。

4. 岩层的层面原生构造

利用波痕、泥裂、雨痕、生物活动遗迹等层面构造，可以判断层面，进而确定层理。

【小贴士】

1. 在剪节理发育的厚层岩石中，平行展布的节理面易与岩层面相混淆，常掩盖了沉积岩的层理，以致识别层理发生困难，此时识别层理应采用“远观察，近描述”的方法，即在远处观察岩石的成分、结构和颜色等宏观特征，初步确定岩层的展布方向。而后靠近岩层，在岩层垂向断面上详细观察层理的各种标志，确定层理类型。

2. 出露于地表或地表附近的岩层常受到地表水中所含色素离子的影响，表面呈褐色、红色等次生色，干扰对层理的观察，在此情况下，利用岩石颜色识别层理时，必须敲开岩石，露出新鲜面，以确定岩石颜色是原生色还是次生色。

**☞知识点3：利用岩层原生构造确定岩层顶底面**

在研究地质构造时，必须弄清岩层的层序，才能得出正确结论。确定岩层层序的主要方法是根据岩层中所含有的古生物化石来确定，但在缺少古生物化石的岩层中，利用一些常见的沉积岩原生层面构造特征，则成为判定岩层层序的主要方法。

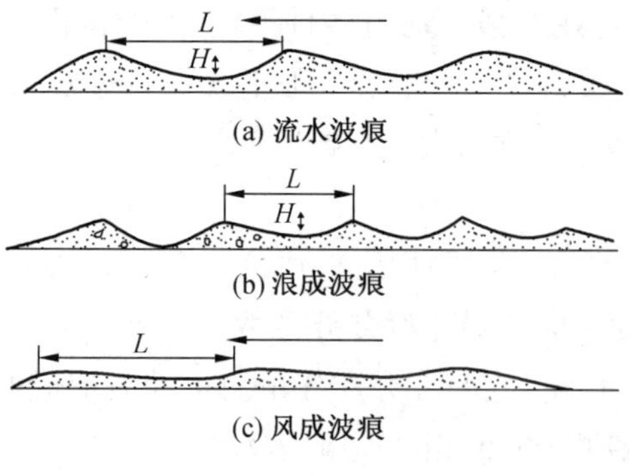


*L*—波长　*H*—波高

图1-2　不同类型波痕示意图

## 一、对称波痕及其印模

波痕最常见的两种类型是流水波痕(图1-2a）和浪成（摆动）波痕（图1-2b)。流水波痕的横剖面呈不对称形，波峰和波谷均呈不对称的圆滑状。由于原波痕与它的印模外形相似，所以难以用来判断岩层的顶面、底面；而浪成波痕的横剖面是对称的，具有尖锐的波峰和圆滑的波谷。无论是原波痕，还是它的印模，都可以用来判定岩层的顶面和底面，即尖锐的波峰指向岩层的顶面，圆滑的波谷指向岩层的底面（图1－3）。

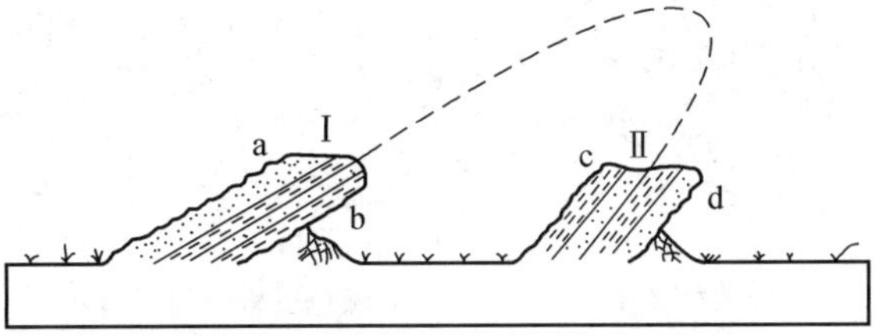


a—原波痕，波峰指向左上方；b—波痕印模，波峰指向左上方；
c—波痕印模，波峰指向右下方；d—原波痕，波痕指右下方；
Ⅰ— 正常岩层；Ⅱ— 倒转岩层

图1－3　根据波痕确定岩层的顶底面
（据 M. P. Billings）

## 二、泥裂

泥裂（干裂），又叫龟裂纹，是指富含水分的泥质或泥灰质沉积物暴露在干燥大气中经干涸收缩而产生的与层面大致垂直的裂缝。裂缝的组合在平面上成不规则的多边形，在剖面上呈“V”字形或“U”字形，这些裂缝常被上覆沉积物充填并保留下来，在上覆岩层底面形成泥裂的印模（图1－4）。根据泥裂或印模的上宽下窄特征，可判断岩层的顶面和底面，即泥裂或印模的楔形尖端指向岩层的底面。

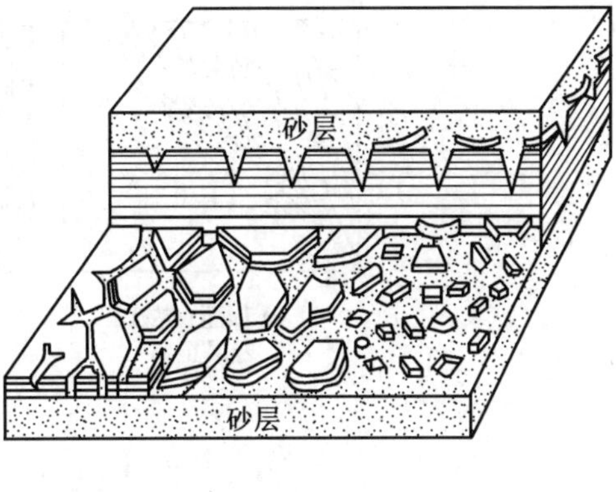


图1－4　干裂生成掩埋示意图
（据施罗克，1948）

## 三、雨痕和冰雹痕

雨痕、冰雹痕是雨点或冰雹落在湿润而松软的泥质或泥砂质的沉积物上而形成的圆形或椭圆形浅坑，被沉积物充填后并在适当条件下保存下来，可在上覆岩层底面形成瘤状向下凸起的印模。无论是雨痕、冰雹痕还是它们的印模，都是半圆的凸面指向岩层的底面（图1－5）。

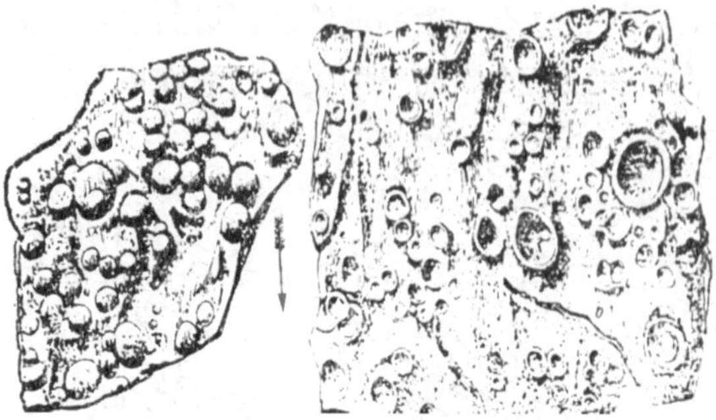

(a) 雨痕的铸型　　(b) 绿色页岩中的雨痕

箭头指示雨点冲击方向

图1-5　雨痕

（据E. S. 希尔斯）

## 四、斜层理

斜层理是由沉积岩内的细层与层面相交而表现出来的层理构造。用斜层理来确定岩层顶、底面，是根据每组细层与所在层面的顶面的交角较大（成截切关系）、与其底面的交角较小（近似相切关系）来确定岩层的顶底面（图1-6）。

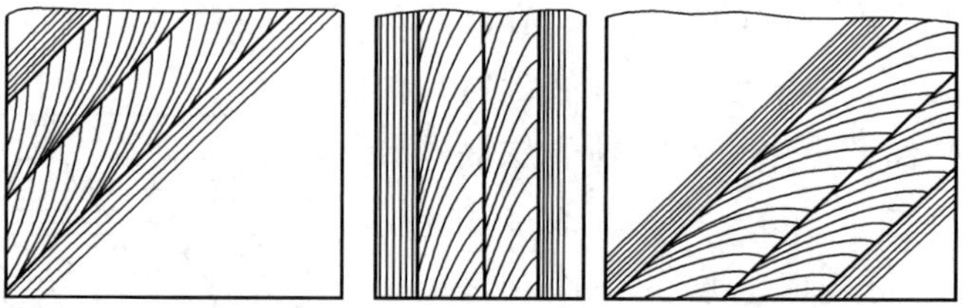

(a) 顶面在左，岩层正常　　(b) 岩层直立，顶面在右　　(c) 顶面在右，岩层倒转

图1-6　根据斜层理确定岩层顶、底面

（据M. P. Billings）

【小贴士】

确定岩层顶底面时，利用收敛状斜层理较为可靠，而利用板状斜层理和楔状斜层理时需慎重。

## 五、粒级层

粒级层又称递变层理，是在一个单层内从底部至顶部岩石粒度由粗逐渐变细，如底部是砾石或粗砂，向上可递变为细砂以至泥质。据此可以判定岩层的顶、底面（图 1－7）。但在实际应用时，要注意特殊情况下可能出现的反向粒序，即从层的底部至顶部岩石粒度由细变粗。

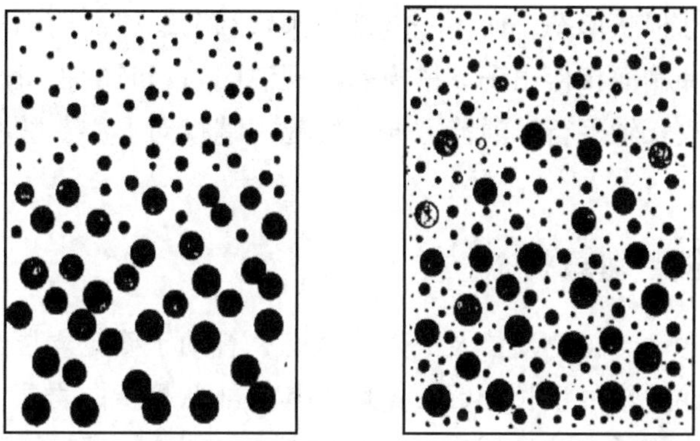

(a) 岩层内下部不含细粒物质　　(b) 岩层内普遍含有细粒物质

图 1－7　粒序层理的两种基本类型

（据 F. J. Peltijohn，1957）

## 六、冲刷面

在沉积过程中，由于水流的冲刷，在一定范围内岩层面上可形成凹凸不平的冲刷面。冲刷破碎的残余物质部分充填在冲刷面上的坑洼处，形成上覆层的底部（底砾），个别极少量的冲刷破碎物质可卷入上覆岩层内。利用冲刷面确定岩层顶、底面如图 1－8 所示，

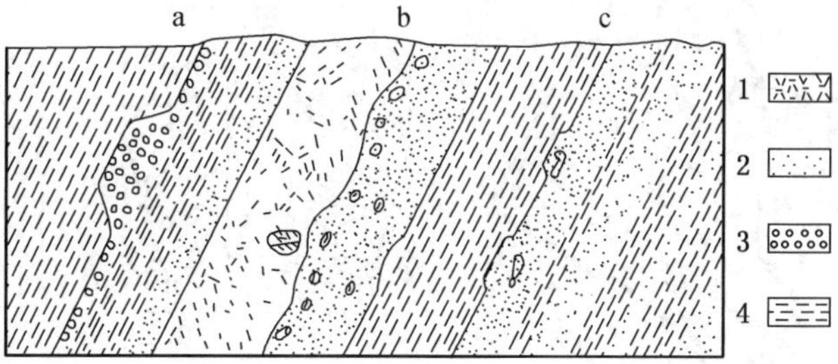


1—熔岩；2—砂岩；3—砾岩；4—页岩

图 1－8　根据冲刷面特征确定岩层顶、底面

（据 M. P. Billings）

在 a 处可见砾岩切入页岩并充填在页岩的沟槽之中，在 b 处见到右侧的砂岩中有熔岩的砾石，在 c 处砂岩中含有其左侧的页岩碎块。所有这些现象表明，每点的右侧较之左侧为新岩层，由此得知，该处岩层是倒转的。

## 七、槽模

槽模是分布在底面上的一种半圆锥形突起构造（图 1－9）。它由定向水流在尚未固结的软泥表面侵蚀冲刷的凹槽被砂质充填而成，形态特点是略呈对称状、伸长状，起伏明显，一端具有圆滑的球根状形态，而另一端则呈倾伏状渐趋层面而消失。槽模分布于岩层底面，与下伏岩层的冲刷面相伴出现。槽模的出现说明与当时的古沉积环境中有强烈的底流及其冲刷作用。槽模长轴平行于浊流方向，突起一端指向上游，故其形状是确定古流向的可靠标志。

## 八、古生物生长、埋藏状态

保存于沉积岩中的动、植物遗体及其生长状态，有助于确定岩层顶、底面。如珊瑚等底栖生物，如果它们在原来的生长位置被掩埋，其根部总是指向岩层底面；再如由藻类生物形成的叠层石，其内部的穹状纹层和向上的分枝总是指向岩层的顶面（图 1－10）；介壳类生物死亡后，外壳脱落，如果其凸面朝下，则处于不稳定状态，而当凸面朝上时则相对稳定。如在含有大量介壳化石的岩层中，介壳大部分是凸面朝上的，则岩层层序正常（图 1－11）；反之，则为岩层倒转。

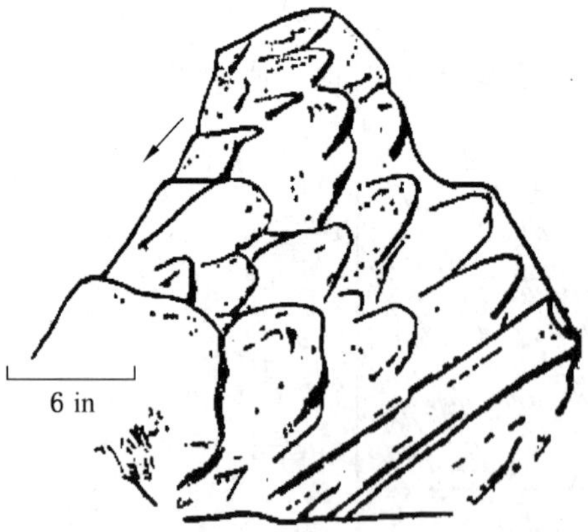


图 1－9　槽模右下角为一条沟模
（据哈奇和雷斯泰尔，1965）

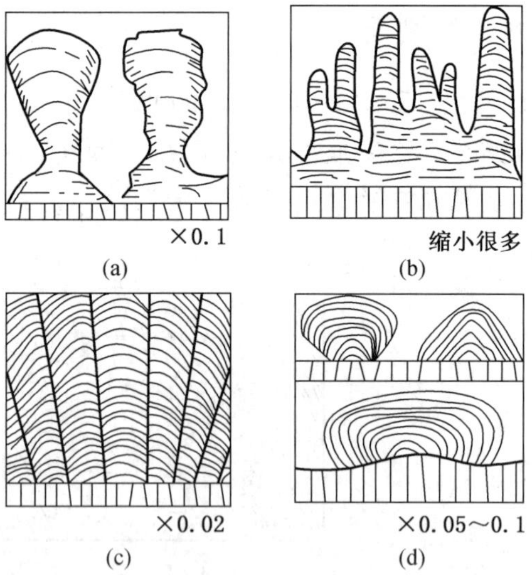


图 1－10　叠层石形态素描图
（据 R. R. shrock，1948）

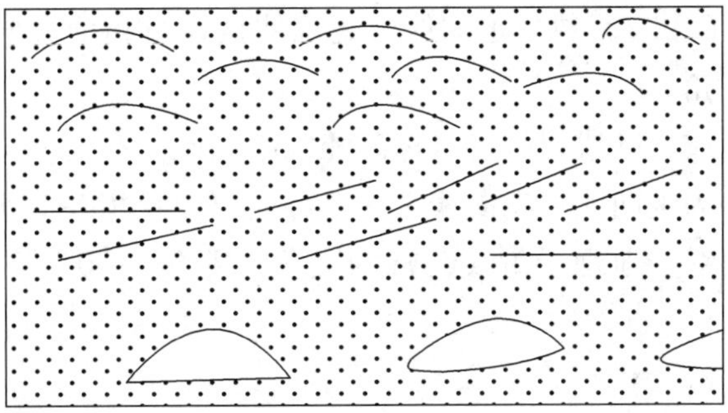

图 1－11　介壳埋藏状态剖面图
（据 R. R. shrock，1948）

# 任务二　岩层的产状、厚度及露头特征

【任务目标】

1. 理解岩层产状要素的空间意义。
2. 熟练掌握岩层产状测试方法。
3. 熟练掌握各种产状岩层的厚度计算方法。
4. 熟练掌握各种产状岩层露头在地形地质图上的特征。

【任务描述】

岩层产状是指岩层在地壳中的空间方位，即岩层在地壳中的赋存状态。岩层最初沉积、成岩时的产状称为岩层的原始产状。在比较广阔而平坦的沉积盆地（如海洋、湖泊）中形成的岩层，其原始产状大都是水平或近于水平的。但在沉积盆地的边缘、岛屿、水下隆起及生物礁等地周围，因受这些原始地形的影响而沉积的岩层呈倾斜状态，称为原始倾斜。岩层形成后，在地壳运动的影响下，其原始产状将发生程度不同的改变或变形，有的仍然保持水平，有的变为倾斜、直立甚至倒转。

【任务知识】

**☞ 知识点 4：岩层的产状**

## 一、岩层的产状要素

岩层的产状要素就是表示岩层面在地壳中的空间状态的几何要素。岩层的产状要素包括岩层面的走向、倾向和倾角（图 1－12）。除岩层之外，任何面状地质构造产状都可以用这三要素来表示。

**（一）走向**

走向表示岩层在空间中的水平延伸方向。岩层面与水平面的交线叫走向线（图 1－12 中的 $AOB$）。同一岩层面上有无数条走向线。走向线两端所指的方向为岩层的走向，即走向线与地理子午线的夹角。

走向线是一条水平线，其线上的各点标高相同。因此，在同一构造部位同一岩层面上相同标高的两点连线即为走向线；走向线有两个方向，二者相差 180°。在实际工作中，通常只需测量和记录走向线与地理子午线北端的夹角，即 0°～90°、270°～360°之间的角度即可。

【想一想】

1. 岩层的走向线是直线还是曲线？什么情况下是直线？什么情况下是曲线？
2. 岩层走向线与岩层在地表的露头线是同一条线吗？什么情况下二者是同一条线？

**（二）倾向**

倾向表示岩层的倾斜方向。垂直走向线沿岩层面向下所引的直线称为真倾斜线（图 1－12 中的 $OD$）。真倾斜线在水平面上的投影线叫真倾向线（图 1－12 中的 $OD'$）。真倾向线所指的岩层倾斜方向，叫真倾向，简称岩层的倾向，也就是真倾向线与地理子午线的夹角。沿倾斜岩层面向下所引的与走向线斜交的任一条直线均为视（伪）倾斜线，视（伪）倾斜线在水平面上的投影线叫视（伪）倾向线。视（伪）倾向线所指岩层倾斜方向均为视（伪）倾向。视（伪）倾向有无数个，而真倾向只有一个方向，且与走向相差 90°。

**（三）倾角**

倾角表示岩层的倾斜程度。真倾斜线与其相应的真倾向线间的夹角或岩层面与水平面的最大锐夹角，叫岩层真倾角，简称岩层的倾角（图 1－12 中的 $\alpha$ 角）。视（伪）倾斜线与其在水平面上的投影线间的夹角叫岩层的视（伪）倾角。真倾角只有一个，而视（伪）倾角有无数个，且随剖面方向的不同而不同。在记录岩层产状时一定要用真倾角。

岩层的真、视（伪）倾角之间的几何关系如图 1－13 所示。

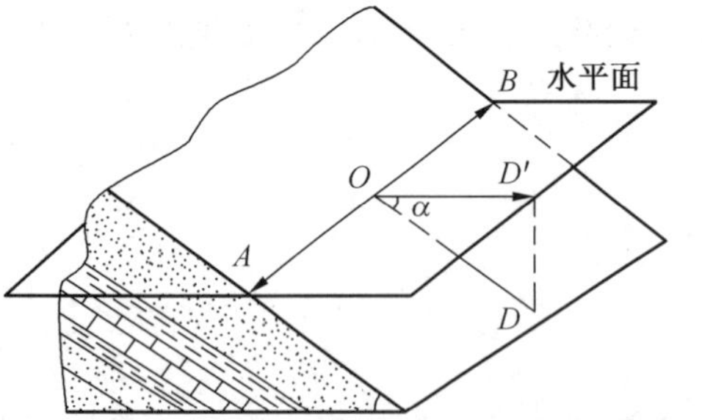


$AOB$—走向线；$OD$—倾斜线；$OD'$—倾向线；箭头代表倾向；$\alpha$—倾角

图 1－12　岩层的产状要素

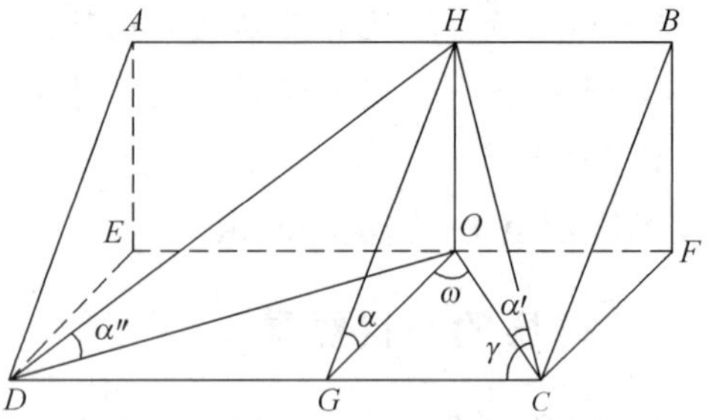


图 1－13　真、视（伪）倾角的关系示意图

在图1－13中，$ABCD$代表岩层面，$CDEF$为水平面，$AB$和$CD$为走向线，$OG$为真倾向，$OC$、$OD$为视（伪）倾向，$\angle\alpha$为真倾角，$\angle\alpha'$和$\angle\alpha''$为视（伪）倾角，$\angle\omega$为真倾向和视（伪）倾向间的夹角，$\angle\gamma$为走向线与视（伪）倾向间的夹角。

在$\triangle HOG$中，$\angle HOG=90°$，$\tan\alpha=\dfrac{HO}{OG}$

在$\triangle HOC$中，$\angle HOC=90°$，$\tan\alpha'=\dfrac{HO}{OC}$

在$\triangle OGC$中，$\angle OGC=90°$，$\cos\omega=\dfrac{OG}{OC}$

$$\tan\alpha\cdot\cos\omega=\frac{HO}{OG}\cdot\frac{OG}{OC}=\frac{HO}{OC}=\tan\alpha'$$

$$\tan\alpha'=\tan\alpha\cdot\cos\omega \tag{1-1}$$

从上面关系式中可以看出：当$\omega=0°$时，$\cos\omega=1$，则$\tan\alpha'=\tan\alpha$，$\angle\alpha'=\angle\alpha$；当$\omega=90°$时，$\cos\omega=0$，即$\angle\alpha'=0°$。由此说明，在垂直岩层走向的剖面上，所见的岩层倾角最大，即为真倾角；在平行岩层走向的剖面上，所见的岩层倾角最小，为0°。同时也说明随着$\omega$角的增大，视倾角逐渐减小。

在实际工作中，经常涉及真倾角和视（伪）倾角的换算问题。如勘探工程中的勘探线、探槽、井下巷道及野外实测剖面等，随着这些工程所揭示的剖面方向不同，剖面图、素描图上反映的岩层倾角的大小也不同。若在垂直岩层走向的剖面图上，则应绘制岩层真倾角；在斜交岩层走向的剖面图上，则绘制相应剖面方向的视（伪）倾角。关于真倾角和视（伪）倾角的换算可直接查阅倾角换算表，也可以用间接方法求出。

## 二、岩层产状要素的测定与表示方法

### （一）岩层产状要素的测定

测量岩层的产状要素，是地质工作者必须掌握的一项基本技能。只有系统测量一定范围的岩层产状要素，才能正确认识区内的地质构造特征。测定岩层产状要素，可以在野外直接测定，也可利用其他方法间接测定。

直接测定是用地质罗盘直接在岩层层面上测量其产状要素，由于岩层倾向与走向垂直，且已知倾向可以推算出走向，所以在野外实际工作中只需测定倾向和倾角（图1－14）。测量时要注意选择有代表性又便于施测的层面。

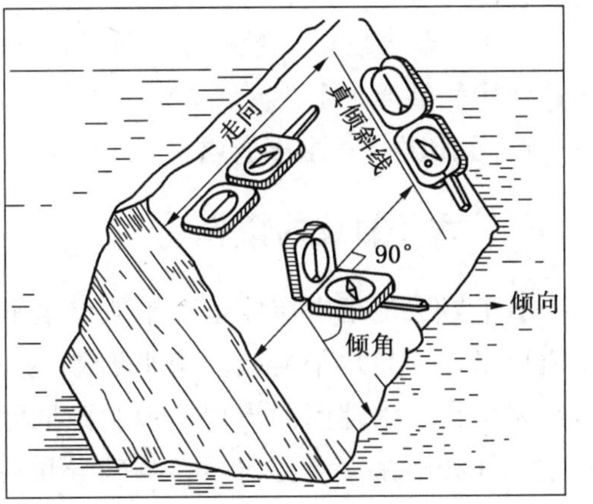

图1－14　岩层产状要素测定示意图

间接测定岩层产状是根据地质调查所得有

关资料和数据进行间接测定，例如，根据三个不在同一条直线上的钻孔资料，通过作图求岩层产状；在地形地质图作图求岩层产状等。

**（二）产状要素的表示方法**

1. 文字表示法

这种方法多用于野外记录、地质报告以及剖面图中，一般采用方位角表示。以正北方为0°，将方位角分为360°。通常只记倾向和倾角，如岩层走向30°，倾向120°，倾角25°，记为120°∠25°。

2. 符号表示法

这种方法多用于平面地质图，常用的符号有：

（1） 水平岩层，倾角接近0°。

（2）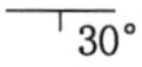

倾斜岩层，长线表示走向线，短线表示倾向线，数字为倾角。

（3） 直立岩层，长线表示走向线，箭头指向新岩层。

（4）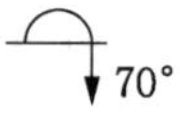

倒转岩层，长线表示走向线，箭头所指为倒转后的倾向线，数字为岩层倾角。

上述符号要按测定的产状数据认真标绘在图面的相应位置上，不能视为一般的记号随意标记。

**【小贴士】**

由于岩层走向与倾向垂直，因此，如果已知某一岩层走向（或倾向），可以推算出岩层倾向（或走向），推算方法为：由岩层走向（或倾向）到岩层倾向（或走向）顺时针转动，则岩层倾向（或走向）为岩层走向（或倾向）加90°；由岩层走向（或倾向）到岩层倾向（或走向）逆时针转动，则岩层倾向（或走向）为岩层走向（或倾向）减90°，简称“顺时针加，逆时针减”。

**【想一想】**

实测岩层产状时一般在岩层顶面进行，如果岩层顶面被覆盖，而底面出露完好时，你怎样测定岩层产状呢?

**☞知识点5：水平岩层**

## 一、水平岩层的概念

水平岩层是指岩层面呈水平或近水平状态的岩层。在实际工作中，常把倾角小于5°的岩层都认为是水平岩层。水平岩层的同一层面上各点的高程基本一致（图1-15）。水平岩层在较大范围内出现，说明该地区受地壳运动的影响较轻微或以大面积升降运动为主。如湖南张家界泥盆系石英砂岩和陕北、内蒙古侏罗纪煤系地层，基本上都处于水平状态。

图1-15　四川苍溪观音寨中侏罗统水平岩层素描图
（据李承三）

## 二、水平岩层的特征

在岩层层序正常的前提下，水平岩层具有以下特征：

（1）地质时代较新的岩层叠置在较老的岩层之上。所以，在地形切割不深时，大部分地区为同一岩层所占据；如地形切割较深且起伏不平时，高处出露的岩层时代较新，低处出露的岩层时代较老。

（2）水平岩层的出露与分布状态严格受地形控制。在地形地质图上，水平岩层的界线与地形等高线平行或重合（图1-16）。

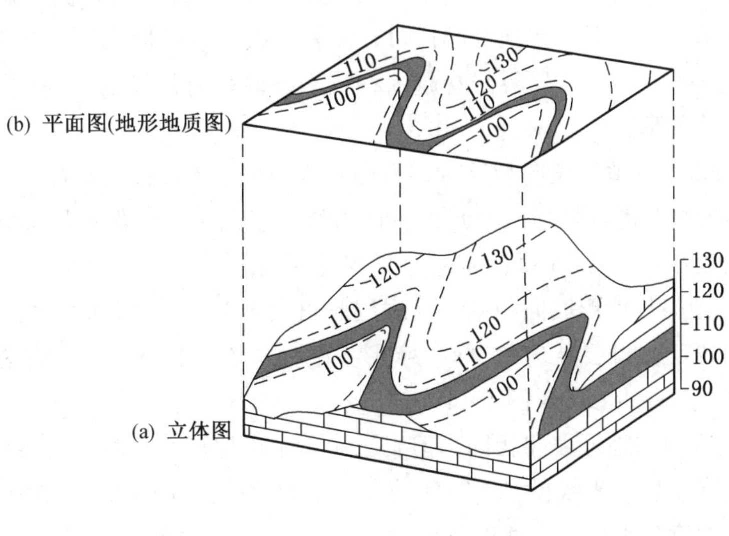


图1-16　水平岩层的出露分布特征

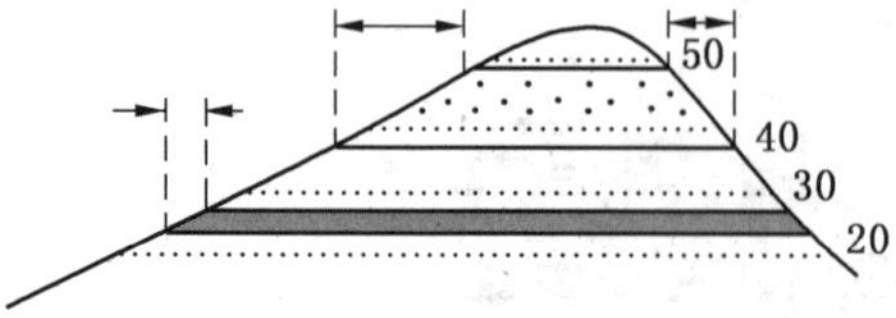

图1－17 水平岩层露头宽度的变化

（3）水平岩层的厚度等于该岩层上下层面的标高差。

（4）水平岩层的露头宽度（即岩层上、下层面在地面出露线之间的水平距离）是随岩层的厚度和地形坡度不同而变化的（图1－17）。当岩层厚度一定时，地形坡度大，则露头宽度窄；地形坡度小，则岩层的露头宽度大。地形的坡度为90°时，在地形地质图上同一岩层上、下层面界线重合，造成岩层尖灭的假象。当地形坡度一定时，厚度越大，岩层的露头宽度越宽；厚度小，则岩层的露头宽度亦窄。

**☞知识点6：倾斜岩层**

## 一、倾斜岩层的概念

在地壳运动的作用下，岩层的原始产状一般都要发生程度不同的改变。若岩层发生倾斜，倾角大于5°且小于85°的岩层称为倾斜岩层。倾斜岩层是地壳中分布最广的一种产状形态，它往往是其他构造的一部分，如褶皱的一翼、断层的一盘。倾斜岩层的出现表明该地区地质历史上曾发生过大规模差异升降运动或强烈的水平运动。

如果一个地区内的一套倾斜岩层的倾向、倾角基本一致，则称为单斜岩层或单斜构造。

## 二、倾斜岩层的露头形态

在地形地质图上，倾斜岩层的露头形态随岩层产状和地形变化，比水平岩层和直立岩层的露头形态复杂。当地表平坦且岩层产状稳定时，倾斜岩层的露头形态呈直线带状分布，其延伸方向即岩层走向；当地表起伏时，倾斜岩层的界线形态呈弯曲带状分布，岩层界线与地形等高线相交，当岩层界线穿越山脊或沟谷时呈有规律的弯曲，即遵循“V”字形法则。具体说明如下：

（1）当岩层倾向与地形坡向相反时，岩层界线与地形等高线的弯曲方向相同，岩层界线的“V”字形尖端在沟谷处指向上游，而在山脊处指向下坡，但岩层界线的弯曲度比地形等高线的弯曲度小（图1－18），简记为“相反－相同”。

（2）当岩层倾向与地形坡向相同，且岩层倾角大于地形坡度角时，岩层界线与地形等高线的弯曲方向相反，岩层界线的“V”字形尖端在沟谷处指向下游，而在山脊处则指向下坡，简记为“相同－相反”（图1－19）。

（3）当岩层倾向与地形坡向相同，但岩层倾角小于地形坡角时，岩层界线与地形等高线的弯曲方向相同，岩层界线的“V”字形尖端在沟谷处指向上游，在山脊处指向下坡，但岩层界线的弯曲度比地形等高线的弯曲度大，简记为“相同－相同”（图1－20）。

任何倾斜的面状构造（如节理面、断层面、不整合面等），其露头线的分布都遵循

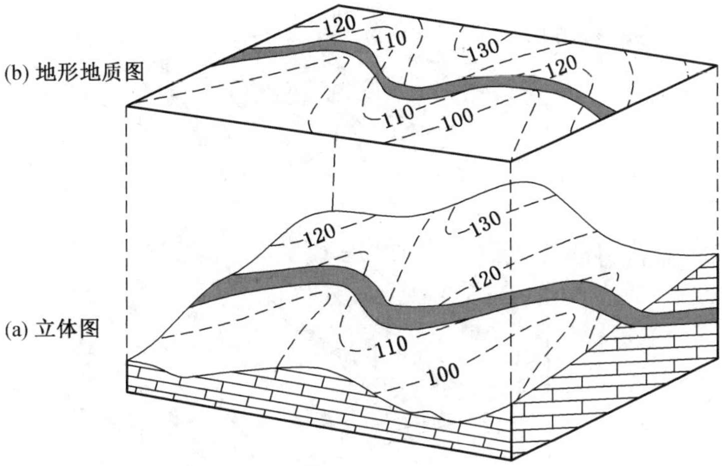


图 1－18　倾斜岩层的露头形态
（岩层倾向与坡向相反）

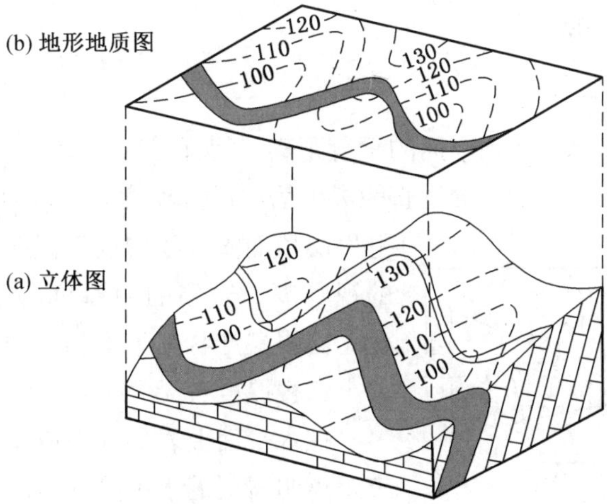


图 1－19　倾斜岩层的出露形态
（岩层倾向与坡向相同，且 $\alpha > \beta$）

“V”字形法则。这个法则对于野外填图和阅读分析地质图都很重要，但在实际应用时要注意以下问题：①当岩层走向与沟谷或山脊的延伸方向一致时，岩层界线与地形等高线平行或重合，切勿误认为是水平岩层。②地面平坦时，倾斜岩层的露头线呈直线分布，这时切勿误认为是直立岩层。③小比例尺地质填图时，岩层界线的弯曲主要受岩层走向的控制，地形效应即地形起伏对岩层出露形态的影响不明显，这时“V”字形法则不太适用。

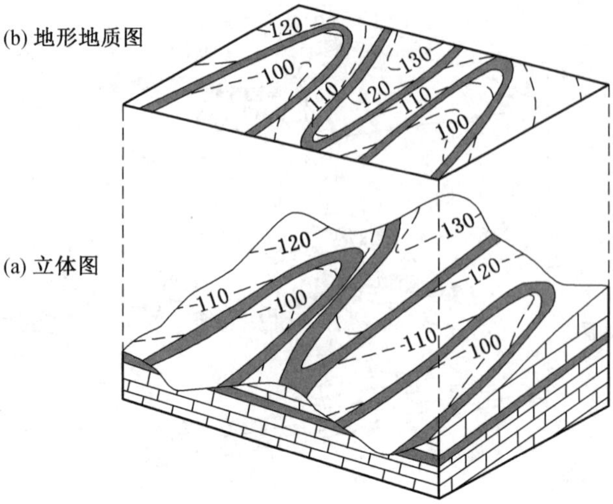


图 1-20 倾斜岩层的露头形态

（岩层倾向于坡度方向相同，且 $\alpha < \beta$）

## 三、倾斜岩层厚度

### （一）倾斜岩层厚度

岩层的真厚度指岩层顶面到底面的垂直距离，简称岩层厚度。在垂直岩层走向的剖面上岩层顶面露头线到底面露头线的垂直距离即为岩层真厚度。不垂直岩层走向的任意剖面上岩层顶面露头线到底面露头线的垂直距离叫岩层的视厚度。岩层的视厚度随剖面方向的不同而变化。当岩层产状、厚度稳定时，岩层的真厚度只有一个，视厚度有无数个。

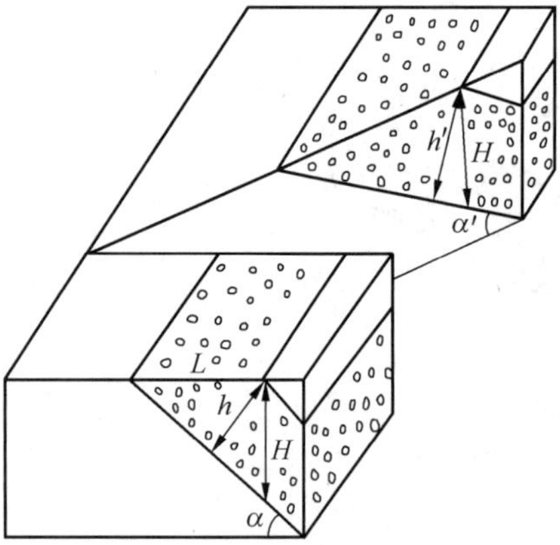


$h$—真厚度；$H$—铅直厚度；$h'$—视厚度；$L$—水平厚度；$\alpha$—岩层真倾角；$\alpha'$—岩层视倾角

图 1-21 真厚度、铅直厚度和视厚度示意图

在水平面上岩层顶面露头线到底面露头线的垂直距离叫岩层的水平厚度。

岩层顶面到底面的铅直距离叫岩层的铅直厚度。当岩层厚度和倾角不变时，在任意剖面内其铅直厚度不变。

在野外地质勘查工作中常需要根据钻孔资料计算岩层真厚度，岩层真厚度（$h$）与铅直厚度（$H$）的关系（图 1-21）如下：

$$h = H \cdot \cos\alpha \text{（}\alpha\text{ 为岩层真倾角）}$$

从上式可知：当 $\alpha = 0°$ 时，$\cos\alpha = 1$，岩层的真厚度等于铅直厚度；$\alpha$ 在 $0° \sim 90°$ 之间时，即岩层为

倾斜岩层，$\cos\alpha$ 的值小于1，所以真厚度总小于铅直厚度。

岩层视厚度（$h'$）与铅直厚度（$H$）的关系如下：

$h' = H\cdot\cos\alpha'$（$\alpha'$为岩层的视倾角）岩层真厚度（$h$）与视厚度（$h'$）的关系是：

$$\frac{h}{\cos\alpha}=\frac{h'}{\cos\alpha'} \qquad h=\frac{h'\cos\alpha}{\cos\alpha'}$$

由于同一岩层的视倾角永远小于真倾角，因此视倾角的余弦值总是大于真倾角的。故岩层的真厚度总是小于视厚度。

### （二）倾斜岩层厚度的测量及计算公式

在实际工作中，岩层厚度的测算方法，有时可直接量得，有时可通过作图、计算方法求得。

在野外地质填图工作中，根据实测剖面所获得的数据可计算出岩层的厚度。在实测剖面时，可测得以下几个数据：

（1）导线方向与岩层走向间的夹角（$\gamma$）。

（2）导线方向上的岩层顶面到底面的实际距离，即岩层的露头长度 $L$。

（3）地形坡度角 $\beta$（注意仰角时记为 +，俯角时记为 −）。

（4）岩层的产状要素：走向、倾向和倾角。

根据以上数据，按照不同情况（图1－22）采用相应的公式可计算出岩层的真厚度。不同情况的几种计算公式可归纳为：

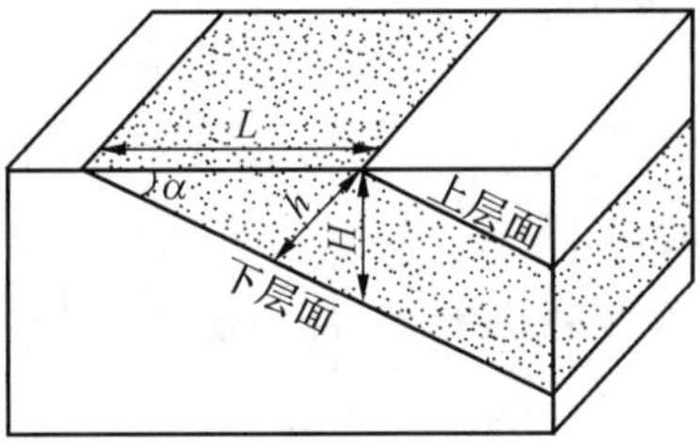


(a) 地面平坦
$h=L\cdot\sin\alpha$
$H=L\cdot\tan\alpha$

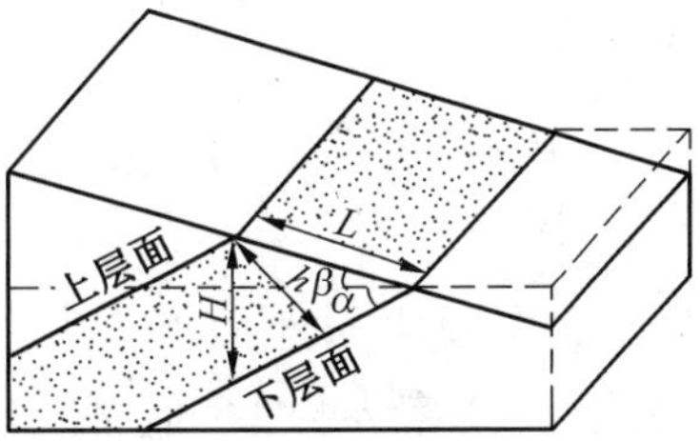


(b) 岩层倾向与地形坡向相反
$h=L\cdot\sin\alpha(\alpha+\beta)$
$H=L(\sin\beta+\tan\alpha\cdot\cos\beta)$

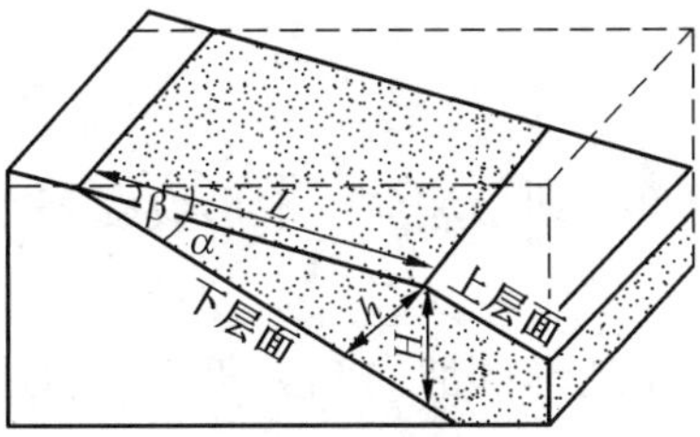


(c) 岩层倾向与地形坡向相同($\alpha>\beta$)
$h=L\cdot\sin(\alpha-\beta)$
$H=L(\tan\alpha\cdot\cos\beta-\sin\beta)$

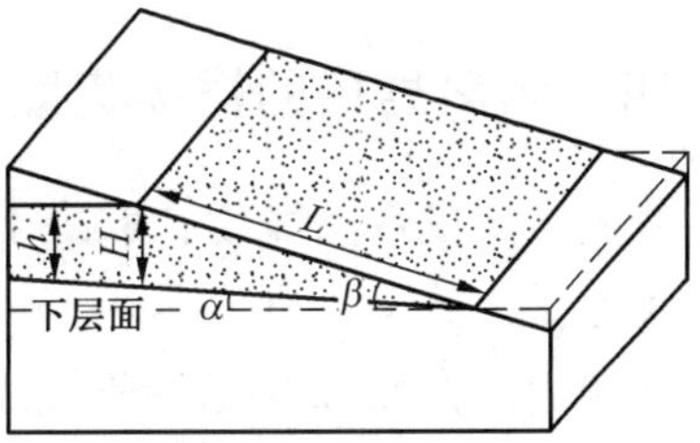


(d) 岩层倾向与地形坡向相同($\alpha<\beta$)
$h=L\cdot\sin(\beta-\alpha)$
$H=L(\sin\beta-\tan\alpha\cdot\cos\beta)$

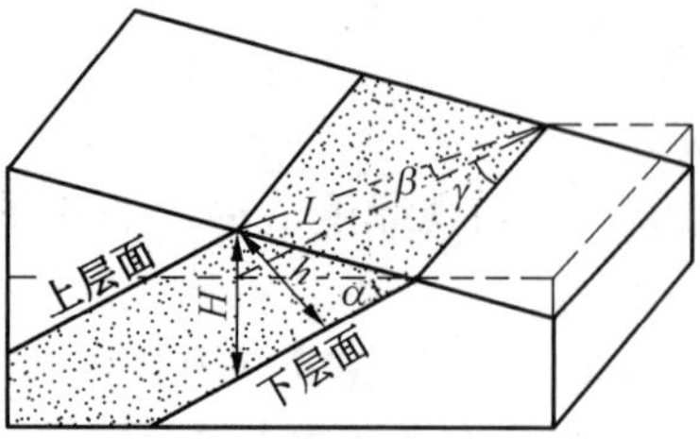


(e) 剖面线斜交走向线，倾向与坡向相反
$h=L(\sin\alpha\cdot\cos\beta\cdot\sin\gamma+\sin\beta\cdot\cos\alpha)$
$H=L(\tan\alpha\cdot\cos\beta\cdot\sin\gamma+\sin\beta)$

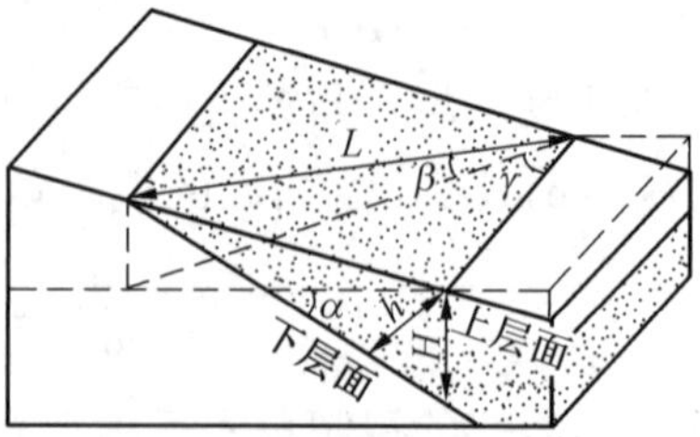


(f) 剖面线斜交走向线，倾向与坡向相同($\alpha>\beta$)
$h=L(\sin\alpha\cdot\cos\beta\cdot\sin\gamma-\sin\beta\cdot\cos\alpha)$
$H=L(\tan\alpha\cdot\cos\beta\cdot\sin\gamma-\sin\beta)$

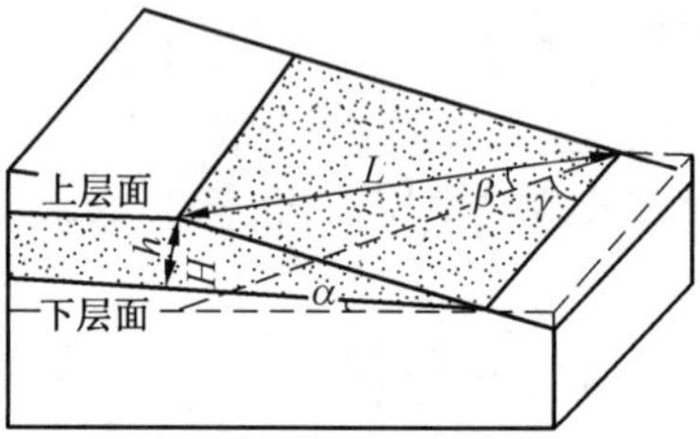


(g) 剖面线与走向线斜交，倾向与坡向相同($\alpha<\beta$)
$h=L(\sin\beta\cdot\cos\alpha-\sin\alpha\cdot\cos\beta\cdot\sin\gamma)$
$H=L(\sin\beta-\tan\alpha\cdot\cos\beta\cdot\sin\gamma)$

(a)～(d)—剖面方向与岩层走向垂直；(e)～(g)—剖面方向与岩层走向斜角；$L$—露头长度；$\alpha$—岩层倾角；$\beta$—地形坡度角；$\gamma$—岩层走向与剖面方向的夹角；$h$—岩层真厚度；$H$—岩层铅直厚度

图1－22 测定倾斜岩层厚度的图解

$$h=L\cdot(\sin\alpha\cdot\cos\beta\cdot\sin\gamma\pm\sin\beta\cdot\cos\alpha)\tag{1-2}$$

$$H=L\cdot(\tan\alpha\cdot\cos\beta\cdot\sin\gamma\pm\sin\beta)\tag{1-3}$$

如果岩层倾向与地面坡向相反，公式中用“＋”；当倾向与坡向相同时，则采用“－”计算，计算结果是负值时取其绝对值。

【小贴士】

在地形地质图上用图解法计算倾斜岩层厚度：①作同一岩层顶面、底面同标高走向线；②作两条走向线之公垂线，其长度即为岩层水平厚度$L$；③岩层厚度$h=L\cdot\sin\alpha$。

## 四、倾斜岩层的露头宽度

倾斜岩层的露头宽度，取决于岩层产状、岩层厚度、地形坡向、地形坡度等因素及其组合关系。

如果岩层产状和厚度一定，岩层的露头宽度取决于地形的坡向和坡角。当岩层倾向与地形坡向相反时，地形的坡度角越大，则岩层的露头宽度越窄，地形坡度角为90°时，在地形地质图上造成岩层尖灭的假象，地形坡度角越小则岩层露头宽度越宽（图1－23）；当岩层倾向与地形坡向相同、岩层倾角越接近地形坡角，岩层的露头宽度越宽。

当岩层产状和地形坡向、坡角一定时，岩层的露头宽度取决于岩层的厚度，岩层的露头宽度与其厚度成正比，厚者宽、薄者窄（图 1－24）。

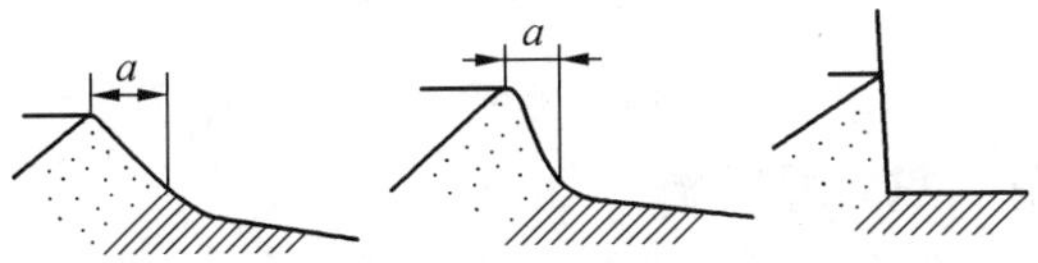

图 1－23　岩层厚度、倾角一定，露头宽度取决于地面坡度

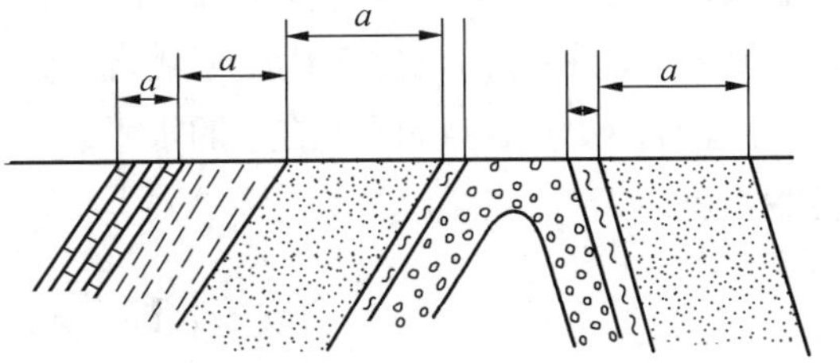

图 1－24　倾角相同、坡角一致、露头宽度取决于厚度

以上分析都是以某些因素相对不变为前提的。在自然界中，实际上各种因素都是相互联系的并共同影响着岩层的露头宽度。因此，在野外工作或阅读地质图时，必须对露头宽度的变化综合地进行分析，才能得出符合客观实际的结论。

☞ **知识点 7：直立岩层**

## 一、直立岩层的概念

岩层层面近于直立（$\alpha > 85°$）的岩石称为直立岩层。直立岩层的出现表明该地区地质历史上曾发生过强烈的水平运动。

## 二、直立的露头形态

直立岩层的界线不受地形起伏的影响。如果岩层产状稳定，在地形地质图上，岩层界线为直线带状（图 1－25）。

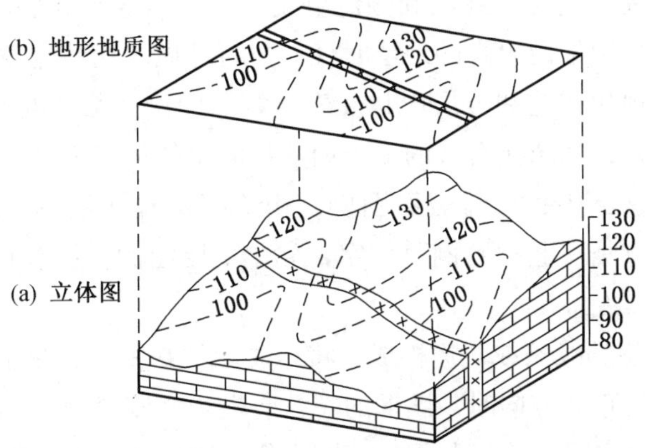


图 1－25　直立岩层的露头形态

直立岩层的露头宽度等于岩层的厚度，不受地形的影响。

如果地层层序发生逆变，称为倒转岩层。其产出状态可表现为水平的、倾斜的，甚至更复杂的状态。当表现为水平状态时，由下至上地层的时代是由新到老；当为倾斜状态时，沿岩层倾斜方向地层时代越来越老。

倒转岩层的出露特征与前述的水平岩层和倾斜岩层的出露特征近似，不同的只是地层层序相反。

# 实训1 地质图阅读

## 一、基本地质图件的格式和内容

### （一）地质图

地质图是一种平面图。它是用规定的图例（如符号、花纹、颜色）将调查区域的地质组成和地质现象按比例尺缩小，投影到地形图或平面图上的一种地质图件，前者称为地形地质图，后者称为地质图。根据比例尺的大小，地质图可以分为大比例尺地质图（比例尺大于1：50000）、中比例尺地质图（比例尺1：1000000～1：200000）、小比例尺地质图（比例尺小于1：1000000）；根据图件的用途并结合比例尺的大小，又可分为一般概括地质图、区域地质图、详细地质图及专门地质图等。另外，地质图还可以按主要内容和用途来分，如矿区地形地质图、构造地质图、水文地质图等。

一幅正式的地质图包括图名、比例尺、图例、图框和图签等内容。

（1）图名。表明图幅所在地区及图件类型。一般以图区内的主要城镇、居民点、行政区划、山、河流、湖泊等地物、地貌再加上图件类型来命名。如河南省地质图、北京市门头沟区地质图、大同矿区地质图等。图名要用端正、美观的字体书写，写在图幅的方框外正中部位。

（2）比例尺。表明图幅所反映实际地质情况的详细程度。比例尺有数字比例尺、线条比例尺两种。数字比例尺标在图框外图名下面，线条比例尺也可以标在图框外下方正中位置。

（3）图例。由一定的符号、花纹和颜色组成。不同类型地质图有其不同的图例。通常是用颜色和符号表示出图幅内出露的地层时代、岩石性质，用特定符号和颜色表示出图幅内的各种地质界线、地质构造和岩层产状及岩体等。图例一般放在图框外的右侧或下方。图例在图框外的右侧时，在图例符号的上方用醒目的字体横写上“图例”二字，先排地层图例，从上到下，由新到老；后排岩石图例；构造图例排在最后。图例在图框外的下边时，在图例符号的左方竖写上“图例”二字，先排地层图例，从左到右，由新到老；后排岩石图例；构造图例排在最后。

（4）图框。由较粗的线条或花边构成，将地质图框在框内，是地质图的边界。当图内没有特别标定出图件的正北方向时，图框的左右竖框边，则代表了南北方向线，其正上方向为正北方向。特殊情况下，为了制图、读图方便，图框的左右竖框边与南北方向线并不一致，图内有标定方位的符号，一般为箭头，箭头指向正北。

（5）图签。表明图件的类型级别、责任者、资料来源和制图时间等。其内容一般包括图名、制图单位、编图者、审核者、比例尺、资料来源及制图的时间等。一般用表格的形式放在图框内的右下角，也可以放在右下角的图框外。

另外，为了表明地质图的图幅所在的地理位置，要在地质图上画出经纬线。如果该地质图是地形图国际地图分幅中的一幅，则应在图名下面注明它的分幅图号。

### （二）地质剖面图

正规的地质图通常附有一幅或几幅切过图区内主要构造的剖面图，反映剖面线所切过地区的地质构造在垂直方向上的变化情况。

单独的地质剖面图应有图名、比例尺、图例等。其图名表明剖面所在的位置，常以剖面所在地区的地名及所经过的主要地点（如山峰、河流、城镇和居民点等）命名，如“口镇—淳化地质剖面图”“尧山—杜康沟地质剖面图”等。如果地质剖面图附在相应的地质图下面，其图名也可以用相应的编号表示，如“A—A′地质剖面图”“Ⅱ—Ⅱ′地质剖面图”等，并在地质图上用细线清楚地标出剖面所切过的位置，在细线两端标注上相应的符号，如“A、A′”或“Ⅱ、Ⅱ′”等。

地质剖面图的比例尺有两个：一个是水平比例尺，一般与地质图的比例尺相同，如果地质剖面图是放在地质图的下面作为附图，则其水平比例尺可以省略不标；另一个是铅直比例尺，其大小一般应与水平比例尺一致，用高程值表示在剖面图两端竖立的直线上。当地质图的比例尺较小时，为了较清楚地反映出地质构造，可以适当地放大剖面图的铅直比例尺，此时剖面图所反映的地层及断层面等地质构造的产状将产生一定程度的变形。

地质剖面图的图例，一般要与地质图的图例一致。如果地质剖面图是附在地质图的下面，则不再重复画出图例。

为了更准确地表明地质剖面的方向，应在剖面图两端的同一高度上用方位角分别注明其方位，或用单箭头标出某一端的方位。剖面所经过的山岭、河流、湖泊、城镇等地名应注明在地质剖面图上相应的位置。为了美观、整齐和醒目，最好是把方向、地名等排在同一个水平位置上。

地质剖面图上地表以下的地层分布、构造形态等应根据该处地层厚度、层序、构造特征等推测绘出，但推断深度不宜过大。

### （三）地层柱状图

地层柱状图是综合某一地区内各种地质资料的一种柱状图，故又称为综合地层柱状图。它是按工作区内所有揭露地层的新老关系和各岩层的真厚度，以水平状态编制而成。地层柱状图中应包括地层系统栏、代号栏、柱状图栏、厚度栏、岩性描述栏、化石栏及水文栏、矿产栏等。

在地层系统栏内，分为年代地层单位（界、系、统、阶）或岩石地层单位（群、组、段、带等），或把二者综合起来划分。具体分层单位的大小和详细程度，要依比例尺的大小和研究程度而定。

代号栏是按规定的符号，注明各时代地层的代号，与地层系统栏对应。

柱状图一栏，是将各时代地层及其厚度按比例尺缩小，用规定的岩性符号、花纹及接触关系符号，自下而上，按由老到新的顺序及接触关系依次表示出来。有时也可以将岩浆岩体、大规模的区域性断层及具有代表性的古生物化石等画在里面。柱子的宽度视所绘柱状图的长度及整个图幅的大小而定，使之美观大方即可，一般以 2 ~4 cm 宽为宜。

岩性描述栏中,要用简明扼要的文字,逐层描述出各分层岩石的主要岩性特征和变化规律。

化石栏要用拉丁文字逐层地标出各分层所含主要化石的名称（种名或属名）；水文、矿产栏要分别描述各分层的水文地质情况及所含的主要矿产等。化石栏、水文栏、矿产栏也可以合并到岩性描述栏中或者省略。

综合地层柱状图的图名一般与地质图相对应，用“×××地区综合地层柱状图”表示。如“陕西省渭北煤田综合地层柱状图”“河南省灵宝地区综合地层柱状图”等。

综合地层柱状图的比例尺大小，视工作区的实际情况、工作需要及柱状图的总长度而定，一般应大于相应的地质图比例尺。各分层的比例尺应是一致的，但如果有特殊需要，可以将某些岩(矿)层放大或缩小，但必须标明其厚度。如较薄的标志层、矿层等，可以适当地放大；而巨厚层状岩性均一的岩(土)层，则可以缩小，但在柱状图上必须有缩减符号。

综合地层柱状图可以单独绘成一幅图，也可以附在地质图的左边。

## 二、阅读地质图的一般步骤和方法

阅读地质图大体可以分为以下两个步骤：

首先，从图名、比例尺、图例、图签等读起，建立起该图幅的一般概念。从图名及图幅代号上，可以知道该图幅的类型及图幅位置；从比例尺大小上可以估算图幅面积，了解图幅内表示的地质构造详细程度及主要构造体的规模大小；从图例上可以了解到该图幅内的地层时代、岩性特征、接触关系及出露情况；从图签上则可以了解到该图件的编制单位、日期及资料来源等，知道图件的精确度及可靠度。

其次，阅读图面，顺序是先观察地形，后进行地质观察和综合分析。

在大比例尺的地形地质图上，可以通过等高线的形态和河流水系的分布来了解地形地貌特征；而在中小比例尺的地质图上，一般无地形等高线，则可根据水系分布、山峰标高的分布变化等来了解地形的特点。

地质图所反映的地质内容是很丰富的，应先逐项地观察，再综合分析。主要观察项目包括地层时代、层序，岩石类型、性质以及岩层、岩体的产状、分布及其接触关系；褶皱、断层和节理等构造的形态特征、空间分布、组合形态、类型、形成时代和它们之间的相互关系以及矿产的分布特征等。

**【练一练】**

1. 阅读（图 1 -26），了解地质图的格式和内容。
2. 读孔雀山地形地质图（图 1 -27），总结出水平岩层的出露特征。

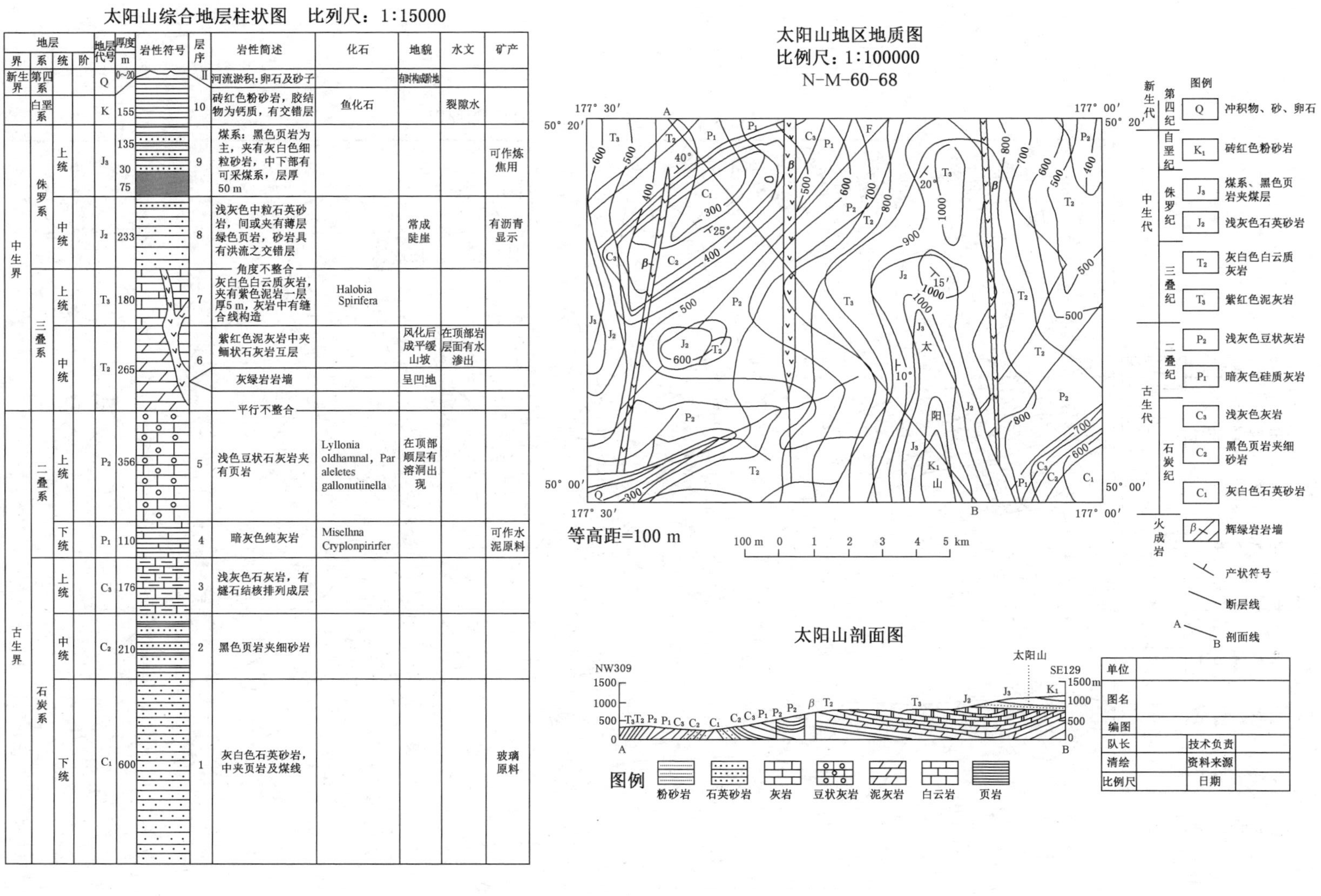
太阳山综合地层柱状图　比列尺：1:15000
地层
界
系
统
阶
地层代号
厚度 m
岩性符号
层序
岩性简述
化石
地貌
水文
矿产
新生界
第四系
Q
0~20
Ⅱ
河流淤积：卵石及砂子
白垩系
K
155
10
砖红色粉砂岩，胶结物为钙质，有交错层
鱼化石
裂隙水
中生界
侏罗系
上统
J₃
135
30
75
9
煤系：黑色页岩为主，夹有灰白色细粒砂岩，中下部有可采煤系，层厚50 m
可作炼焦用
中统
J₂
233
8
浅灰色中粒石英砂岩，间或夹有薄层绿色页岩，砂岩具有洪流之交错层
常成陡崖
有沥青显示
角度不整合
三叠系
上统
T₃
180
7
灰白色白云质灰岩，夹有紫色泥岩一层厚5 m，灰岩中有缝合线构造
Halobia
Spirifera
中统
T₂
265
6
紫红色泥灰岩中夹鲕状石灰岩互层
风化后成平缓山坡
在顶部岩层面有水渗出
灰绿岩岩墙
呈凹地
平行不整合
古生界
二叠系
上统
P₂
356
5
浅色豆状石灰岩夹有页岩
Lyllonia oldhamnal，Par aleletes gallonutiinella
在顶部顺层有溶洞出现
下统
P₁
110
4
暗灰色纯灰岩
Miselhna Cryplonpirirfer
可作水泥原料
石炭系
上统
C₃
176
3
浅灰色石灰岩，有燧石结核排列成层
中统
C₂
210
2
黑色页岩夹细砂岩
下统
C₁
600
1
灰白色石英砂岩，中夹页岩及煤线
玻璃原料
太阳山地区地质图
比例尺：1:100000
N-M-60-68
177° 30′
177° 00′
50° 20′
50° 00′
等高距=100 m
100 m 0 1 2 3 4 5 km
太
阳
山
图例
新生代
第四纪
Q 冲积物、砂、卵石
中生代
白垩纪
K₁ 砖红色粉砂岩
侏罗纪
J₃ 煤系、黑色页岩夹煤层
J₂ 浅灰色石英砂岩
三叠纪
T₂ 灰白色白云质灰岩
T₃ 紫红色泥灰岩
古生代
二叠纪
P₂ 浅灰色豆状灰岩
P₁ 暗灰色硅质灰岩
石炭纪
C₃ 浅灰色灰岩
C₂ 黑色页岩夹细砂岩
C₁ 灰白色石英砂岩
火成岩
辉绿岩岩墙
产状符号
断层线
剖面线
太阳山剖面图
NW309
SE129
太阳山
1500m
1000
500
0
图例
粉砂岩
石英砂岩
灰岩
豆状灰岩
泥灰岩
白云岩
页岩
单位
图名
编图
队长
技术负责
清绘
资料来源
比例尺
日期

图 1-26　地质图格式

## ▶构 造 地 质

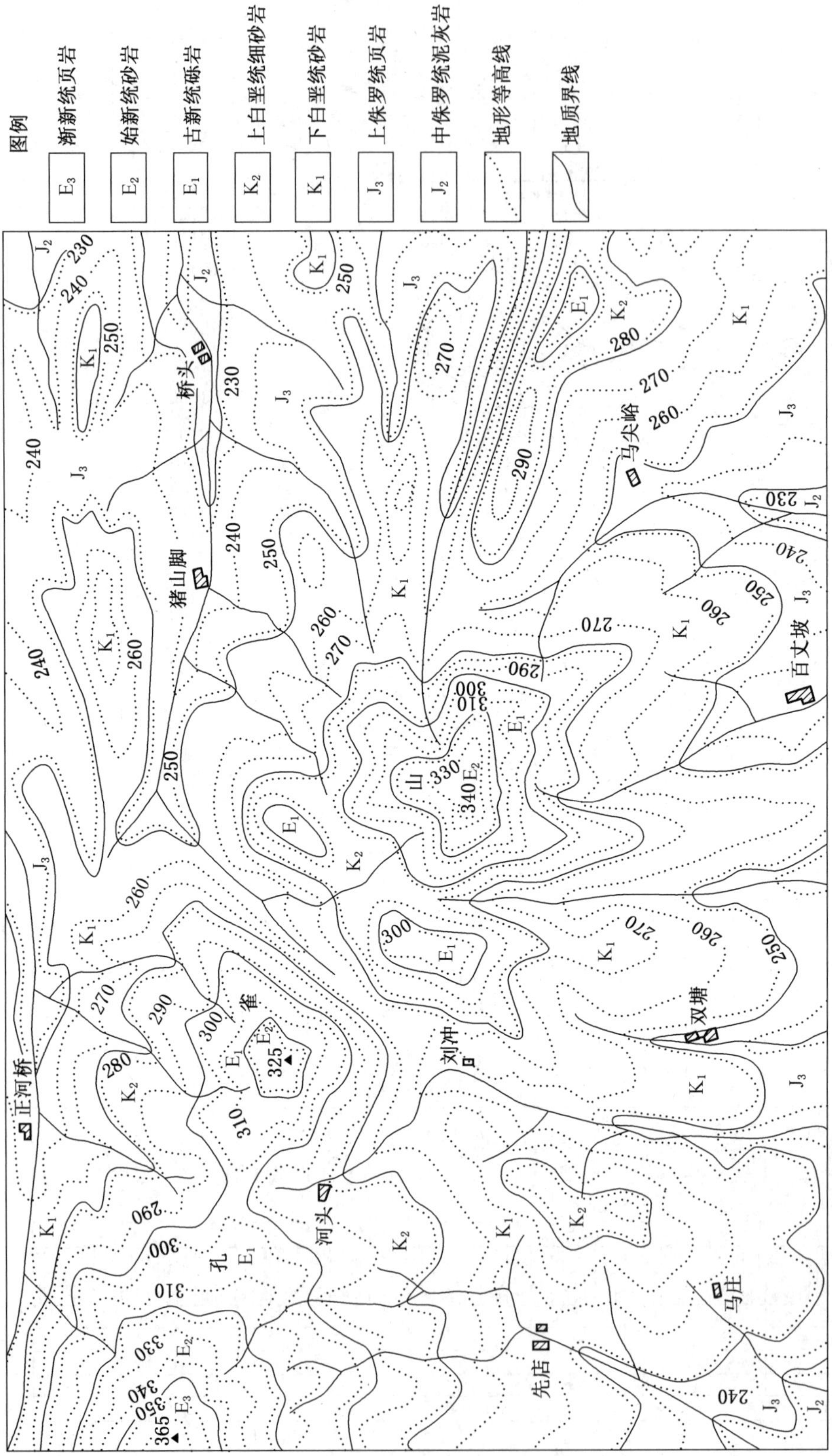


比例尺：1:5000

图1-27 孔雀山地形地质图

# 实训2　阅读、绘制水平岩层地质图

## 一、水平岩层地质图特征

水平岩层在地形地质图上的表现有以下四个方面的特征：

（1）水平岩层的地质界线总是与地形等高线平行或者重合；在山顶、山丘上呈封闭的不规则同心圆状曲线；在沟谷中呈不规则的锯齿状延伸。

（2）在正常情况下，新岩层出露在地形高处，老岩层出露在地形低处。地形越高，出露的地层时代越新；地形越低，出露的地层时代越老。

（3）水平岩层的露头宽度与岩层本身的厚度及地形坡度有关。当地形坡度一定时，露头宽度与岩层厚度成正比；当岩层厚度一定时，露头宽度与地形坡度成反比，即地形越平缓处露头宽度越宽，地形越陡处露头宽度越窄。

（4）在地形陡崖处，水平岩层的顶底面界线投影重合成一条线，会在地质图上造成岩层发生突然“尖灭”的假象。

## 二、计算岩层厚度

（1）根据岩层面标高确定岩层顶、底面。

（2）计算岩层面标高：当岩层面露头线与地形等高线重合时，岩层面标高与地形等高线相同；当岩层面露头线与地形等高线不重合时，可在岩层露头线上、下两条地形等高线之间通过内插，计算出岩层面标高。

（3）岩层厚度等于其顶、底面标高之差。

## 三、根据野外实测资料绘制地质图

（1）精确投绘岩层实测界面控制点。

（2）绘制岩层面露头线（即某一标高地形等高线）。

（3）书写地层符号。

**【练一练】**

根据实测资料绘制水平岩层地形地质图。鹰岩地区（图1－28）岩层呈水平状态，自雁落坡向鹰岩攀登的沿途各个观察点上可以见到下列地层情况：①观察点1为本溪组$C_2$最顶部的页岩层与太原组下段$C_3^1$最底部的灰白色石英砂岩层的分界；②观察点2为太原组下段$C_3^1$最顶部的炭质页岩层与太原组上段$C_3^2$最底部的灰白色粗粒砂岩层的分界，在太原组下段$C_3^1$中部见有一层4 m厚的可采煤层，其顶面距太原组下段$C_3^1$顶界10 m；③观察点3在太原组上段$C_3^2$最顶部发育有一层2 m厚的可采煤层，它直接与山西组$P_1^1$最底部的砂岩层接触；④观察点4为山西组$P_1^1$最顶部的黄绿色砂质泥岩层与下石盒子组下段$P_1^{2-1}$最底部的黄绿色中粒砂岩层的分界，在山西组$P_1^1$中见有一层1 m厚的可采煤层，其顶面

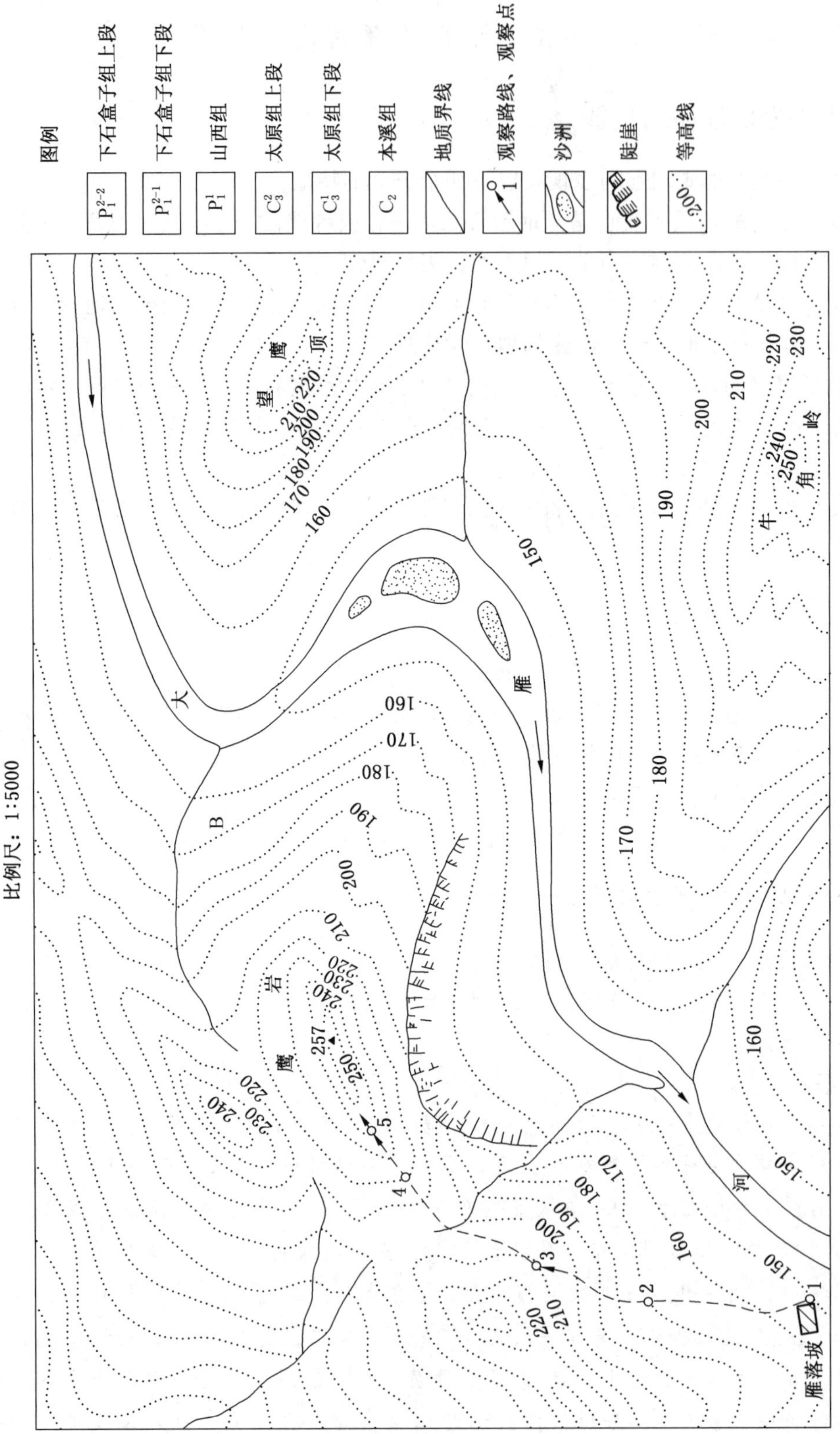
比例尺：1:5000
图例
$P_1^{2-2}$ 下石盒子组上段
$P_1^{2-1}$ 下石盒子组下段
$P_1^1$ 山西组
$C_3^2$ 太原组上段
$C_3^1$ 太原组下段
$C_2$ 本溪组
地质界线
观察路线，观察点
沙洲
陡崖
等高线
望鹰顶
牛角岭
鹰岩
257
大雁河
雁落坡
B

图 1-28 鹰岩地形图

距山西组 $P_1^1$ 顶面 1.5 m；⑤观察点 5 为下石盒子组下段 $P_1^{2-1}$ 最顶部的杂色砂质页岩层与下石盒子组上段 $P_1^{2-2}$ 最底部的含砾粗砂岩层的分界。

根据上述各观测点资料编绘出鹰岩地质图（图 1－28），并回答下列问题：

1. 在鹰岩顶三角点布置钻孔，该打多深才能见到山西组 $P_1^1$、太原组上段 $C_3^2$ 和太原组下段 $C_3^1$ 中的各个可采煤层？

2. 在牛角岭的山顶布置钻孔，能见到哪几个可采煤层？在望鹰顶布置钻孔，能见到哪几个可采煤层？为什么？

## 实训 3　用间接方法求岩层产状要素

### 一、在地形地质图上求岩层产状要素的方法

此法适用于大比例尺地形地质图，但在测定范围内，岩层产状必须稳定，其求解原理如下：按走向线的定义，在图 1－29a 的立体透视图中，某砂岩的上层面与 100 m 和 150 m 高程的两个水平面相交得Ⅰ－Ⅰ和Ⅱ－Ⅱ两条走向线，沿层面作它们的垂线 *AB* 为倾斜线，*AB* 与其水平投影 *AC* 的夹角 α 为岩层的倾角，*CA* 方向为倾向。在直角三角形 *ABC* 中，*BC* 为两条走向线的高差。因此，只要能作出同一层面的不同高程且相邻的两条平行的走向线，再根据其高程和水平距，即可求出岩层在该处的产状要素，其求解步骤如下（图 1－29b）：

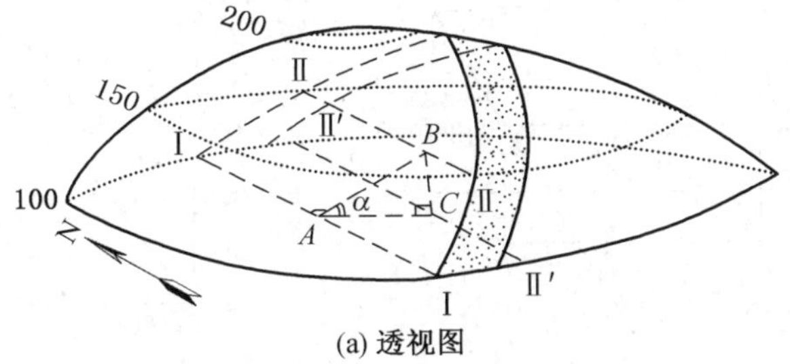

(a) 透视图

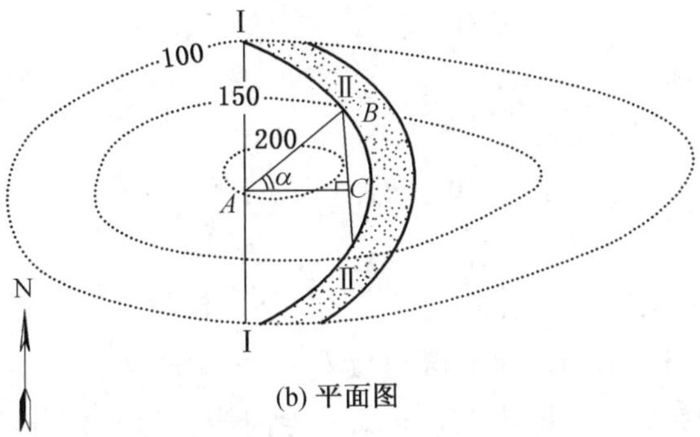

(b) 平面图

图 1－29　在地质图上求岩层产状要素

（1）连接砂岩层的上层面界线与 100 m 和 150 m 的两条高等线的交点Ⅰ、Ⅰ和Ⅱ、Ⅱ，得 100 m 高程的走向线Ⅰ－Ⅰ和 150 m 高程的走向线Ⅱ－Ⅱ。

（2）从高的一条走向线Ⅱ－Ⅱ上任一点 *C* 作一垂线与低的一条走向线Ⅰ－Ⅰ交于 *A* 点，则 *CA* 代表倾向。两走向线间高差为 50 m，按地质图比例尺取线段 *BC*（*BC* 长度相当于 50 m），得直角三角形 *ABC*。

（3）用量角器量出 $\angle BAC$ 的角度，即为岩层倾角 $\alpha$；量出 *CA* 的方位角，即为岩层的倾向（270°）。

## 二、三点法求岩层产状要素

当岩层产状平缓，不易用罗盘准确测定产状或当岩层被覆盖时，可根据层面标高资料或钻探得到的层面标高资料求岩层产状，即为三点法。

应用三点法求岩层产状的前提是：①三点要位于同一层面上，且不在一条直线上；②已知三点的位置和标高，且三点相距不宜太远；③在三点范围内，岩层面平整，产状无变化。其具体做法如下：

从图 1－30a 中可以看出，只要在最高点 *A* 和最低点 *C* 间的连线上找到与中等高程的 *B* 点等高的一点 *D*，就可作出走向 *DB*，过 *C* 点或 *A* 点作出与 *DB* 平行的另一高程的走向线，再根据两走向线各自的高程和水平距离，求出倾向和倾角（图 1－30b），其求解方法如下：

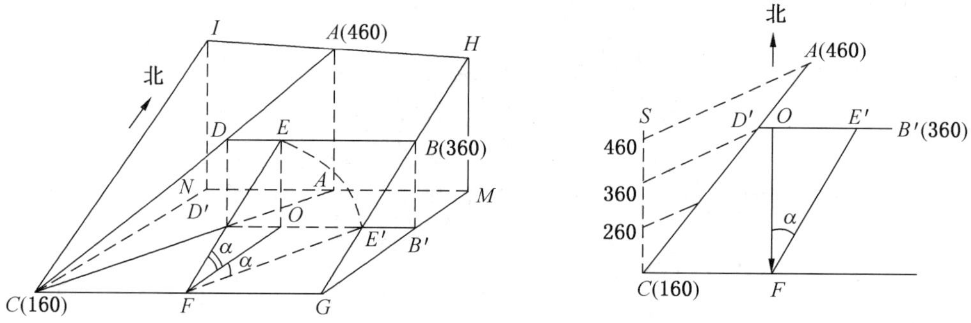


(a) 透视图　　(b) 平面图

图 1－30　三点法求岩层产状要素

（1）求等高点：从最低点 *C* 作任一辅助线 *CS*，根据 *A*、*C* 点间高差及 *B* 点高程，用等比例线段法将 *CS* 等分，在 *AC* 线上得到与 *B′* 点等高的 *D′* 点。

（2）求倾向：连接 *D′B′*，即为 178 m 高的走向线，过 *C* 点作其平行线，即为 160 m 高程走向线，在 *D′B′* 线上取任一点 *O*，作其垂直线 *OF*，即为倾向线，由高的一条走向线向低的走向线的方向，即箭头所示方向为倾向，用量角器量其方位角值即为倾向（180°）。

（3）求倾角：在 $B'$点所在的178 m走向线上，根据 $B$、$C$ 点间高差，按平面图比例尺取一线段 $OE'$，连 $E'F$，则 $\angle E'FO$ 为倾角 $\alpha$（30°）。

**【练一练】**

在南望山地形图（图1－31）上：①已知某煤层为一倾斜煤层，产状稳定，有三个钻孔见煤深度为 $ZK_1$100 m、$ZK_2$400 m、$ZK_3$300 m，用三点法求该煤层产状；②在设计钻孔 $ZK_4$ 处，预计打多深可达该煤层顶面？（提示：钻孔中煤层顶面标高等于钻孔地面高程减去见煤深度）③绘制煤层在地表露头线。

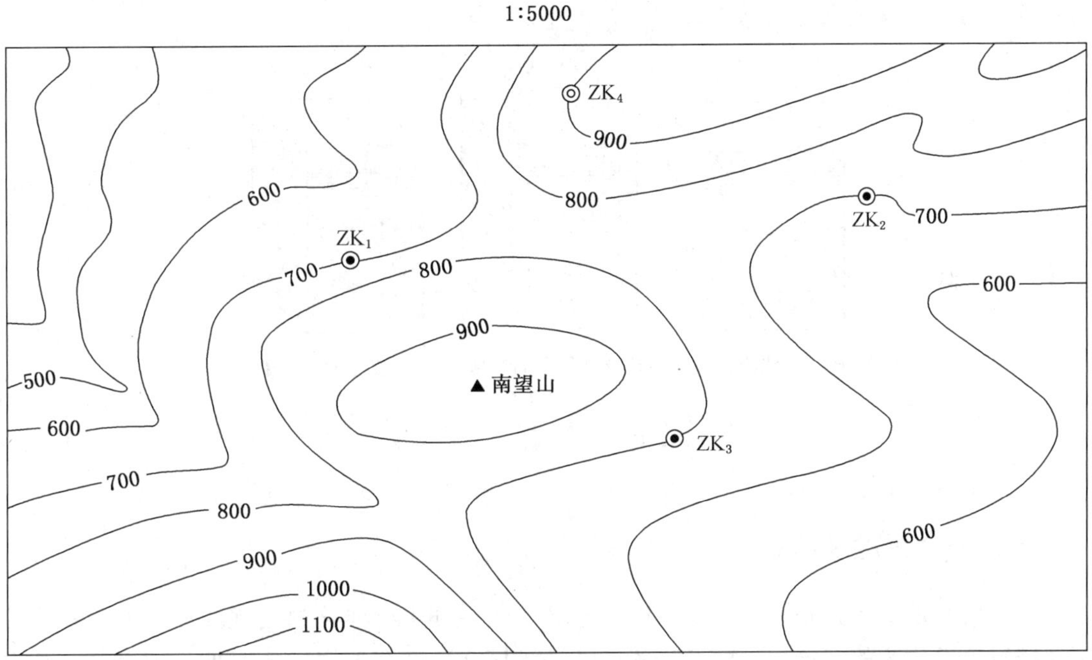


图1－31　南望山地形图

## 任务三　地层的接触关系

**【任务目标】**

1. 掌握地层接触关系的观察与研究技能。
2. 了解地层的接触关系类型所反映的地壳运动性质。

**【任务描述】**

地球自形成以来始终处于不停的、永恒的运动状态，地壳运动造成生物种群演化、地表沉积物类型及空间分布状态等变化。因此，分析地壳运动产物，能够揭示地质时期地壳运动的性质及特点。

## ▶构 造 地 质

【任务知识】

☞ **知识点8：地层的接触关系类型**

地层指某一地区在某一地质时代形成的一套岩层的集合。地层与岩层的区别在于地层包含时间概念。

地层的沉积接触关系从一个侧面记录了地壳运动类型及发生和演化的历史。人们力求从各个侧面探讨地壳运动的发生、发展及演化规律，地层的接触关系从空间和时间上为之提供了重要的地质依据。由于地壳运动的特点不同，反映到地层的接触关系上也是多种多样的，但从成因及特征上可以分为整合接触和不整合接触两种基本类型，不整合接触又分为平行不整合接触和角度不整合接触，如图1-32所示。

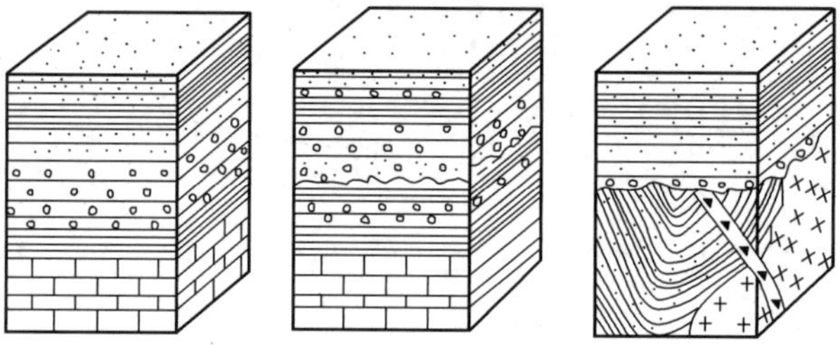

(a) 整合接触　(b) 平行不整合接触　(c) 角度不整合接触

图1-32　地层接触关系示意图

### 一、整合接触及特征

上下两套地层产状相同或相似，时代连续，岩性和生物演化都是逐渐演变的，地层的这种接触关系称为整合接触。整合接触表明该地区在这两套地层形成时期，地壳处于缓慢下降状态，或稳定上升但沉积物表面并未超出沉积基准面，是不断接受沉积的过程。

地层整合接触具有下列特征：

（1）上下地层的时代连续，没有沉积间断。

（2）沉积岩的岩性、岩相、生物演化是渐变的。

（3）上下地层的产状基本一致。

### 二、不整合接触及特征

若上下两套地层间“缺”“失”地层，时代不连续，岩性及古生物的演化又是突变的，上下地层产状一致或截交，这种地层的接触关系称为不整合接触。上下地层间的接触面称为不整合面（沉积间断面），它代表了一个古风化剥蚀面。不整合面以上的地层称“上覆地层”，以下的地层称“下伏地层”。不整合面在地面的露头线叫不整合线，其出露特征取决于不整合面的产状、地表形态及组合关系，不整合线也是重要的地质界线之一。

根据不整合面上下岩层的产状特点，又可分为平行不整合接触和角度不整合接触（图1－33）。

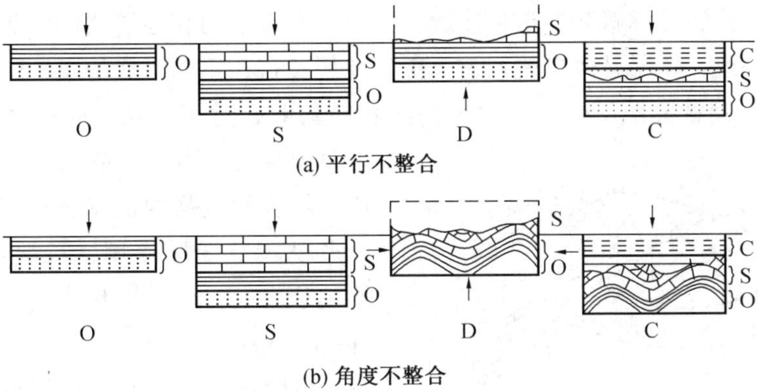


图1－33 不整合接触的形成过程示意图

（一）平行不整合接触

平行不整合接触又称假整合接触，不整合面上下两套地层之间缺失地层，时代不连续，但地层产状基本一致。

平行不整合接触关系反映了该地区在两套地层形成时期，在地壳运动的影响下，先缓慢下降、不断接受沉积，然后又整体上升露出水面，经长期风化、剥蚀后，再次下降接受沉积的过程（图1－33a）。

平行不整合接触的特征如下：

（1）上下两套地层时代不连续，有显著的沉积间断。

（2）不整合面上下地层的岩性及岩相、古生物的演变是突变的。

（3）在不整合面上常有下伏地层的风化、剥蚀产物组成的底砾岩，有时还保存着古风化壳、古土壤层、风化残余型矿床（如褐铁矿、铝土矿）等（图1－34）。

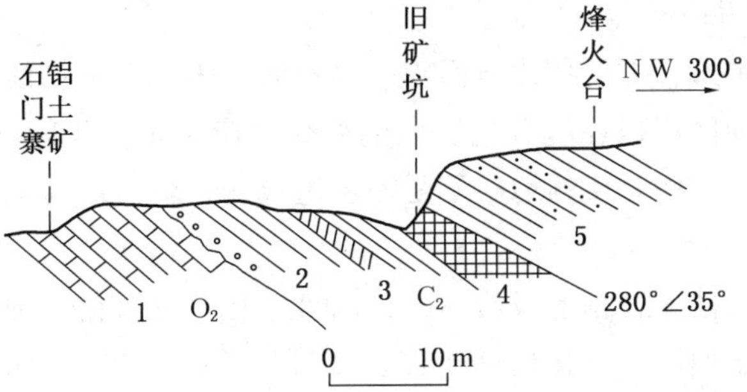


$C_2$—本溪统；$O_2$—马家沟组；1—石灰岩；2—底部砾岩；3—褐铁矿层；4—G层铝土矿；5—页岩，粉砂岩

图1－34 秦皇岛本溪组与马家沟组平行不整合接触关系剖面

(4) 上下地层产状基本一致。

(二) 角度不整合接触

角度不整合接触又称斜交不整合接触，不整合面上下两套地层之间缺失地层，时代不连续，产状不一致，岩层呈截交关系，上覆新地层覆盖在不同时代的老地层之上。

角度不整合接触关系反映了该地区在两套地层形成时期，在地壳运动的影响下，先大面积缓慢下降、不断接受沉积，然后上升，甚至发生强烈的褶皱作用、断裂作用、岩浆侵入及变质作用，长时期出露并遭受风化剥蚀后，再次下降接受沉积的过程（图1-33b）。

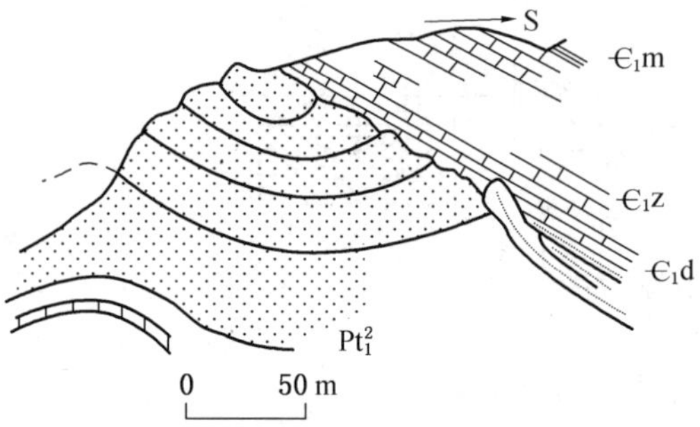


图1-35　河南登封下寒武统与嵩山群之间的角度不整合接触

角度不整合接触关系与平行不整合接触关系的特征大部分相同，其主要区别在于不整合面上下地层的产状明显不一致，往往是上覆新地层的底面与不整合面平行一致，而下伏老地层层面与不整合面呈角度相交截（图1-35）。

【小贴士】

角度不整合接触关系反映上下两套地层形成过程中曾发生过差异升降运动或水平运动，判断地壳运动性质的方法为：下伏地层变形简单，呈大规模分布的单斜构造，很少有岩浆活动，一般可认为曾发生过差异升降运动；下伏地层变形复杂，褶皱、断裂发育，有岩浆活动，一般可认为曾发生过水平运动。

**☞ 知识点9：不整合的观测与研究**

## 一、不整合接触存在的标志

识别不整合接触的标志很多，但主要有以下四个方面：

1. 古生物地层方面的标志

若上下两套地层中所含古生物化石面貌明显不同，表现出生物演化的不连续或生物群的迥然不同，说明该地区沉积环境有过巨大的变化，产生了沉积间断。经区域地层对比，若上下两套地层间缺失一些时代的地层不是断层造成的，就可认为是不整合接触的存在。

2. 沉积方面的标志

上下两套地层在岩性、岩相上截然不同，而且存在着古风化剥蚀面，在风化剥蚀面上保留有古风化壳、古土壤层、风化残余矿床、底砾岩等，这些反映沉积环境变化的特征，都是不整合接触关系存在的良好标志。

3. 构造方面的标志

角度不整合面上、下两套地层的产状不一致，褶皱的形式和强度不同，断裂的发育度及切割情况、构造线方向等也明显不同（图1－36）。一般情况下，下伏老地层的构造变动较为强烈复杂，而上覆新地层的构造变动相对简单（图1－37）。

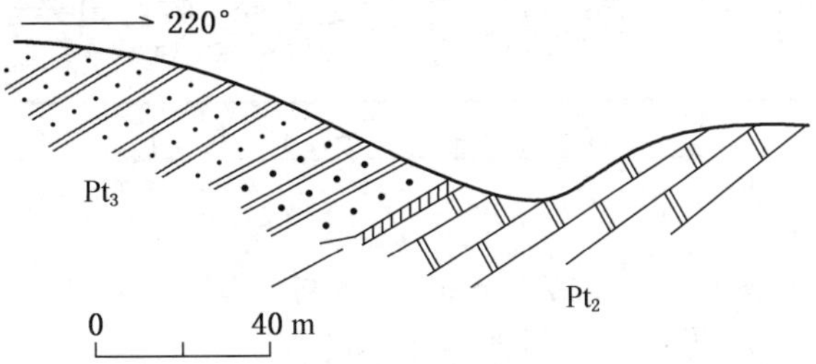


图1－36　不整合上下两套地层产状不一致

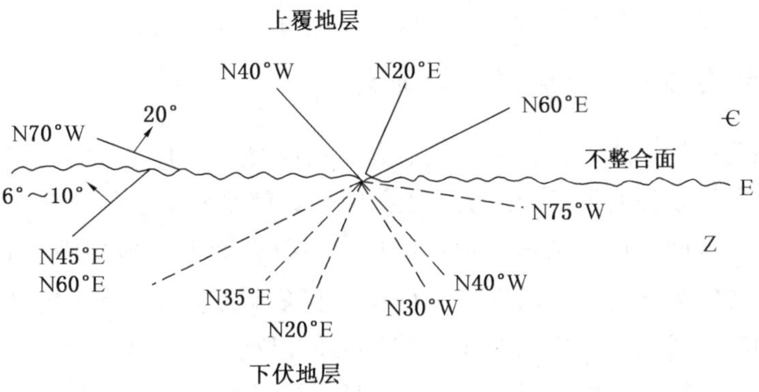


图1－37　不整合上下两套地层构造复杂程度差异

4. 岩浆活动和变质作用方面的标志

不整合面上下的地层是地壳运动不同发展阶段的产物。地壳运动的强烈程度和次数不同，伴随的岩浆活动和变质作用也具有不同的特点。上下地层的变质程度不同，中间无过渡类型的岩石或下伏地层变质而上覆地层未变质，这些都是不整合接触关系存在的标志。

上面从不同角度说明了不整合接触关系存在的标志。在实际工作中，研究不整合要收集各方面的资料并综合分析，从而得出正确的结论。

## 二、不整合接触关系空间分布的研究

地层的接触关系从时间上、空间上反映地壳运动的发展演化历史，然而每一次地壳运动所影响的范围不同，在不同地区表现的运动形式、强烈程度及发生的时间都存在差异。因此，形成的地质构造及地层接触关系类型都具有区域性，在横向上呈渐变过渡（图1－38）；同是一种接触关系，在不同地区缺失的地层也可能不同。

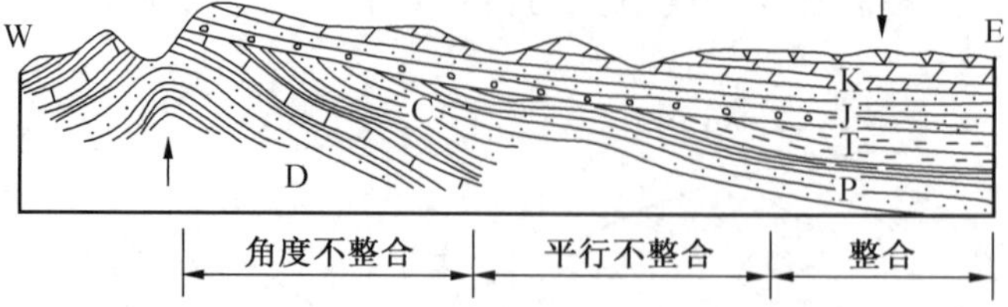


图1-38 地层接触关系在横向上的变化示意图
(据王曰伦修改)

综上可知，不整合面在空间上的展布是复杂多样的，要注意区别局部地段的冲刷及地层缺失等原因。所以，对不整合的观察研究，要综合广大地区的资料，切忌以点带面，要去伪存真、认真分析，才能正确地认识不整合。

## 三、不整合接触关系形成时代的确定

不整合接触关系的形成时代，主要是根据不整合面上、下地层的时代来确定，不整合面上、下两套地层间缺失的那部分地层所处的时代，就是不整合的形成时代。即不整合接触关系形成于不整合面下伏最新地层形成以后、不整合面上覆地层中最老地层形成之前。如我国华北地区的中奥陶统马家沟组与上石炭统本溪组之间的平行不整合形成时代，就是中奥陶世马家沟组形成以后，中石炭世本溪统形成以前，即在 $O_2$—$C_2$ 之间形成的。角度不整合面上下地层间缺失地层的时代，代表了地壳运动相对剧烈时期。

实际上不整合形成时代只是相对的，因为有的地层缺失是由于当时没有沉积，还是沉积后被剥蚀掉了，是比较难以确定的。事实上，一个地区某一地质时期的地层完全被剥蚀掉可能是较少见的；而有的沉积地层，由于工作深入研究不够，误认为“缺”地层也是有的。因此，确定不整合的形成时代，只有对区域地层、古地理特征及区域构造发展史等资料综合分析，才能更准确。

研究不整合接触关系既有理论意义，又有实际意义。它反映了地壳运动的方式和特点，是研究地壳运动的重要依据，也是划分地层单位的依据之一。不整合面上可能有风化残余矿床，也可能有内生矿床。不整合对油、气及地下水的储集也有重要意义。

# 实训4　读倾斜岩层和不整合接触地质图并切制剖面图

## 一、倾斜岩层在地质图上的特征

倾斜岩层在大比例尺地质图上表现最明显的是地质界线与地形等高线相交，在山脊和沟谷处弯曲成为“V”字形，并且有一定的规律，即所谓“V”字形法则（图1-39）：

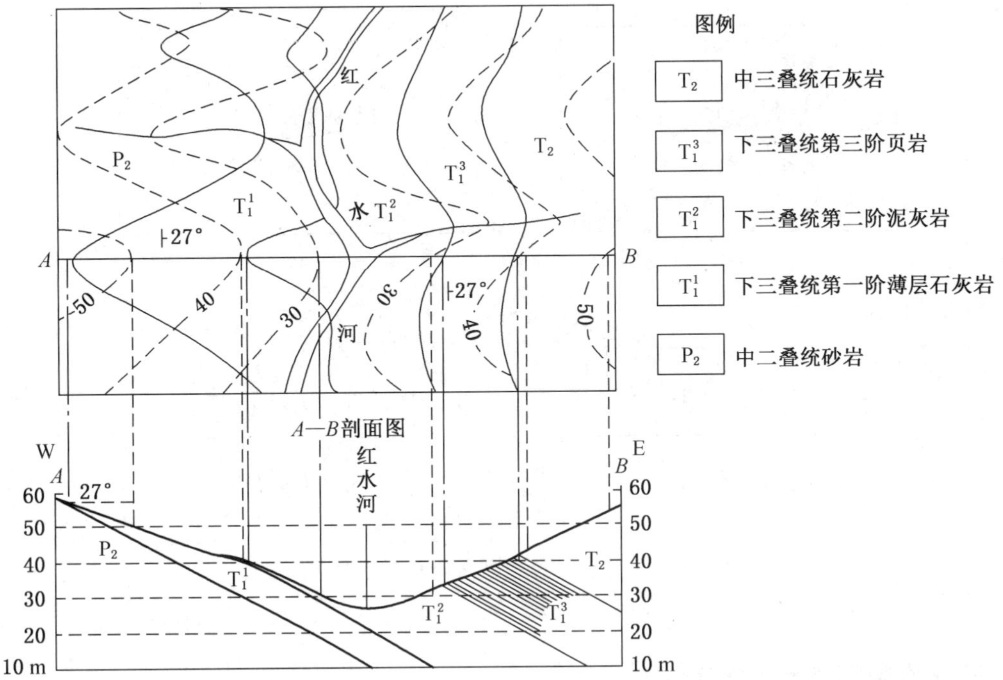


1—灰岩；2—页岩；3—泥灰岩；4—薄层灰岩；5—砂岩

图1-39　倾斜岩层剖面图绘制方法

（1）岩层倾向和地面坡向相反时，地质界线“V”字形尖端和等高线弯曲方向一致，但地质界线形态更为宽阔。

（2）岩层倾向与地面坡向相同时的两种情况：①岩层倾角大于地面坡角，地质界线“V”字形尖端和等高线弯曲方向相反；②岩层倾角小于地面坡角，地质界线“V”字形尖端和等高线弯曲方向相同，但地质界线形态更为狭窄。

上述三种情况，反映出倾斜岩层地质界线形态主要由岩层倾角大小、岩层倾向和地面坡向关系这三个因素决定。掌握这一规律有助于我们建立岩层产状立体概念和岩层露头投影形态的关系，对于填绘和阅读大、中比例尺地质图具有重要的作用。

## 二、不整合接触在地质图上的表现

（1）平行不整合接触：不整合面上下两套地层的地质界线一致，倾向、倾角相同，但两套地层间缺失一套地层（图1-40a）。

（2）角度不整合接触：上覆的一套较新地层的底面界线截切下伏较老地层不同层位的地质界线（图1-40b）。

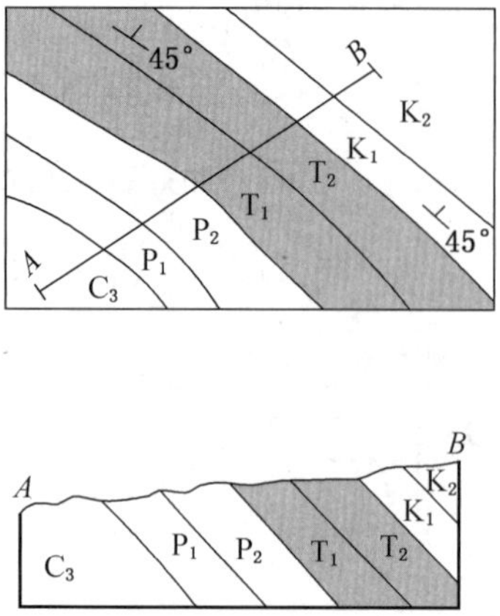


(a) 平行不整合

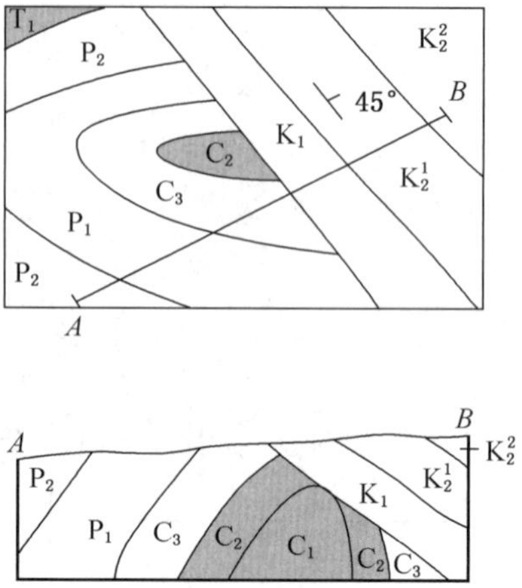


(b) 角度不整合

图1-40 不整合接触在平面图和剖面图上的表现

## 三、绘制图切地质剖面图

剖面图绘制方法和步骤如下：

（1）选择剖面位置。在分析图区地形特征、地层的出露、分布和产状变化以及构造特点的基础上，要使所作的剖面图通过地层较全的图区主要构造部位，其方向尽量垂直于区内主要构造的地层走向，或者选在阅读地质图所需要作剖面的地方。选定后，将剖面线标定在地质图上。

（2）绘地形剖面。在方格纸上定出剖面基线，两端画上垂直线条比例尺，并标明标高。基线标高一般比剖面所通过的最低等高线高度要低 1～1.5 cm。然后，将地质图上的剖面线与地形等高线相交的各点逐一投影到相应标高的位置，按实际地形用曲线连接相邻点，即得地形剖面。

（3）绘地质剖面。将地质图上的剖面线与地质界线（地层分层界线、不整合线、断层线等）的各个交点投影到地形剖面曲线上，按各点附近的地层倾向和倾角绘出分层界线。如剖面线与地层走向线斜交，则应按剖面方向的视倾角绘分层界线。

（4）整饰图件。按实训一地质剖面图格式要求进行整饰。各层应按其岩性绘上岩性花纹，并注明地层代号。

**【练一练】**

1. 读凌河地质图（图1-41），求岩层产状，确定构造形态。
2. 认识不同类型地层接触关系在地质图上的表现，确定不整合形成时期。
3. 绘制凌河地质图中 *A*—*B* 剖面图。

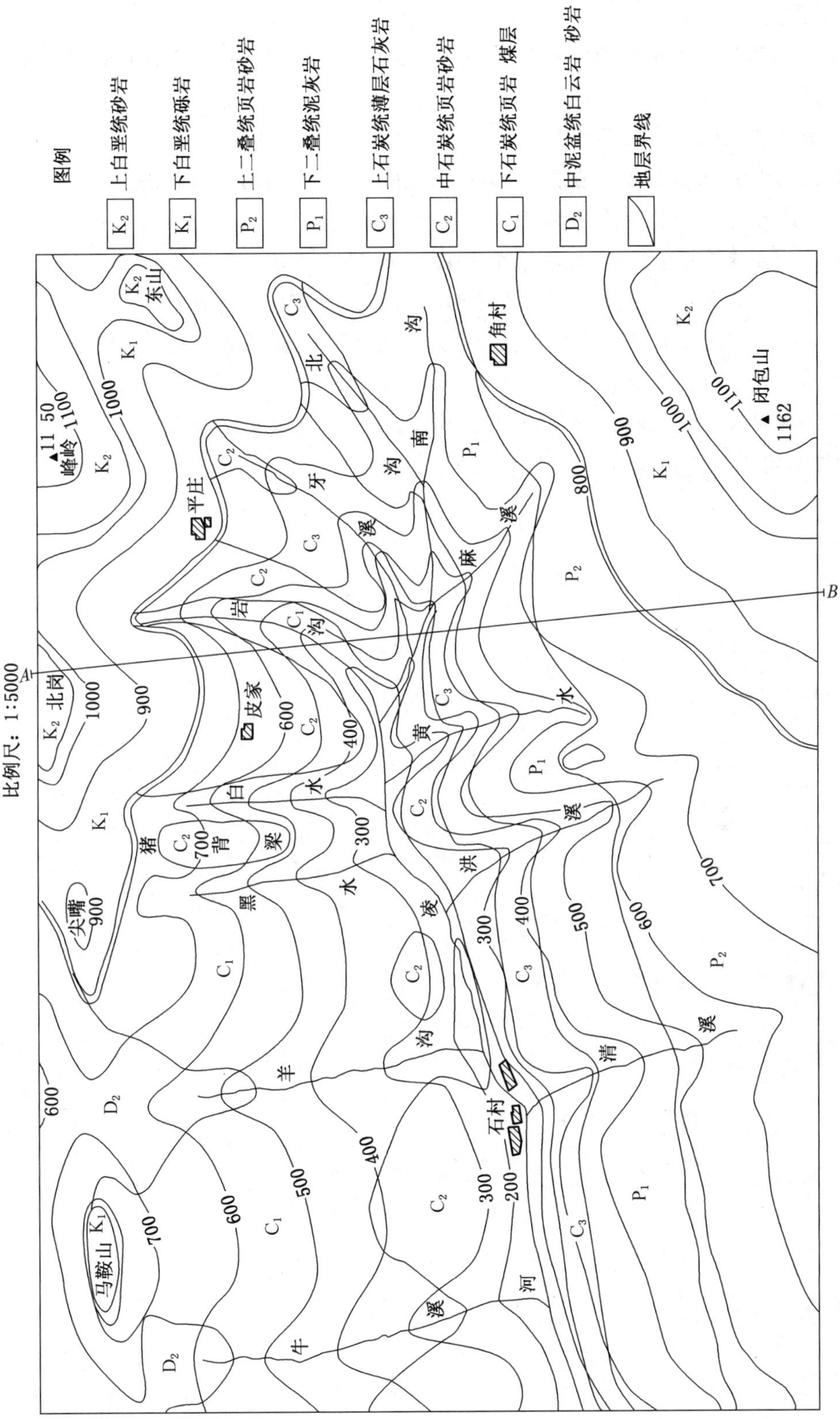
图例
K2 上白垩统砂岩
K1 下白垩统砾岩
P2 上二叠统页岩砂岩
P1 下二叠统泥灰岩
C3 上石炭统薄层石灰岩
C2 中石炭统页岩砂岩
C1 下石炭统页岩 煤层
D2 中泥盆统白云岩 砂岩
地层界线
比例尺：1:5000
A
B
东山
峰岭
1150
1100
1000
北岗
900
尖嘴
马鞍山
600
700
平庄
皮家
角村
闭包山
1162
石村
北沟
南沟
牙溪
麻溪
岩沟
黄水
白水
猪背梁
黑水
凌洪溪
羊沟
清溪
牛溪
河
800
500
400
300
200

图 1-41　凌河地质图

## ▶构 造 地 质

【项目思考】

1. 什么是沉积岩的原生构造？如何利用沉积岩的原生构造分析沉积古地理环境及岩层层序？

2. 野外如何识别沉积岩的层理？

3. 什么是岩层产状三要素？岩层产状要素反映岩层在空间的什么状态？

4. 为什么表示岩层产状时要用真倾向、真倾角？

5. 已知某岩层走向210°，向北倾，倾角42°，试用文字表示法和符号表示法表示之。

6. 水平岩层、倾斜岩层及直立岩层在地形地质图上各有什么特征？

7. “在地形地质图上岩层露头越宽，岩层厚度越大”的说法正确吗？为什么？

8. 地层与岩层二者有什么区别？

9. 地层的接触关系有几种？它们分别反映什么类型的地壳运动过程？

10. 如何确定不整合接触的形成时期？

# 项目二 褶 皱 构 造

## 任务一 褶皱和褶皱要素

【任务目标】

1. 理解褶皱的基本概念。

2. 熟练掌握褶皱的几个要素。

3. 熟悉褶皱的基本形态及其特征。

【任务描述】

褶皱是地壳构造中最引人注目的地质现象，它在层状岩石中表现得最明显。褶皱往往是多种力量共同作用的结果。有些褶皱并不明显，有些褶皱却表现得很显著。它们的大小也相差悬殊，大的绵延几公里甚至数百公里，小的却只有几厘米甚至只有在显微镜下才能看到。褶皱有背斜和向斜两种基本形式。褶皱与生产实践和矿产资源在地层中的赋存关系极为密切。

【任务知识】

☞ **知识点10：褶皱要素**

### 一、褶皱的概念

褶皱是岩石中的各种面（如层面、面理等）受力发生弯曲而显示的变形，它是由岩石中各种原来近于平直的面变成了曲面而表现出来的，形成褶皱的变形面绝大多数是沉积岩的层面，而变质岩的劈理、片理或片麻理以及岩浆岩的原生流面、岩层和岩体中的节理面、断层面或不整合面，受力后也可变形成为褶皱面。因此，褶皱是地壳中一种最常见的、最基本的地质构造。褶皱形象地反映出地壳中岩石发生的连续塑性变形。

褶皱的形态千姿百态、复杂多样，从卫星照片上巨大的褶皱系和构造盆地到出现在个别露头上或手标本上的褶皱，再到显微镜下的微型褶皱，褶皱的规模差别极大。研究褶皱的形态、产状、分布和组合特点及其形成方式和时代，对于揭示一个地区的地质构造的形成规律和发展史具有重要意义。许多矿产在成因、矿体产状和空间分布上都与褶皱有密切关系；有些矿体本身就是褶皱层。褶皱构造还不同程度地影响水文地质和工程地质条件。因此，研究褶皱具有重要的理论和实际意义。

## 二、褶皱要素

褶皱要素指褶皱的各个组成部分，褶皱要素主要有（图2－1）：

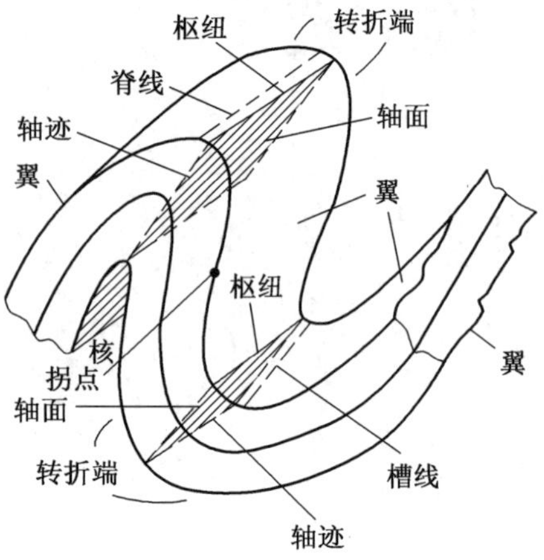


图2－1　褶皱要素示意图

（1）核，又称核部。系指褶皱中心部位的岩层。

（2）翼，又称翼部。系指褶皱核部两侧的岩层。在横剖面上，构成两翼的同一褶皱面的拐点的切线的夹角称为“翼间角”。

（3）转折端。指从褶皱一翼向另一翼过渡的弯曲部分。

（4）褶轴，又称轴线或轴。对圆柱状褶皱而言是指褶皱面上一条直线平行其自身移动能描绘出褶皱面（S）的弯曲形态，这条直线叫褶轴。

（5）枢纽。同一褶皱面的最大弯曲点的连线叫作枢纽。枢纽可以是直线，也可以是曲线或折线；可以是水平线，也可以是倾斜线。

（6）轴面。指由许多相邻褶皱面上的枢纽连成的面。如果褶皱各层的厚度在两翼基本不变，可以把轴面看成是翼间角的平分面，或者大致平分褶皱两翼的对称面。轴面可以是平面，也可以是曲面。轴面产状可以走向、倾向和倾角来确定。

（7）轴迹。轴面与地面的交线。

（8）脊、脊线和槽、槽线。背斜或背形的同一褶皱面的各横剖面上的最高点为“脊”，它们的连线称为脊线；向斜或向形的同一褶皱面的各横剖面上的最低点为“槽”，它们的连线称为槽线。

**☞知识点11：褶皱基本形态及特征**

褶皱的形态多种多样，但其基本形态有两种（图2－2）：

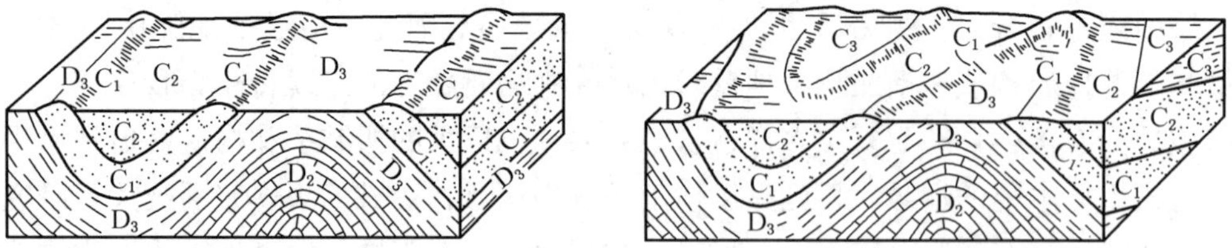

(a)　(b)

图2－2　背斜和向斜

（1）背斜。岩层向上弯曲，其核心部位的岩层时代较老，外侧岩层依次变新，且对称分布。背斜顶部受张力作用，岩性脆弱，易被侵蚀。

（2）向斜。岩层向下弯曲，其核心部位的岩层时代较新，外侧岩层依次变老，且对称分布。向斜底部岩性坚硬，不易被侵蚀，多接受沉积。

由于后期风化、剥蚀的破坏，向斜在地面上的出露特征是：从中心向两侧，岩层从新到老对称重复出露（图 2 –2a、图 2 –2b 左侧），而背斜在地面上的出露特征却恰好相反，从中心到两侧，岩层从老到新对称重复出露（图 2 –2a 和图 2 –2b 右侧）。如褶皱岩层的新老层序不明，或者褶皱的变形面不是层面而是其他构造面，则将褶皱面向上弯曲的称为背斜，向下弯曲的称为向斜。从寻找资源的角度来看，向斜岩层蓄水好，水量丰富容易找。向斜构造有利于地下水补给，两翼的水向中间汇集，下渗成地下水，故打井可以在向斜槽部。背斜根据其自身地质形态可开挖隧道。背斜地形下可能储藏有丰富的油气资源，成为油田地质勘探人员找寻的目标。

# 任务二 褶皱的类型及褶皱的描述

【任务目标】

1. 通过平面和空间上对不同形态褶皱的剖析，熟练掌握不同类型褶皱的特点。
2. 正确区分不同类型的褶皱。
3. 能够描述褶皱的不同形态，理解褶皱的形成作用。

【任务描述】

正确地描述褶皱形态是研究褶皱的基础。只有分析描述褶皱要素的特征，并测量其产状，才能准确、形象地恢复褶皱形态。褶皱的剖面形态是表现褶皱形态的重要方式。常用的剖面有水平剖面（地面）、铅直剖面（直立剖面）和正交剖面（横截面）。根据引起褶皱的作用力方式，将褶皱的形成机制分为纵弯褶皱作用、横弯褶皱作用、剪切褶皱作用以及柔流褶皱作用。

【任务知识】

**☞ 知识点 12：褶皱的几何形态**

褶皱形态是多种多样的，可以从不同方面来研究和描述，因而出现了大量的褶皱名称术语。下面从三维空间对褶皱形态进行描述。

## 一、正交剖面上褶皱的形态

1. 轴面产状

（1）直立褶皱。轴面近乎直立，两翼倾向相反，倾角近似相等（图 2 –3a）。

（2）斜歪褶皱。轴面倾斜，两翼倾向相反，倾角不等（图 2 –3b、图 2 –4）。

（3）倒转褶皱。轴面倾斜，两翼向同一方向倾斜，一翼的地层倒转（图 2 –3c）。

（4）平卧褶皱。轴面近似水平，一翼地层正常，另一翼地层倒转（图 2 –3d）。

（5）翻卷褶皱。轴面弯曲的平卧褶皱（图2－3e）。

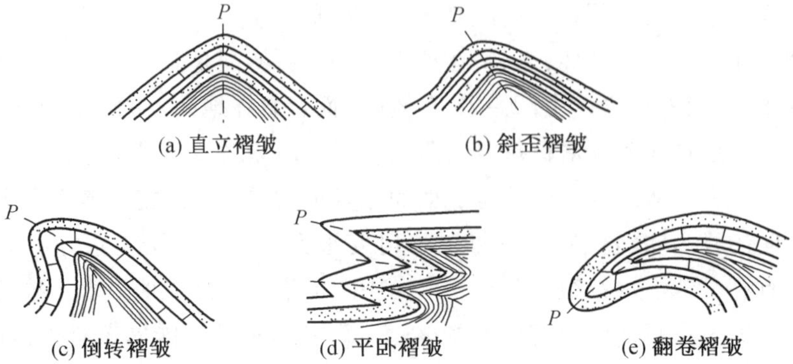


P—轴面

图2－3　按轴面产状的褶皱描述

2. 褶皱的对称性

（1）对称褶皱。褶皱的轴面与水平面垂直，而且两翼的长度也基本相等，倾角相同（图2－4）。

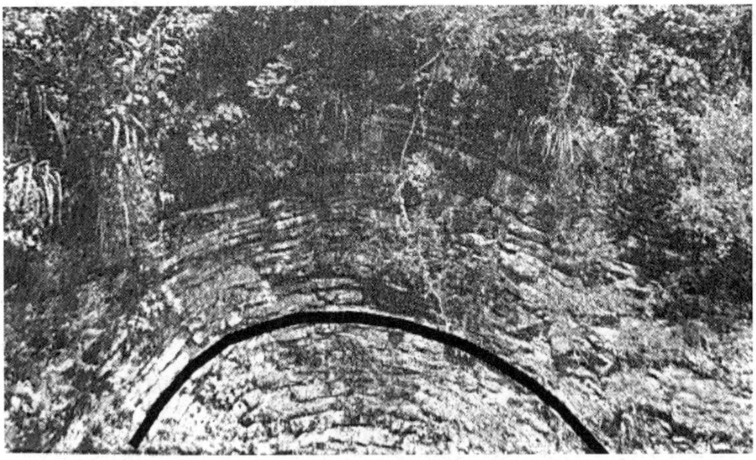

图2－4　对称褶皱

（2）不对称褶皱。褶皱的轴面与水平面斜交，而且两翼的长度不等，倾角不同。

3. 翼间角的大小

（1）平缓褶皱。褶皱翼间角大于120°、小于180°。

（2）开启褶皱。褶皱翼间角大于70°、小于120°。

（3）中常褶皱。褶皱翼间角大于30°、小于70°。

（4）紧闭褶皱。褶皱翼间角大于5°、小于30°。

（5）等斜褶皱。褶皱翼间角近于0°~5°，两翼近于平行。

4. 转折端形态

（1）圆弧褶皱。褶皱转折端呈圆弧形弯曲（图2-5a、图2-6）。

（2）尖棱褶皱。褶皱两翼平直相交，转折端呈尖顶状（图2-5b）。

（3）箱状褶皱。褶皱两翼陡而转折端平直，形如箱状，常常具有一对共轭轴面（图2-5c）。

（4）挠曲。缓倾斜岩层中的一段突然变陡，形成台阶状弯曲（图2-5d）。

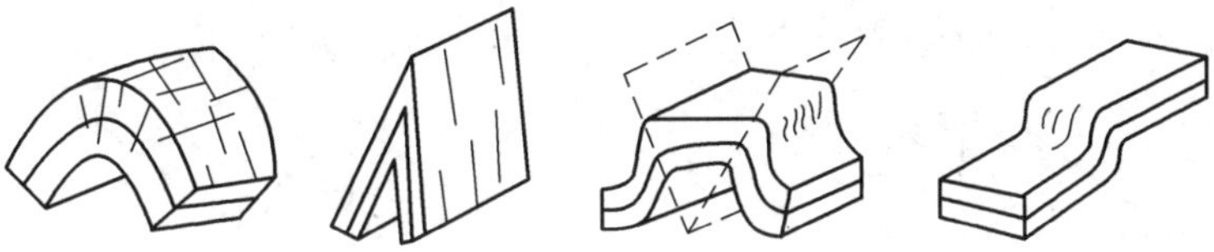


图2-5 按转折端形态的褶皱描述

图2-6 圆弧向斜

5. 同一褶皱中各层弯曲形态的变化

（1）协调褶皱。褶皱中各层的弯曲形态在剖面上基本保持不变或做有规律地变化，其间没有明显的不协调的突变现象，如平行褶皱和相似褶皱。

（2）不协调褶皱。各褶皱层的弯曲形态彼此明显不同，有显著的突变现象。褶皱的不协调是较为普遍的现象，在褶皱作用强烈的地区和变质岩区表现得更为明显。

## 二、平行褶皱枢纽方向褶皱的形态

根据褶皱枢纽的倾伏角，可将褶皱描述为：

（1）水平褶皱。枢纽近于水平，两翼岩层走向基本相同（图2－7a）。

（2）倾伏褶皱。枢纽是倾伏的，两翼岩层走向不同。在水平面上褶皱两翼向同一岩层相汇合，背斜的汇合部位称为倾伏端，向斜的汇合部位称为扬起端（图2－7b）。

（3）倾竖褶皱。枢纽近于直立（图2－8）。

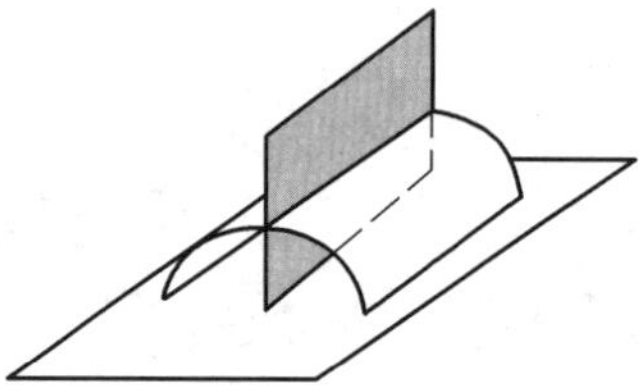

(a) 水平褶皱

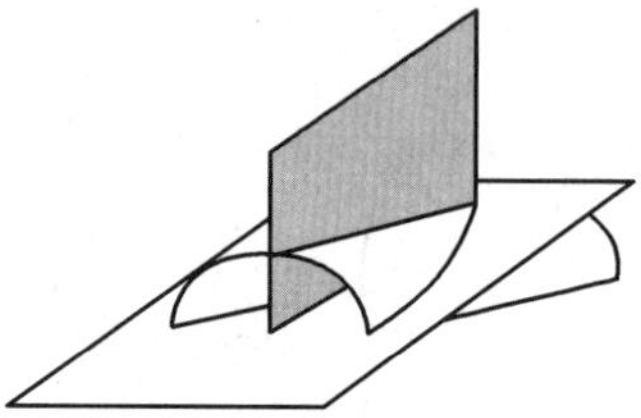

(b) 倾伏褶皱

图2－7 按枢纽产状的褶皱描述

图2－8 倾竖褶皱

## 三、褶皱在地面上的出露形态

根据褶皱中同一岩层在平面上出露的纵向长度和横向宽度之比，可将褶皱分别描述为：

（1）穹窿。长度和宽度之比小于3：1的背斜构造，褶皱面自脊点向四周做放射状倾斜。

（2）构造盆地。长度和宽度之比小于3：1的向斜构造，褶皱面从四周向中心倾斜。

（3）短轴褶皱。长度与宽度之比在3：1～10：1之间的褶皱。

（4）线状褶皱。长度与宽度之比超过10：1的各种狭长形褶皱。

## 四、褶皱的位态分类

褶皱在空间的位态取决于轴面和枢纽的产状。以横坐标表示轴面的倾角，纵坐标表示枢纽的倾伏角，可将褶皱分成七种类型（图2－9）：

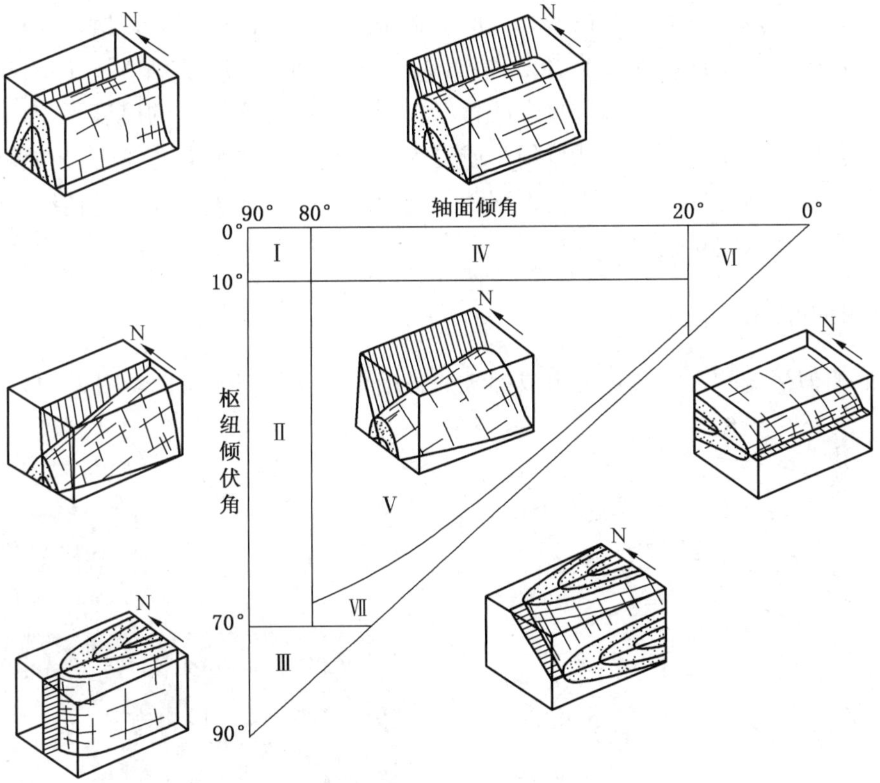


图2－9 褶皱的位态分类

（1）直立水平褶皱。褶皱轴面近于直立，倾角为80°～90°，枢纽近于水平，倾伏角为0°～10°。

（2）直立倾伏褶皱。褶皱轴面近于直立，倾角为80°～90°，枢纽倾伏角为10°～70°。

（3）倾竖褶皱。褶皱轴面近于直立，倾角为80°～90°，枢纽倾伏角为70°～90°。

（4）斜歪水平褶皱。褶皱轴面倾角为20°～80°，枢纽倾伏角为0°～10°。

（5）斜歪倾伏褶皱。褶皱轴面倾角为20°～80°，枢纽倾伏角为10°～70°。

（6）平卧褶皱。褶皱枢纽倾伏角和轴面倾角均为0°～20°。

（7）斜卧褶皱。褶皱枢纽和轴面两者倾向及倾角基本一致，轴面倾角为20°～80°，枢纽在轴面上的侧伏角为20°～70°。

**☞知识点13：褶皱的形态分类**

褶皱形态的变化主要反映在各褶皱面形态的相互关系和褶皱的厚度变化上。据此，对褶皱进行形态分类。

## 一、平行褶皱

典型平行褶皱的几何特点是褶皱面作平行弯曲（图2－10）。同一褶皱层的厚度在褶皱各部分一致，所以也称为等厚褶皱，弯曲的各层具有同一曲率中心，所以又称为同心褶皱。由中心向外，褶皱面的曲率半径逐渐增大，曲率变小，岩层越平缓；向着核部方向，曲率逐渐变大。例如，一个圆弧形直立的背斜，因为要保持褶皱层的厚度不变，褶皱面的弯曲越来越紧闭，甚至成为尖顶状背斜，或是为了调整褶皱层的向心挤压，在背斜核部会出现复杂的小褶皱和逆冲断层；再向下则消失于滑脱面上。顺轴面向上，情况相反，褶皱面越来越平缓，褶皱趋于消失。

## 二、相似褶皱

典型的相似褶皱的几何特点是组成褶皱的各褶皱面作相似的弯曲（图2－11）。各面的

图2－10 平行褶皱

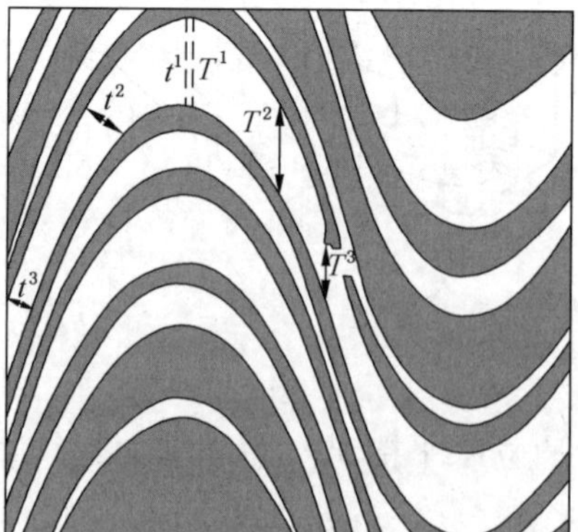


图2－11 相似褶皱

曲率相同，没有共同的曲率中心。所以，褶皱的形态不随深度的变化改变。同一褶皱层的厚度发生有规律的变化，两翼变薄转折端加厚，平行轴面量出的视厚度在褶皱各部位保持一致。

平行褶皱和相似褶皱是反映褶皱层的厚度变化和几何关系规律性变化的两种代表性形式，在自然界有一定的广泛性，有助于分析褶皱向深部的变化，是分析一个地区褶皱发育规律的有实际意义的概念。

平行褶皱和相似褶皱中各褶皱面弯曲的形态协调一致或作有规律的变化，其间没有明显的突变现象，因此属于协调式褶皱。如果褶皱中各褶皱面弯曲的形态彼此明显不同，无几何规律可循或各层的褶皱形式常出现突变，这类褶皱可称为不协调褶皱。褶皱不协调是较为普遍的现象。是由组成褶皱各层的岩性和厚度之差异、不同部分受力不均等原因所引起的。

**☞ 知识点14：褶皱的形成作用**

千姿百态的褶皱是怎样形成的，它们经历了哪些变形过程；褶皱的形成受到哪些因素影响；褶皱的形态、产状、分布特点与形成方式之间有哪些内在联系等，都关系到褶皱的形成作用问题。下面介绍几种主要的褶皱形成作用方式：

## 一、纵弯褶皱作用

纵弯褶皱作用是指岩石受到顺层挤压力，使岩层失稳弯曲而发生褶皱的作用。一般假定岩层在褶皱前处于原始的水平状态；所以，纵弯褶皱作用是水平挤压的结果。地壳水平运动是造成这种作用的地质条件。地壳中大多数褶皱是纵弯褶皱作用形成的。

单层纵弯曲的应力和应变分布特点：通过在一结构均一的板状材料的侧面上画上若干排小圆圈，然后使板状材料发生纵弯曲变形，就会发生图2－12所示的变形，原来的小圆圈变成了椭圆，这些椭圆的分布情况形象地说明，弯曲层面的外凸一侧受到平行于弯曲的引张而拉伸，而内凹一侧则受到平行于弯曲的挤压而压缩，二者之间有一个既无拉伸也无压缩的无应变的中和面，中和面的位置随着弯曲的加剧和曲率的增大而逐渐向核部迁移。

当单一岩层或彼此黏结很牢成为一个整体的一套岩层受到侧向挤压形成纵弯曲时，在不同部位可能产生一系列有规律分布的内部小构造。如岩层韧性较高，外凸侧会因拉伸而变薄，形成平行于层理的劈理，在内凹侧则因压缩而变厚形成正扇形劈理（图2－12b）；脆性较高的岩层，在外凸侧常产生与层面正交、呈扇状排列的楔形张节理或小型正断层（图2－12c），而在内凹侧因压缩而产生逆断层（图2－12d）；或在一定条件下（如微层理发育）内凹侧可能发生小褶皱。

当一套层状岩石受到顺层挤压时，层面在形成褶皱的过程中往往起着重要的作用，以致岩层常通过下列两种不同方式形成褶皱。

1. 弯滑作用

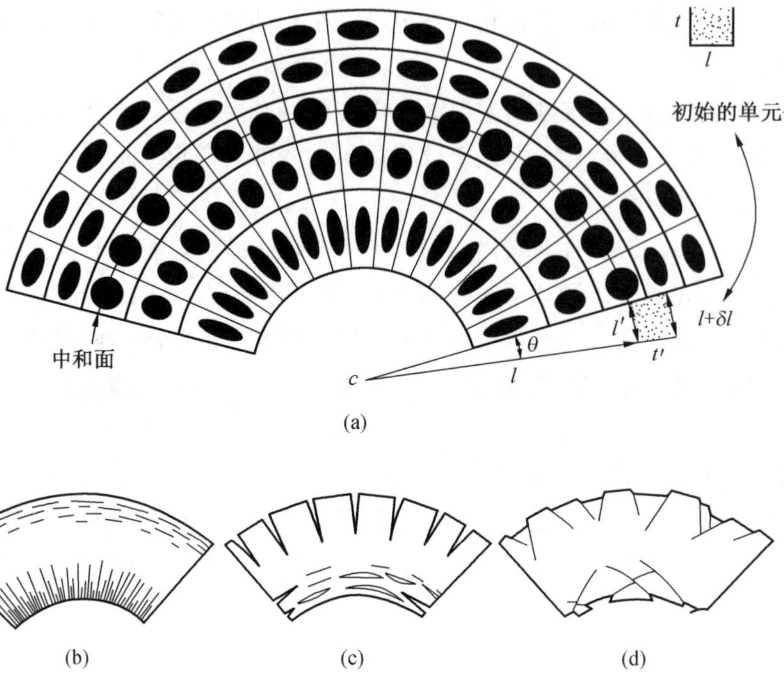


图 2－12　单层纵弯曲的应变分布特征

岩层通过层间滑动而弯曲成为褶皱称为弯滑作用。其主要特点如下：

（1）各单层有各自的中和面，而整个褶皱没有统一的中和面。各相邻褶皱面保持平行关系，各岩层的真厚度在褶皱的各部位基本一致，故纵弯曲引起的弯滑作用往往形成平行褶皱。

（2）纵弯褶皱作用引起的层间滑动方式是：各相邻的上层相对向背斜转折端滑动，各相邻下层则相对向斜转折端滑动。由于层间滑动作用，一方面，强硬岩层在翼部可能产生顺层剪节理和层间节理，且在滑动面上留下与褶皱枢纽近直交的层面擦痕；另一方面，由于两翼的相对滑动，往往在转折端形成空隙，造成虚脱现象，此时如有成矿物质填充则形成鞍状矿体（图 2－13）。

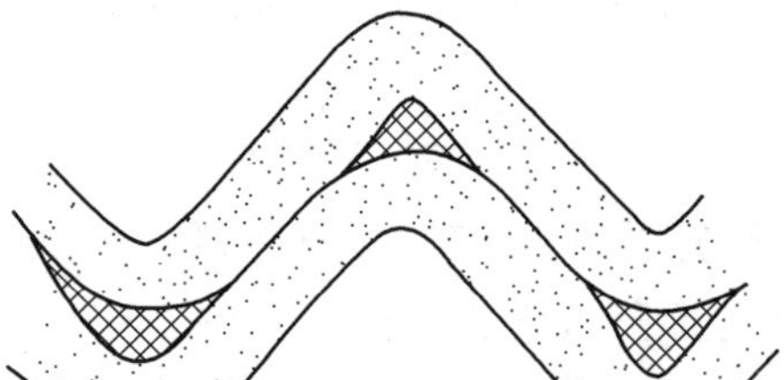

图 2－13　虚脱现象和鞍状矿体

（3）当两个强硬岩层之间夹有层理发育的韧性岩层时，发生纵弯褶皱作用，则会在层间滑动的力偶作用下，使薄层韧性岩层发生层间小褶皱。位于主褶皱翼部的层间小褶皱多为不对称褶皱，小褶皱的轴面与其上、下相邻的主褶皱面所夹锐角指示该相邻层的相对滑动方向

（图2－14）。在一般情况下，就可以结合上述层间滑动规律来判断岩层顶、底面，从而确定岩层层序是正常或倒转以及背斜和向斜的相对位置。

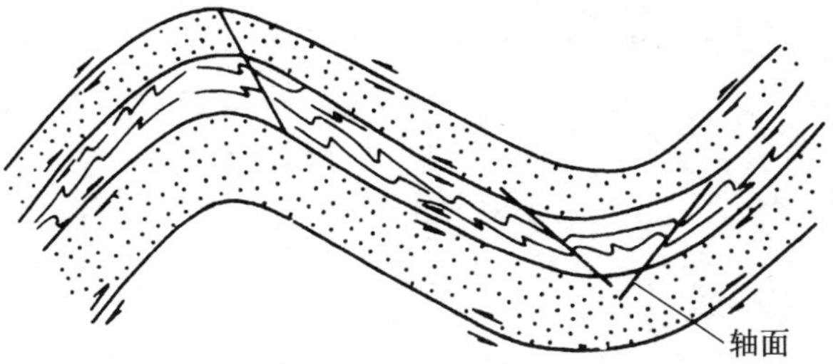


图2－14 弯滑作用形成的层间小褶皱

2. 弯流作用

纵弯褶皱作用使岩层弯曲变形时，不仅发生层间滑动，而且某些岩层的内部还出现物质流动现象。不同力学性质的岩层其流动程度也不同。而上下层面对褶皱物质的流动起着控制作用。纵弯褶皱的弯流作用的主要变形特征如下：

（1）层内物质流动方向，一般是从翼部流向转折端，致使岩层在转折端处不同程度地增厚，翼部相对减薄，从而形成相似褶皱或顶厚褶皱。

（2）当软硬岩层相间时，硬岩层流动不大，组成平行褶皱。软岩层易于流动，常形成顶厚褶皱。

（3）由于层内物质塑性流动，可能产生线理、劈理或片理（兼有变质作用）等小构造，如还夹有脆性薄岩层，则可能形成构造透镜体。

## 二、横弯褶皱作用

横弯褶皱作用是指作用力垂直于岩层而使岩层发生弯曲的褶皱作用，在岩层水平的情况下，是由垂向力引起的。地壳差异升降运动，岩浆的顶托作用，岩盐的底辟作用以及同沉积褶皱作用所形成的褶皱都属于横弯褶皱。与纵弯褶皱作用相比，这种褶皱作用是局部的、较为次要的。

横弯褶皱作用也会引起弯滑作用和弯流作用，但是，它们与纵弯褶皱作用有明显不同的特点（图2－15）：

（1）横弯褶皱的岩层整体处于拉伸状态，各层都没有中和面。

（2）横弯褶皱作用往往形成顶薄褶皱，由岩浆侵入或高韧性岩体上拱造成的穹窿更是如此。在这种情况下，顶部不仅因拉伸而变薄，而且还可能造成放射状断裂或同心圆状环形断裂，如有矿液充填，就会形成放射状或环状矿体。

（3）横弯褶皱作用引起的弯流作用是使岩层物质从弯曲的顶部向翼部流动，易于形

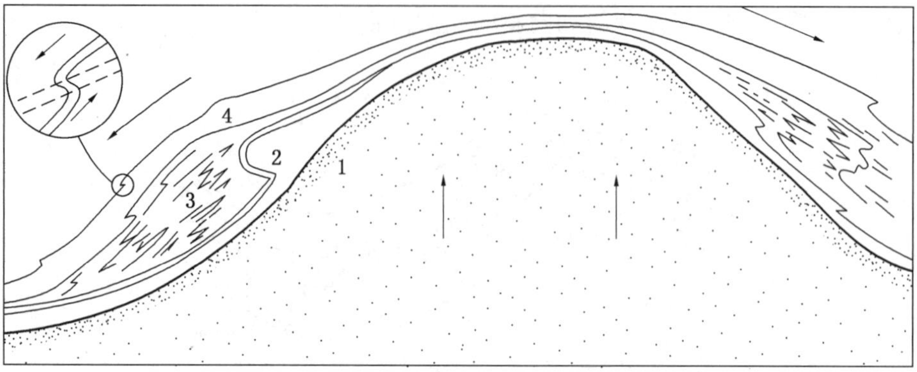


图2－15 横弯褶皱作用引起的弯流作用

成顶薄褶皱。韧性岩层在翼部由于重力作用和层间差异流动可能会形成轴面向外倾倒的层间小褶皱，其轴面与主褶皱的上、下层面的锐夹角指示上层顺倾向滑动，下层逆倾向滑动。

## 三、剪切褶皱作用

剪切褶皱作用又称滑褶皱作用，这种作用使岩层沿着一系列与层面不平行的密集剪切面（劈理面）发生差异滑动而形成褶皱（图2－16）。原始层面对这种褶皱已不起任何控制作用，而只成为反映滑动结果的标志，故这种褶皱作用又称为被动褶皱作用。

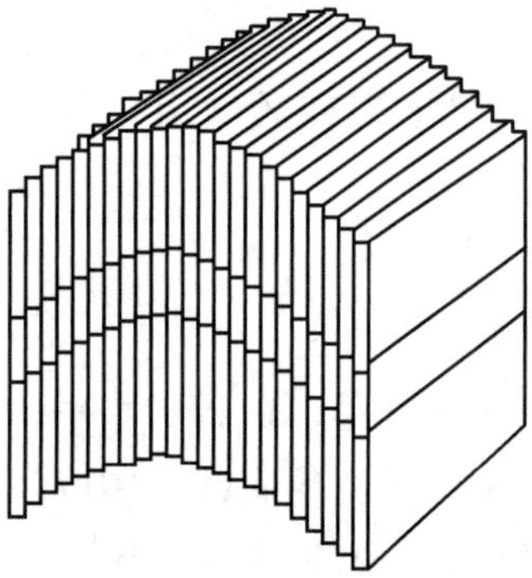

图2－16 剪切褶皱作用模式图

剪切褶皱作用的主要特点如下：

（1）在横剖面上平行轴面（也是滑动面）方向所量得的褶皱不同部位的层的“厚度”都基本相等，故剪切褶皱的典型形式是相似褶皱。

（2）剪切褶皱作用所形成的“褶皱”并非岩层面真正发生了弯曲变形，而是层面沿密集的平行剪切面（劈理或片理面）发生差异滑动而显现出弯曲形态。在变质岩中劈理和片理特别发育，因此，剪切褶皱作用多发生在变质岩区。它往往使层理或前期的劈理、片理错动成锯齿形或其他形态的“褶皱”。

## 四、柔流褶皱作用

柔流褶皱作用是指高韧性岩石（如岩盐、石膏或煤层等）或岩石在高温高压环境下变成高韧性体，受到外力的作用，而发生类似黏稠的流体那样的流动变形，从而形成复杂多变的褶皱。如盐丘构造的底辟核的膏盐层就是一种形态复杂的流褶皱。变质岩或混合岩化的岩体中的长英质脉形成的肠状褶皱也是一种流褶皱，这在太古界及其他深变质岩中是很普遍的一种构造现象（图2－17）。这类肠状褶皱或者是早期侵位的岩脉在围岩发生变形和变质过程中发生流变而形成；或者是在强烈变形时期，贯入到褶皱岩层中的脉岩，后来又与围岩一起变形而成。应当指出的是，柔流褶皱作用与上述受层理控制的弯流褶皱作用常有互相过渡的现象，如有些煤层经受强烈的弯流褶皱作用时，煤层发生柔流突破层面的限制，在局部地段形成肠状褶皱，造成煤层在一处变厚，在另一处变薄或尖灭现象。在煤矿勘查、开采中应注意这个问题。

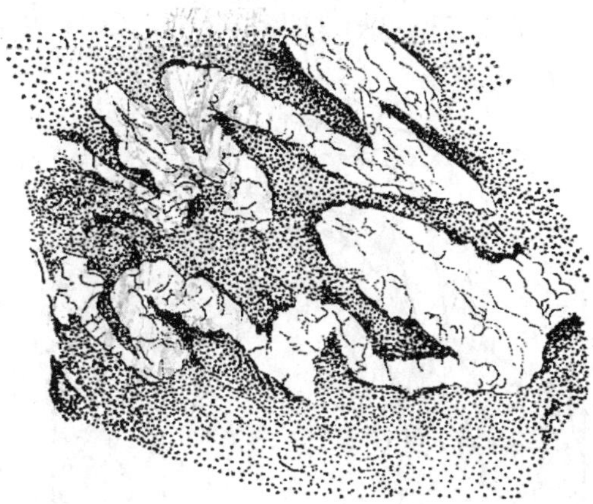

图2－17 长英质脉的肠状褶皱

## 五、影响褶皱形成的主要因素

如前所述，褶皱的形态、产状和规模与褶皱作用的方式有密切关系。而褶皱的形成和发展又受到多种因素的影响，这些因素主要是层理的发育程度、岩层的厚度和岩石力学性质、动力状态、埋藏条件及基底构造等等。下面简要地介绍这些因素如何影响褶皱的形成和发展。

1. 层理的影响

层理或成层构造使岩石具有不均一性，致使岩层受力发生变形时，可以通过层间滑动或层内物质塑性流动而弯曲成褶皱。构造均一的块状岩体（如侵入岩体）受力变形时，岩体被压缩往往在与主压应力垂直的方向上发育有劈理或片理的挤压带或其他方向的断裂，而不形成褶皱。因此，层理或成层构造是岩石产生褶皱的一个必要条件。

2. 岩层的厚度和力学性质的影响

岩层的厚薄对褶皱的形态和大小也有显著影响。例如，当对岩性相似而厚度不同的岩层施加同样的水平挤压力时，厚岩层往往形成曲率小、波长大的平缓开阔褶皱，而薄岩层则形成曲率大、波长小的紧闭褶皱。

岩石的力学性质直接影响褶皱的形态和类型，当岩性不同的两组岩层一起褶皱时，可以发现在褶皱中一组岩层厚度不变，以弯滑褶皱方式形成平行褶皱，另一组岩层在转折端显著加厚形成相似褶皱；一组岩层形成平缓开阔褶皱，另一组岩层则成为紧闭褶皱；一组岩层在褶皱转折端产生扇状楔形张节理，另一组岩层在转折端形成反扇形流劈理等。常把前一组类型的岩层称为“强岩层”或“能干层”，后一组类型的岩层称为“弱岩层”或

“不能干层”，一般来说能干层在褶皱表现为相对刚性层，不能干层则显示为相对韧性层。

野外观察和实验表明，一套强、弱岩层成互层的岩系发生褶皱，强岩层常常以弯滑褶皱作用为主形成平行褶皱，并对整个褶皱的形态起控制作用。如图 2－18 所示，A 层试件比 B 层试件的力学性质“强”10 倍，经侧向挤压，A 层的弯曲形态基本上决定了整个褶皱的形态，而 A 层之间的 B 层则被迫“迁就”A 层弯曲形成的空间而变形，形成顶厚褶皱。图 2－18 褶皱前的正方格发生的畸形变化也清楚地反映了上述特征。

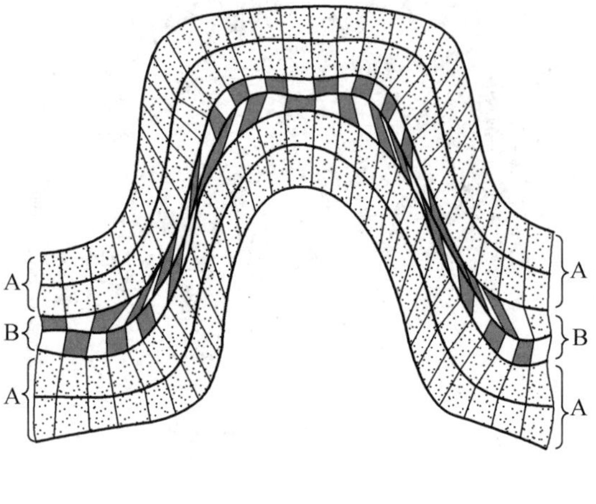

图 2－18　两种不同力学性质试件的褶皱试验

岩层的“强”和“弱”是相对的。因为岩层强弱除与岩层成分、结构和构造有关系外，还要受变形时各种因素（如温度、围压、溶液和应变速率等）的制约。在一个地区表现为强岩层，在另一地区却可能表现为弱岩层。例如在一般情况下，砂岩和页岩互层时砂岩为强岩层；石灰岩与页岩或泥灰岩互层时，石灰岩是强岩层，但石灰岩与白云岩或硅质灰岩互层时，石灰岩则表现为弱岩层。同一种岩石（如石灰岩），层厚的往往表现为强岩层，层薄的则表现为弱岩层。

3. 岩层埋藏深度及应变速率的影响

岩层褶皱时，在地壳中所处部位的深浅不同，其所受温度和围压的影响也不同，以及应变速率的不同都会影响岩石力学性质，继而影响褶皱的形成特点。一般地说，在地壳浅处，岩层低温低压下变形时，至少在开始时表现为弹性材料性状，层理所显示的不均一性明显，褶皱作用以弯滑褶皱为主，埋藏深度越深，温度和围压也相应越高，岩层的韧性也就越高，其相当接近理想的黏弹性体，岩层的不均一性逐渐消失，褶皱作用也逐渐变为弯流褶皱或剪切褶皱，甚至柔流褶皱，太古界和下元古界变质岩中发育相似褶皱和肠状褶皱，就是这个缘故。

但是，如果应变速率很大，即使在较深的地下，岩层也会呈弹性弯曲或脆性断裂；而在缓慢变形中，岩石则像黏性材料，如果压应力作用时间漫长（以百万年计），纵使压力不大也会使强度很大的岩石发生褶皱。在地壳较浅处的低温低压下，即使压力很小，但作用力持续时间很长，岩层由蠕变而发生褶皱，当变形持续进行，应力达到破坏强度，则蠕变速率加快，形成裂隙，并且发生岩层局部软化，这时在岩层弯曲曲率最大处发生铰折，从而形成尖棱褶皱。

4. 基底构造的影响

基底构造，特别是基底断裂构造对盖层（或浅层）褶皱的形态和组合分布的影响是较为普遍的现象。例如有些雁行褶皱就是由基底平移断层的水平剪切作用所引起的盖层褶皱。

张文佑等根据野外观察和模拟实验研究，论述了不同组合形式和不同运动方式的基底断裂对盖层褶皱的形态和组合形式的控制关系。钟大赉等人还讨论了深层隆起、深层褶皱、深层断裂，深层内不同岩性界面和深层波状古剥蚀面对浅层（盖层）褶皱的形态和组合形式的控制关系。如基底隆起，其上的盖层形成大型穹窿，四川威远穹窿就是一例。深层（基层）断裂常使浅层（盖层）形成不对称褶皱，其陡翼通常反映深层断裂的部位，褶皱轴面和深层断裂倾向一致。在两基底断裂之间的断块部位常形成箱状褶皱。

## 实训5 读褶皱区地质图并绘制剖面图

### 一、读褶皱地区地质图

1. 褶皱形态的认识

首先从地质图及其图例或所附地层柱状图上了解图区所出露的地层的时代、层序和接触关系，然后概略地认识一下图上新老地层的分布和总体延伸情况。了解一下地形特征，结合比例尺了解地形对地层露头分布形态及出露宽度的影响。

从地质图上认识分析褶皱，先要从地层分布是否有对称重复，并结合地层新老关系和地层产状，分辨出背斜和向斜，再分析褶皱的形态和组合特征。认识褶皱形态的关键是确定褶皱的两翼、轴面和枢纽的产状。

分析褶皱发育区地质图，首先要确定背斜和向斜，进而再分析褶皱形态、组合类型及形成时代。分析时，除遵循一般的读图方法外，具体步骤可从以下几方面着手，但对于不同类型的褶皱其重点又有所不同。

（1）区分背斜和向斜。首先根据地层的对称重复以及地层新老关系和产状区分背斜和向斜。若核部为老地层，两翼依次为新地层，则为背斜：若核部为新地层，两翼依次为老地层者，则为向斜。

（2）确定两翼产状。分析两翼产状是认识褶皱形态的关键。根据褶皱两翼产状及其变化，确定轴面和枢纽产状。两翼产状可从地质图上直接读出。在大比例尺的地形地质图上，两翼产状也可根据地质界线与等高线的关系求出岩层产状。

（3）判断轴面产状。根据两翼的倾向、倾角大致判断轴面产状。若两翼倾向相反、倾角近相等，则轴面直立；若两翼倾角不等，则轴面是倾斜的。在斜歪和倒转褶皱中背斜的轴面均与缓翼倾向一致。

（4）枢纽产状的确定。当地形近平坦、褶皱两翼平行延伸，表示两翼岩层走向平行一致，则褶皱枢纽是水平的；如两翼岩层走向不平行，两翼同一岩层界线交会或呈弧形弯曲，说明该褶皱枢纽是倾伏的；背斜两翼同一岩层地质界线交会的弯曲尖端指向枢纽倾伏方向，向斜两翼同一岩层地质界线交会的弯曲尖端指向扬起方向（图2－19）。另外，沿褶皱延伸方向核部地层出露的宽窄变化，也能反映出枢纽的产状。核部变窄的方向是背斜枢纽倾伏方向，或为向斜枢纽扬起方向。在地形起伏很大的大比例尺地质图上，褶皱岩层界线受“V”字形法则的影响，岩层界线弯曲不一定反映枢纽起伏。枢纽水平的褶皱，会因地形起伏的影响，表现出两翼交会。此时，从褶皱两翼产状、褶皱岩层界线分布形态与岩层产状和地形的关系等方向综合起来分析，才能正确认识枢纽产状。

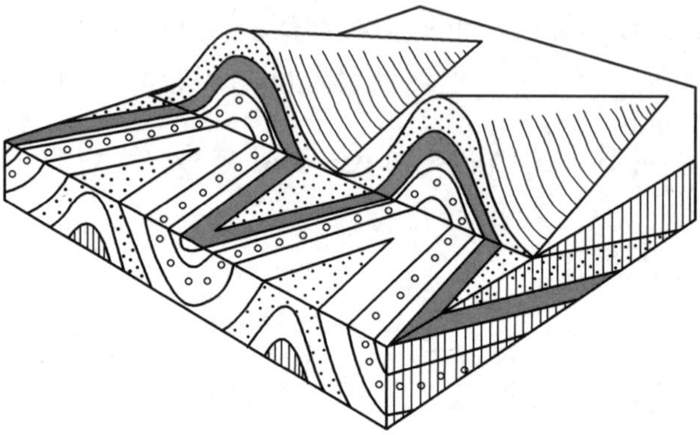

图 2－19 倾伏背斜和向斜

（5）转折端形态的认识。在地形较平坦的地质图上，褶皱倾伏处（扬起处）的轮廓大致反映褶皱转折端的形态。

（6）翼间角和褶皱紧闭程度的判定。根据两翼岩层的倾向与倾角，可大致地估测出翼间角的大小，再根据翼间角的大小范围对褶皱紧闭程度做出定性描述。

（7）轴迹和平面轮廓的确定。将褶皱各相邻岩层的倾伏端点（或扬起端点）连线，即是轴迹。轴迹所示方向表示褶皱的拉伸方向，轴迹的长短表示褶皱在平面上的大小。褶皱两翼同一岩层的出露线沿轴迹方向的长度与垂直轴迹方向的宽度之比即为褶皱的长、宽比。按长、宽比可将褶皱分为线型、短轴和等轴三种类型。

（8）褶皱组合类型的识别。在逐个分析了图区的背斜、向斜之后，再从地质图上的轴迹排列情况和剖面上褶皱组合形态，确定和描述褶皱的组合形式，如雁行式、隔档式、隔槽式或复背斜、复向斜（要结合平面和剖面）。

（9）褶皱形成时期的确定。主要根据地层间的角度不整合接触关系来确定褶皱的形成时代。不整合面以下褶皱岩层最新地层时代之后与不整合面以上最老地层时代之前为褶皱形成时代。

2. 褶皱描述

褶皱的描述包括以下内容：褶皱名称（地名加褶皱类型）、分布地点及范围、延伸方向、核部及两翼地层、两翼产状及其变化、转折端形状、褶皱的位态分类、次级褶皱特征、与周围其他构造的关系以及褶皱形成时代等。现以暮云岭背斜为例说明之(图 2－20)。

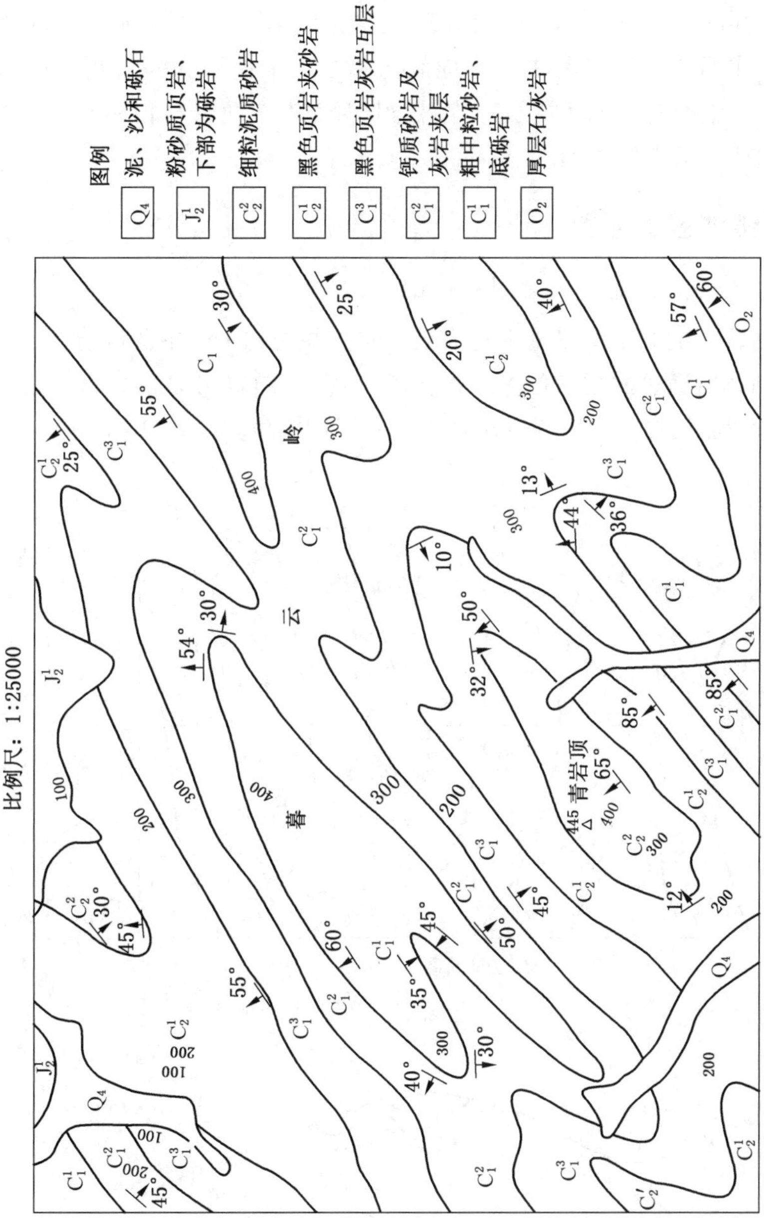


图 2-20　暮云岭地形地质图

**▶构 造 地 质**

暮云岭背斜位于图幅中西部暮云岭一带，呈 NE—SW 向延伸；核部由下石炭统组成，宽约 500 m，长约 2750 m，平面上成不规则的长椭圆形，长宽比约为 5：1，近线形背斜。两翼由中、上石炭统及二叠系地层组成，两翼产状是：西北翼是 NW 315°∠60°～55°，东南翼是 SE 135°∠40°～25°；可见西北翼较陡，东南翼较缓，轴面向南东倾，倾角约 80°，转折端比较圆滑，翼间角约 80°，为开阔褶皱。枢纽向 NE、SW 两端倾伏，中部隆起，背斜向南西一分为二成两个背斜和其中一个向斜。总之，本褶皱为一转折端圆滑的斜歪背斜，属褶皱位态分类中的直立倾伏褶皱。背斜的北西和南东两翼与相邻的向斜连接。背斜形成于晚二叠世之后、早侏罗之前。

## 二、绘制褶皱地区剖面图

1. 褶皱地区铅直（横剖面）剖面图的绘制

（1）选择剖面线。剖面线应尽量垂直褶皱走向，并通过全区主要构造。

（2）标出剖面线所通过的褶皱位置。背斜用“∧”、向斜用“∨”符号表示。要把次一级褶皱轴延长与剖面相交，用同样方法算出次一级褶皱位置（图 2－21）。

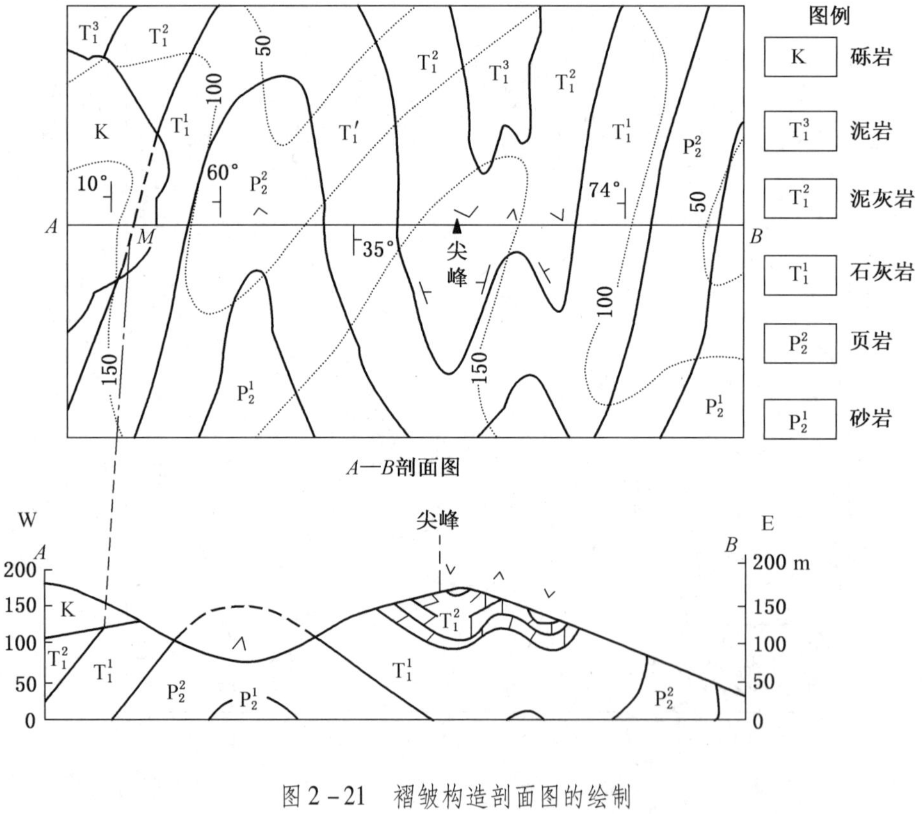


图 2－21　褶皱构造剖面图的绘制

（3）绘出地形剖面。

（4）绘出褶皱形态。将剖面线上的地质界线和褶皱轴迹的交点投影到地形剖面上，在投地质界线点和画褶皱构造时应注意以下几点：①剖面切过不整合面和第四系时，先画不整合面以上的地层和构造，然后再画不整合面以下地质界线。其画法：在地质图上把不整合面以下的岩层分界线按其延伸趋势延至剖面线上相交于某点（图2－21中的$M$点），将此点投影于不整合面得一交点，从此点绘出不整合以下地层的界线和构造。②剖面线切过断层时，先画断层，然后再画断层两侧的地层和构造。③剖面线与地层走向斜交时，应将岩层倾角换算成视倾角。④作图顺序应从褶皱核部开始，依次绘出两翼上各层，如各层倾角相差较大时，应使岩层厚度保持不变而调整局部产状，使之逐渐过渡与主要产状协调一致（图2－22）。

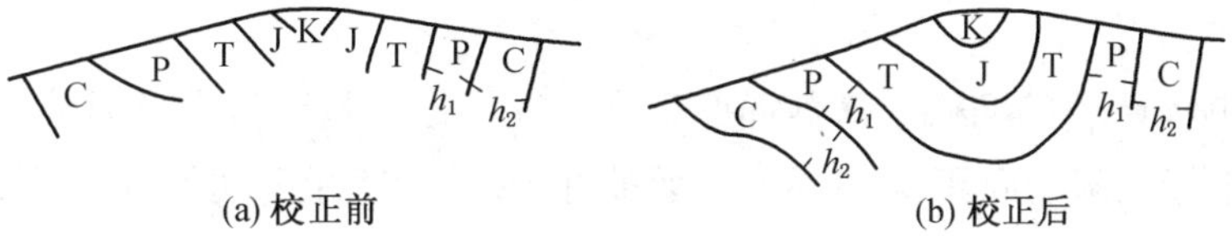


图2－22 根据同一岩层厚度不变校正同翼岩层产状

（5）恢复褶皱转折端的形态。应考虑褶皱是平行褶皱还是相似褶皱。在平行褶皱中，岩层厚度在整个褶皱中保持不变，而在相似褶皱中转折端处岩层应有所加厚。至于转折端是圆滑或尖楞，应根据其地质图上表现的形态近似地确定。至于转折端深部的位置，如为轴面直立褶皱，根据枢纽倾伏角作纵向切面，求出到所作剖面处核部地层枢纽的深度，然后结合两翼倾角及枢纽位置绘出转折端（图2－23）。在一般情况下，转折端深部位置可根据两翼产状和褶皱形态，作合理的推测。

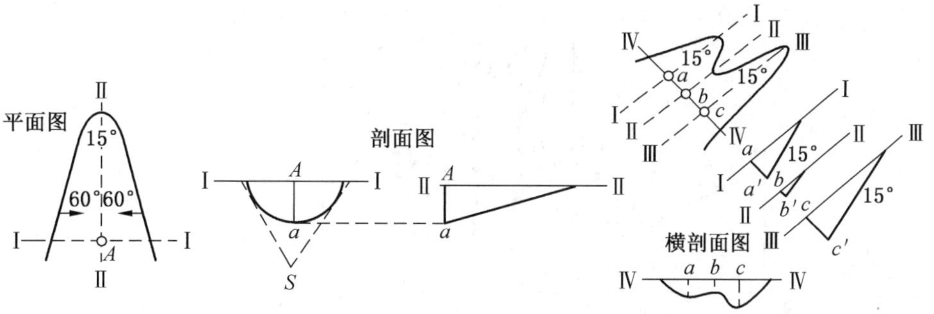


图2－23 绘制褶皱转折端深部位置的方法

（6）按剖面规格加以整饰。

2. 褶皱正交（横截面）剖面图的绘制方法

▶构 造 地 质

褶皱横截面图是垂直于褶皱枢纽的截面投影图。这种图的投影绘制方法是基于这样的原理：将地质图转动到便于我们顺着褶皱枢纽倾伏方向进行观察的位置，顺着枢纽倾伏方向观察产生缩短视线的"侧瞰构造"的效应。这种图是从地质图上用正投影方法绘制的，因此，一张反映褶皱构造形态、出露较完整、标明枢纽产状的良好的地质图是绘制横截面图的基础。

一幅横截面图只能反映褶皱枢纽倾伏向和倾伏角基本不变的那一个区段的褶皱形态特征，如果枢纽产状有变化，则要把图区划分成若干均匀区段来绘制各区段的横截面图，即横截面图所反映的是圆柱状褶皱。

横截面图绘制方法步骤介绍如下：

（1）在地质图上画等间距方格，使其纵坐标线与褶皱枢纽倾伏方向平行；横坐标与之垂直。

（2）作横截面图上的网格，横截面图垂直于纵坐标，基线与横坐标平行并等长。平行枢纽方向的纵坐标之间的间距保持不变，垂直枢纽的横坐标之间的间距则按 $h' = h \cdot \sin\theta$ 公式计算缩短（公式中 $h$ 为原来坐标间距；$\theta$ 为枢纽倾伏角）。

（3）将平面图上的褶皱层界线与纵、横坐标的交点，按在方格网上的位置标绘到横截面图坐标投影网格上的相应位置，并根据平面图上褶皱的露头形态将相邻的点连成线，即得出顺枢纽倾伏方向视察的褶皱构造形象。

**【练一练】**

1. 图 2－24 为某地平面地质图。图区的褶皱枢纽向正北倾伏，其倾伏角为 30°。试绘制该图的正交剖面。

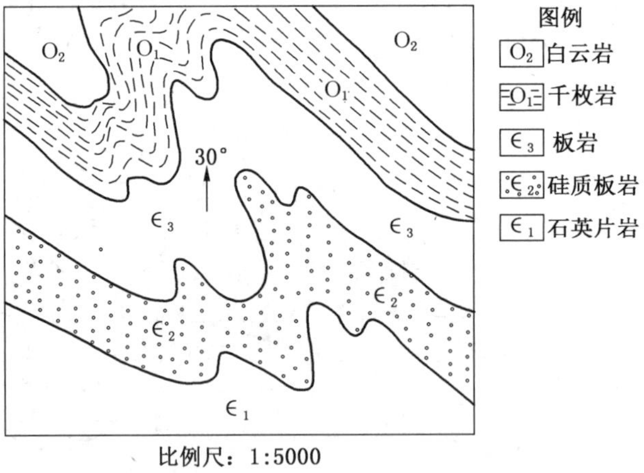


图 2－24 某地平面地质图

2. 分析暮云岭地质图（图 2－20）中的褶皱形态、组合形式和形成时代；描述青岩顶向斜。

# 任务三 褶皱的组合形式

【任务目标】

掌握雁行褶皱、隔档式褶皱和隔槽式褶皱、复背斜和复向斜的特点，能够识别不同形式的褶皱。

【任务描述】

地壳中一定范围内不同形态、不同规模和不同级次的褶皱常以一定的组合形式展布。同一构造运动时期和同一构造应力作用下，成因上有联系的一系列背斜和向斜组成的具有一定几何规律的褶皱的总体样式，称为褶皱的组合形式。挤压形成的褶皱，其轴面垂直于压缩方向，所以褶皱的组合形式在一定程度上反映了区域应变场的特征，从而可以进一步探讨褶皱的形成及地壳运动的性质等。不同的褶皱组合特征，无疑反映了不同地区地质构造发育的不同背景。各种褶皱组合中，最基本的可以概括为雁行褶皱、隔档式褶皱和隔槽式褶皱、复背斜和复向斜三种形式。

【任务知识】

**☞ 知识点15：雁行褶皱**

雁行褶皱又称斜列式褶皱，为一系列短轴背斜或向斜呈平行斜列如雁行状，它可以由不同规模和级次的背斜或向斜所组成，这是褶皱构造最常见的一种组合形式。

我国华北地区上古生界或中生界含煤向斜盆地，大都呈雁行分布。柴达木盆地内的许多褶皱群也都是呈多级次的雁行组合形式。如柴达木盆地红三旱地区的褶皱构造就是由7个短轴背斜组成的雁行式褶皱（图2－25）。这种褶皱的组合形式一般认为是由水平力偶

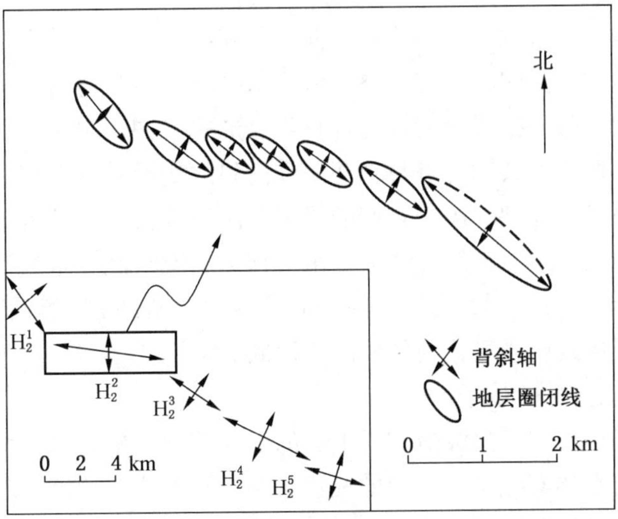


图2－25 青海柴达木地区雁行背斜群

作用形成的。

☞ **知识点16：隔档式褶皱和隔槽式褶皱**

隔档式褶皱又称梳状褶皱，是由一系列平行的背斜和向斜相间组成，其中背斜是窄而紧闭的，形态完整清楚，呈线状延伸；而两个背斜之间的向斜则开阔平缓，四川盆地东部的一系列北北东向褶皱就是这类褶皱的典型实例（图2－26）。

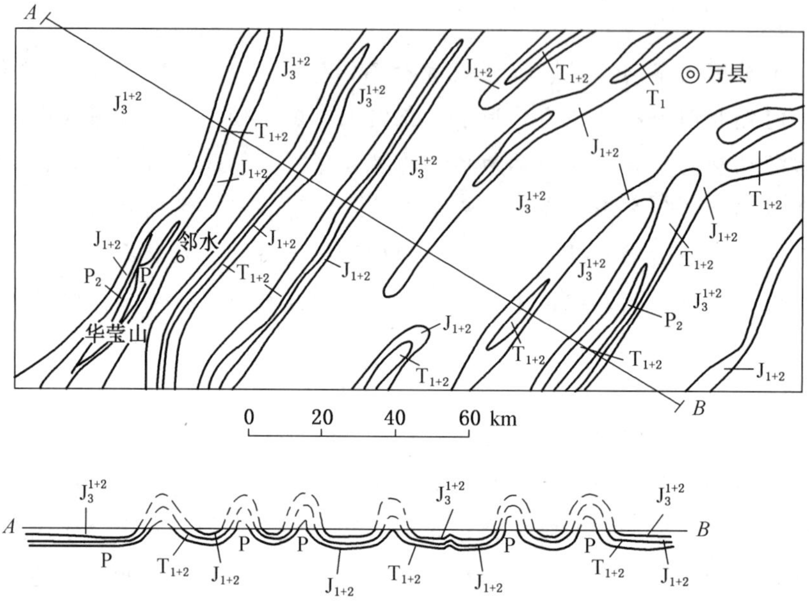


图2－26 四川盆地东部隔档式褶皱

隔槽式褶皱也是由一系列平行的背斜和向斜相间组成，但是其中背斜和向斜形态正好与隔档式褶皱相反：向斜紧闭且形态完整，呈线状排列，而两向斜之间的背斜则平缓开阔成箱状。黔北－湘西一带的褶皱就表现为这种组合形式（图2－27）。

这两种褶皱组合形式的共同特点是：背斜和向斜的变形强度表现各不相同，较紧闭的褶皱与较开阔的褶皱相间并列。关于它们的成因有两种解释：一种解释是，盖层褶皱岩层受下伏基底断裂的控制；另一种解释认为是由沉积盖层沿刚性的基底滑脱而形成，称为滑脱构造。欧洲侏罗山中生代和第三纪地层就是沿古生代结晶岩层面滑脱而形成这种褶皱的，所以隔档式和隔槽式褶皱又称为侏罗山式褶皱。

☞ **知识点17：复背斜和复向斜**

复背斜或复向斜是由许多次级褶皱所组成的巨大背斜（图2－28a）或巨大向斜（图2－28b）。各次级褶皱与总体褶皱常有一定的几何关系，一般典型的复背斜和复向斜的次级褶皱轴面常向该复背斜或复向斜的核部收敛。不过，由于复背斜和复向斜大都经历过多次构造变形，以致其次级褶皱的形态和产状极为复杂。组成复背斜或复向斜的次级褶皱大都是

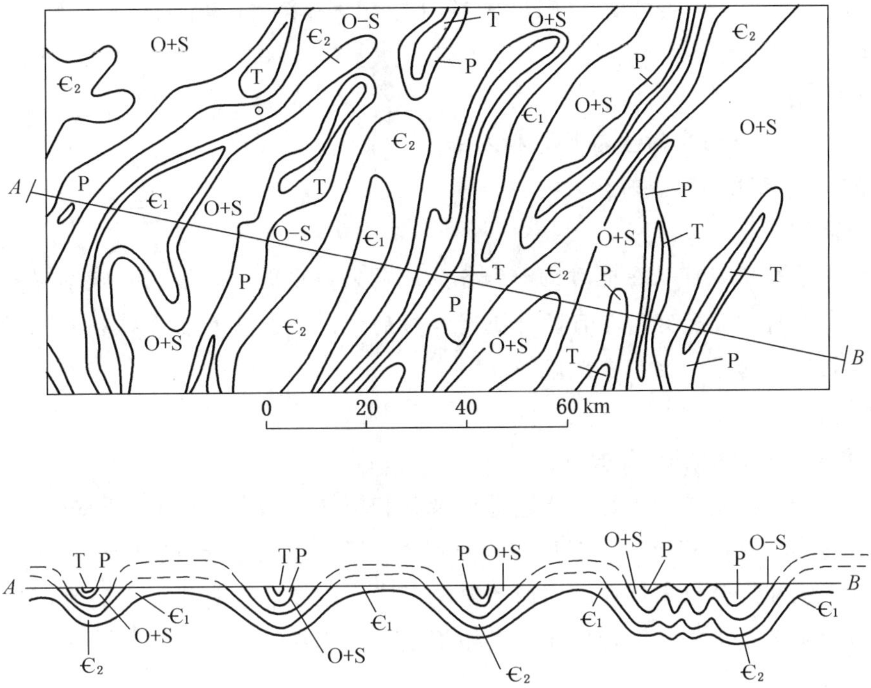


图 2 - 27 贵州正安隔槽式褶皱

较紧闭的斜歪褶皱或倒转褶皱，甚至是等斜褶皱，但也有比较宽缓的箱状或圆弧褶皱。复背斜和复向斜的平面形态和延伸方向通常与相邻稳定地块的边界平行，它们中的大型次级褶皱的延伸方向也基本与总体褶皱一致。

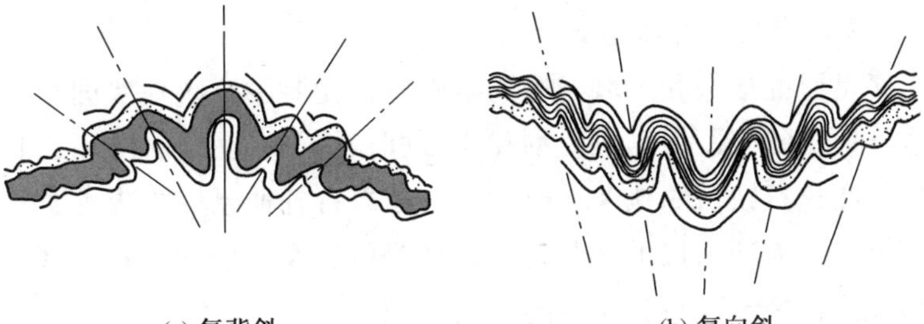

(a) 复背斜　　(b) 复向斜

图 2 - 28 复背斜和复向斜

# 任务四 褶皱构造的观察和研究

【任务目标】

1. 掌握褶皱形态研究的基本步骤和方法。

2. 能够分析褶皱的形成时代。

【任务描述】

褶皱的观察与研究可以在地质填图和各种地质勘查中进行。根据所观察资料并结合其他已有资料来进行综合研究，其目的是查清褶皱的形态、产状和组合特征、探讨褶皱的形成机制，其最终目的是为生产实践服务。

【任务知识】

**☞ 知识点18：褶皱形态的研究**

褶皱构造研究的基本任务是，通过野外观察和填图，结合各种地质勘查（如物探、钻探和山地工程等）手段和航片、卫片的图像解译等所取得的地质资料的综合研究，查明褶皱的形态、产状和组合分布特点，探讨褶皱的形成作用和形成时代，为研究区域地质构造特征、褶皱与矿产及水文、工程地质等关系提供基础资料。

## 一、查明褶皱形态

### （一）了解区域总体构造轮廓

在着手研究一个地区的褶皱构造时，首先应通过对包括研究区的小比例尺地质图、航空像片及卫星像片的解译分析，或在露头良好的地带进行横穿区域构造走向的路线观察，了解全区地层时代、层序及构造总体的特征，如区域构造总的走向（构造线）及其变化；背斜和向斜发育特点；背斜、向斜是否构成更高一级的大型褶皱；褶皱枢纽的倾伏方向；全区构造发育的强弱变化情况等等。

### （二）查明地层层序和追索标志层

查明地层层序是研究褶皱和区域构造的基础。首先要注意区别层理和其他次生面状构造。要系统地进行地层研究，根据古生物和岩石沉积特征查明地层层序、时代和按填图要求划分地层单位。在化石缺乏的地区，要注意利用岩石各种原生构造或伴生小构造（如层间小褶皱、劈理等）来查明岩层的产状是正常还是倒转及岩层的相对顺序，然后根据地层对称重复的分布关系，确定背斜和向斜的空间位置。

地质制图是研究褶皱的形态、规模和分布特征的重要方法。在填绘地质图时，除填绘所划分的地层单位的界线和其他构造界线外，还应注意追索和填绘标志层，并观测其产状。所谓标志层是指层位稳定、分布广泛，岩石成分、结构、构造或所含化石具有明显的特征，且厚度变化不太大而岩性稳定的岩层。在褶皱规模较大，或构造比较复杂的地区，例如变质岩地区，在层理或地层层序尚未查清的情况下，选择石英岩、大理岩等作标志层，追索其分布和系统测量其产状是填绘褶皱构造地质图的重要方法。

**（三）根据褶皱各部位岩层的产状确定褶皱的几何形态**

1. 褶皱轴面产状和枢纽产状的确定

轴面和枢纽产状是确定褶皱形态和产状的基本要素。对于露头良好的小型褶皱，有时可以从露头上直接量得该褶皱的轴面和枢纽产状。但对露头不完整、规模较大的褶皱来说，往往需要系统地测量两翼同一岩层的产状，用几何作图或赤平投影方法才能确定其轴面和枢纽产状。

2. 褶皱类型的确定

根据同一剖面上不同层位及不同高度的岩层倾角的变化，并结合同一岩层厚度在褶皱不同部位的变化，分析褶皱各层的几何关系，判断是平行褶皱还是相似褶皱，或是顶薄褶皱。

3. 褶皱转折端产状的确定

转折端处的岩层产状在研究褶皱形态方面有重要意义。无论褶皱两翼岩层层序是正常还是倒转，转折端处的岩层层序总是正常的，据此可以帮助确定岩层的正常层序。

4. 观察褶皱出露形态及其平面图像

褶皱的出露形态不仅与褶皱本身形态、产状和规模大小有关，而且还受到地面切割影响。由于风化侵蚀，地面这个天然切面起伏不平，可以从任意方向切割褶皱，如图 2－29 所示，虽是一个简单的圆柱状褶皱，但在不同方向的切面上所出露的形态就各不相同，地面可以是其中任一个面，因此褶皱在地面上的出露形态只是褶皱在这个方向的面上的地形效应，是褶皱不完整甚至是被歪曲了的形象。因此，必须通过详细观测，对褶皱在不同位

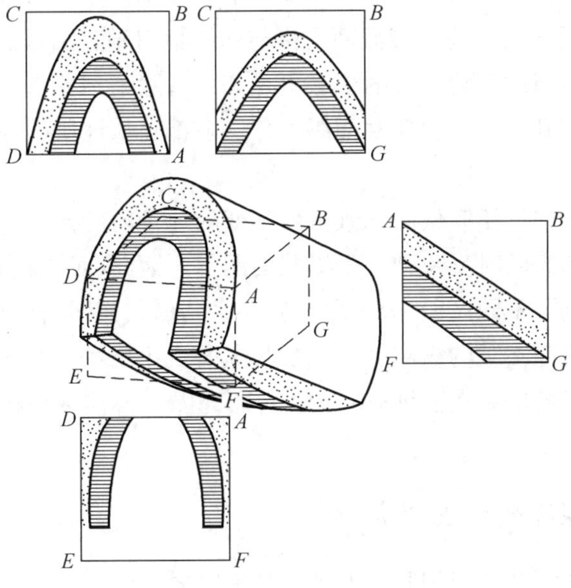


图 2－29 同一褶皱在不同方向的切面上所出露的形态

置、不同方向的出露形象进行综合分析，并结合赤平投影的解析和几何作图揭示褶皱的真实形态和产状。

褶皱在地质图上的图像是褶皱在地面出露形象的平面投影。因此，在地质图上分析褶皱形态和产状时，要注意地形效应的影响，地质图的比例尺越大，受地形影响越大。一般来说，对于地面起伏不大，轴面近直立、枢纽倾伏较缓的褶皱，地质图上褶皱的各岩层露头线转折端点的连线，就是褶皱的轴迹，其方向大致反映了枢纽倾伏方向。但是，对于斜歪倾伏褶皱，尤其是斜卧褶皱和形态较复杂的褶皱，可能地形复杂、起伏较大，则地质图上两翼岩层露头转折端点的连线与枢纽方向就不一致了。图 2－30 表示一个斜卧褶皱，从地面（假设地面平坦）上看，岩层露头转折端点连线表现出向南倾伏，但是，枢纽的实际倾伏方向却是正东，两者方位竟相差 90°。

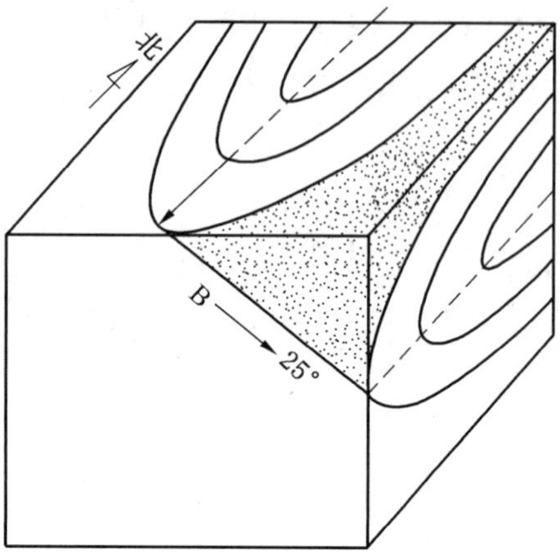

图 2－30　斜卧褶皱立体示意图

5. 绘制褶皱剖面图和横截面图

褶皱是一个复杂的立体形态地质体。对褶皱形态的研究，除通过野外填绘的地质图来表示外，往往还要用剖面图来表示。一般总是绘制褶皱横剖面图（即铅直剖面）。横剖面图可以是实测的，也可以从地质图上用作图法绘制剖面图和横截面图。

对于变形较强烈的复杂褶皱，要准确地反映褶皱形态，绘制褶皱横截面图（或称为正交剖面图）是一个重要方法。褶皱横截面是指与褶皱枢纽垂直的截面。只有横截面才能真实反映褶皱的形态，枢纽倾伏角较大的褶皱更是如此。除了一些中、小型褶皱有时可以在适当的露头上直接观察到或测绘出横截面图外，一般都是从地质图上（平面图）用作图方法绘制。

一个横截面图只反映枢纽倾伏向和倾伏角不变的地带内的褶皱形态，而不能把枢纽产状不同的地段的褶皱形态同时反映到一个横截面图上。因此，对于枢纽产状有变化的褶皱，要按枢纽产状的变化划分不同区段，分区段绘制一系列横截面图（横剖面图也需如此）。

此外，还应认真研究褶皱的纵剖面，了解其纵向变化规律。结合地质图、横剖面和纵剖面综合研究，才能了解褶皱在三维空间的整体形态及在不同区段内形态的变化特征和变化规律，并可绘制立体图解来表示。

## 二、褶皱形态深部变化的研究

褶皱向地下延伸的深度各不相同，但都不是无限向下延伸，而是有一定的下限。同时由于岩石力学性质、厚度及形成环境的差异，许多褶皱的地表形态和深部形态是不相同的。研究褶皱的纵深变化对矿产勘探是很重要的。如何开展这些工作，可从以下几方面入手：

（1）从横切的峡谷深沟的陡崖上观察形态变化特点。从横切的峡谷深沟的陡崖上，有时可直接观察到褶皱向深部的形态变化和变化趋势。或者在地面不同高程上观察同一褶皱并作横剖面，但应用这种方法要注意不同高程的剖面水平位置不能相距太远，否则会将褶皱纵向上的变化误当成深部变化。

（2）从褶皱的地表形态特征推断其向地下延伸的变化。这需要系统地测量各岩层的产状，了解褶皱的几何形态，还要研究组成褶皱各岩层所表现的力学性质，系统测量厚度变化，以了解褶皱变形的特点，从而推断其深部形态变化规律。如根据地面出露特征分析为顶薄褶皱，则可据以推断其两翼岩层向深部很可能变厚变陡；如地表观察为平行褶皱，则褶皱曲率向深部将逐渐变大或变小，整个褶皱不可能延伸很深，如为相似褶皱，且整套岩性也较一致，则褶皱形态可能延伸到一定深度还能基本保持不变。当褶皱岩系中有软弱岩层时，在软弱岩层上下的褶皱形态可能变化很大，形成不协调褶皱。

（3）利用物探和钻探方法所取得的资料来确定褶皱深部形态的特点和变化。如四川东部卧龙河构造的一个地震剖面（图 2－31），显示了背斜向深处的变化是至二叠系（3000～5000 m 深）背斜变得强烈紧闭，并发育大量逆断层，自志留系（5000 m 以下）往下，岩层倾角再度变缓，到 7000 m 深处，褶皱已趋消失，断层也消失。但是，在使用这种方法获得资料时，必须结合地面地质构造的详细观察和研究，才能得出符合客观实际的结论。离开了对区域地质特点的认识，单纯靠物探或钻探资料也难以得出正确的结论。

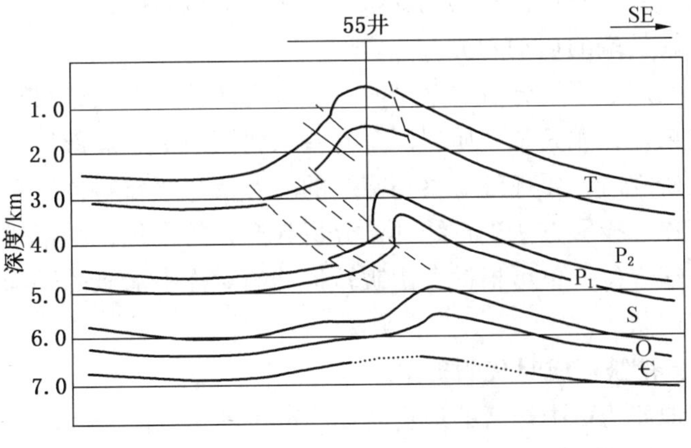


图 2－31 四川卧龙河构造地震勘探剖面图

## 三、褶皱内部小构造的研究

岩层在褶皱变形过程中，相应伴生或派生许多次级小构造，诸如小褶皱、节理与断层、层间滑动擦痕与破碎带、劈理与线理等，它们都有规律地发育于主褶皱的一定部位，与主褶皱有一定几何关系，各自从一个侧面反映出主褶皱的某些特征，为研究褶皱形成机制和变形历史提供线索。因此，通过对褶皱内部小构造的观测，分析它们所反映的岩石物质的运动特征和应力应变分布情况，并结合褶皱的形态产状，组成褶皱的岩层力学性质和岩层厚度变化等，有助于探讨褶皱形成作用和变形过程。这里只介绍褶皱内部的小褶皱有关问题。

主褶皱内部的次级小褶皱有两类：一是与主褶皱有成因联系并有一定几何关系的可称为从属褶皱；二是与主褶皱无直接成因联系也无一定几何关系的可称为独立小褶皱，它可以是主褶皱形成之前或之后另一次构造变形的产物。

从属褶皱在主褶皱的不同部位有不同的特点。位于主褶皱翼部的从属褶皱常为不对称褶皱，如层间小褶皱，这种小褶皱与主褶皱层面倾向一致的一翼长而薄，另一翼则短而厚。利用层间小褶皱轴面与主褶皱层面所夹锐角指示相邻岩层差异运动方向，从而确定岩层相对层序及背斜向斜位置。从属褶皱的枢纽常与主褶皱枢纽平行，共同反映了变形时的中间应变轴的方位。而小褶皱轴面在主褶皱两翼略成扇形或反扇形对称分布，越接近主褶皱核部，其轴面与主褶皱轴面愈近于平行。

需要指出，上述利用层间小褶皱确定岩层相对层序及背斜、向斜位置是指主褶皱转折端岩层加厚的侧向挤压的纵弯褶皱，而在转折端减薄的横弯褶皱的层间小褶皱的特征正好相反。

从属褶皱主要发育于强岩层之间的薄层弱岩层，也可以发育于厚的弱岩层中的薄层强岩层，也有弱岩层发育为劈理，而薄的强岩层形成小褶皱，其轴面与弱岩层的劈理平行。它们也与主褶皱轴面大致平行，并共同反映了褶皱形成过程中褶皱岩层在垂直轴面的挤压方向上的缩短及向转折端的运动趋势。

应当指出，在利用小褶皱分析主褶皱时，要首先区分是从属褶皱还是独立小褶皱；再者，由于变形的复杂性，尤其是变质岩区，有些从属褶皱由于局部原因，可以偏离上述一般规律。因此，在研究时，要仔细观察小褶皱的形态及其岩石特征，系统测量小褶皱的轴面和枢纽产状，用赤平投影方法进行统计，分析其产状的变化，小褶皱枢纽的优选方位基本上代表了褶皱枢纽方位；也可根据主褶皱转折端的对称小褶皱的轴面和枢纽产状来确定主褶皱轴面和枢纽产状。

**☞ 知识点19：褶皱形成时代的确定**

褶皱有的是在地质历史中短暂的地史时期内产生的，有的是在较长的地史时期内逐渐形成的。前者常常是岩层成岩后受力而发生褶皱，其形成时期总是与某个时期的构造运动（又称“褶皱幕”）相联系，可用角度不整合来分析；后者如同沉积褶皱，其形成时期是根据沉积岩相和厚度的分析来确定。

## 一、角度不整合分析法

大多数褶皱是成岩后或主要是成岩后形成的，它们的形成时代也主要是根据区域性角度不整合时代来定。不整合面以下的一套地层均褶皱，而其上的地层未褶皱，则褶皱形成时代通常看成与角度不整合所代表的时代相一致，即不整合面下伏褶皱中最新地层沉积之后、上覆最老地层沉积之前。如果不整合面上、下地层均褶皱，但褶皱方式、形态都互不相同，则至少发生过两次褶皱运动。如果一个地区存在两个角度不整合，且两个不整合面上、下的地层均褶皱，而褶皱形态又不一样，则该区发生过至少 3 次褶皱运动。从图 2 - 32 可以看出，该地区在白垩系与侏罗系之间、上新统（$N_2$）与中新统（$N_1$）及以下地层之间均为角度不整合接触，故在这个地区发生过至少两次褶皱运动。又如从江西上饶东田大坟山地质剖面上可以看出两个不整合面（图 2 - 33），其中下二叠统和上二叠统之间的不整合代表的时间很短。

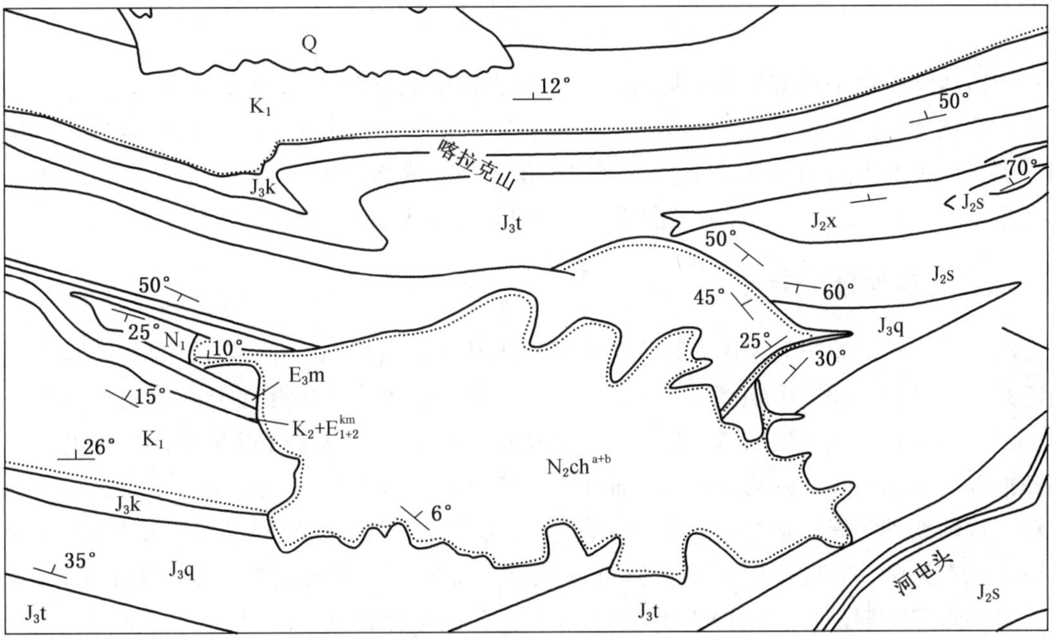


图 2 - 32 新疆喀拉扎山地质图（1∶20 万）

可以确定下二叠统及以下地层褶皱是东吴运动形成的。侏罗系与下二叠统之间的不整合时距相当长，但根据大区域地层对比得知，这一带二叠系与三叠系是连续沉积，而三叠纪晚期的印支运动对本区影响较广泛，因此，可以确定上二叠统地层褶皱是印支运动形成的，而侏罗系及其下不整合面也都呈倾斜产状，显然岩层也发生过褶皱，因此本区还发生过第三次褶皱运动。

综上所述可以看出，由角度不整合所分开的上、下两套地层，它们各自由一套不同沉积特征和不同时代的岩系组成，并有相应的构造变形，即形成不同形态和类型的褶皱、断裂甚至还会有不同的岩浆活动、变质作用和成矿作用，它们分别是地壳发展历史过程的某

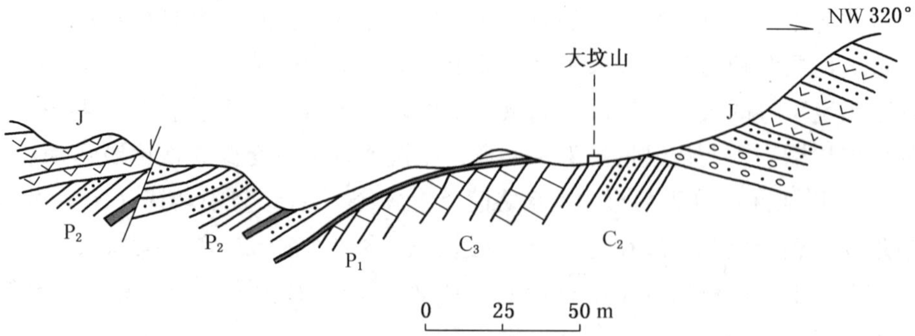


图 2－33 江西上饶东田大坟山地质剖面

一个构造运动阶段中形成的综合地质体，在构造地质上称为“构造层”，两个构造层之间往往为区域性角度不整合接触关系。一个构造层分布地区代表这个阶段构造运动的影响范围。图 2－32 所示的地区侏罗系为一个构造层；下白垩统（$K_1$）到中新统（$N_1$）代表一个构造层，上新统（$N_2$）为另一个构造层，即共划分为三个构造层。

## 二、岩性厚度分析法

对于在较长的地史时期内逐渐变形而形成的褶皱，可以通过褶皱地层的岩性厚度分析确定其形成时代。如同沉积褶皱是在岩层沉积过程中，地壳不断缓慢升降运动中逐渐形成的。因此，在背斜顶部岩层薄、层位少，而向两翼和向斜中岩层逐渐增厚，层位也多；顶部和槽部岩层倾角小，两翼倾角自上而下，逐渐变陡；顶部岩层粒度粗，而两翼和向斜部位粒度逐渐变细等等。根据地层剖面中的上述变化特点可以推断同沉积褶皱的形成时代。以图 2－34 为例，对这个同沉积背斜可以做出以下推断，该背斜在 1 层沉积以前尚未隆起，背斜隆起时期是 1～3 层沉积时期。第 4 层沉积时背斜又停止隆起。4～8 层则是在 8 层沉积以后才又褶皱的。此外，褶皱的形成时代还可以根据与褶皱相接触的岩浆岩体的同

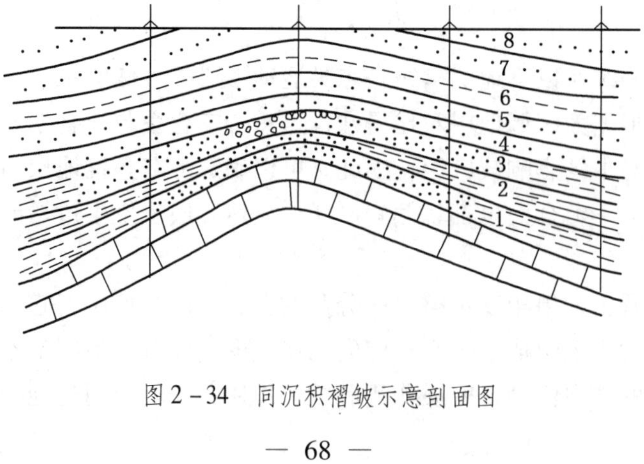


图 2－34 同沉积褶皱示意剖面图

位素年龄来加以间接确定；也可根据褶皱的重叠变形关系，分析多期褶皱的存在及各期褶皱的相对先后顺序。

## 实训 6　编绘分析构造等值线图

### 一、编绘构造等值线图的方法

1. 换算目的层层面标高

所谓目的层是指选定用来反映地下构造的一个特定的岩层或矿层。要绘目的层面的等高线就必须测定或换算出它在各处的标高。如图 2－35 所示，每个钻孔口地面标高减去到达目的层面的孔深，即得出每个钻孔处目的层的标高。如钻孔 A 地面标高是 350 m，到目的层面的孔深是 375 m，则在 A 点目的层面标高为 －25 m。

2. 将计算结果标在图上相应位置

如图 2－36 中“$\frac{9}{70}$”，“9”为孔号，“70”为该点目的层面标高。

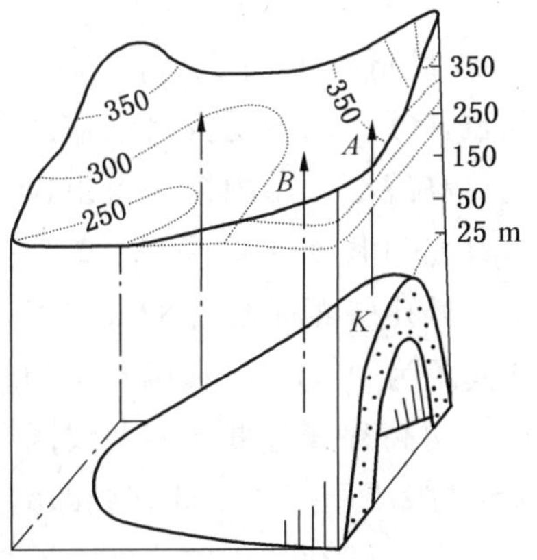


图 2－35　换算目的层层面标高示意图

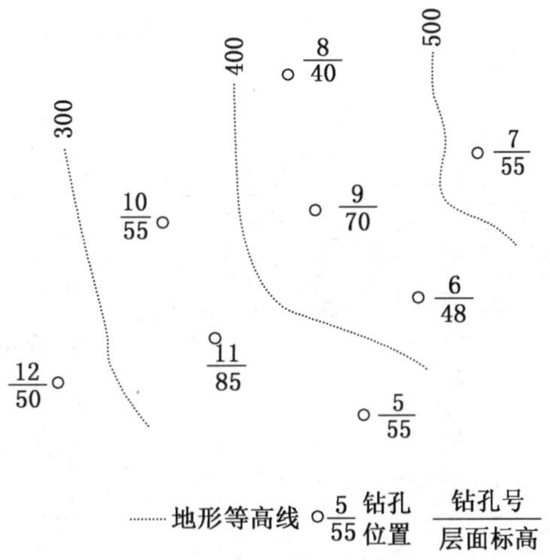


图 2－36　分析目的层层面高程变化的特点

3. 分析目的层层面高程变化规律

找出层面的最高点或最低部位，或高程突变位置（可能是断层存在的显示）。分析层面高程变化趋势，初步确定背斜或向斜以及枢纽轴线或脊线、槽线方位。如图 2－37 所示，以 11 号孔为中心，附近各点高程变化特点是：朝北西和南东方向变低，向北东方向也逐渐降低，可以判断这是一个枢纽向弱东倾伏的背斜。沿 11—9—7 的连线应大致是背斜枢纽或脊线的位置。

4. 用插入法求等高距点

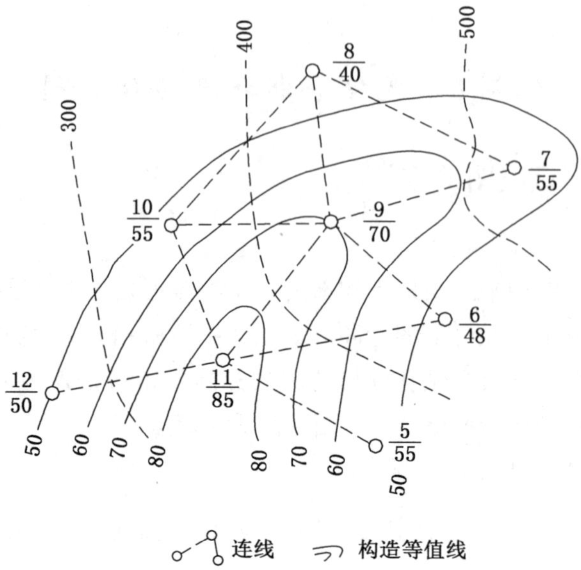


图 2-37　连绘三角网和等高线

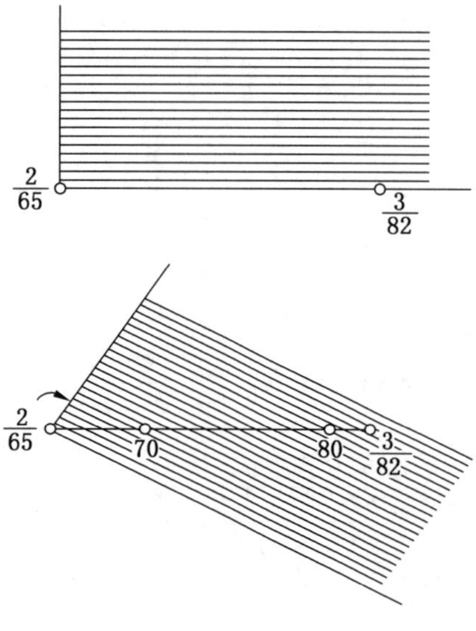


图 2-38　用等高线网求等高线点

从最高点（或最低点）开始，向周围距离较短、高差较大的点连线。用透明方格纸作高程差线网，按所规定的等高线距，用内插法求出连线等高距点。高程差线用法如图 2-38 所示，2 号孔层层面标高为 65 m，3 号孔层面标高为 82 m，二者高差 17 m。按等高线间距为 10 m，应在两孔之间线段上求出 70 m 和 80 m 两高程点位置。将差线网盖在图上，使其某一基线与 2 号孔重合，此基线即为 65 m，用大头针固定 2 号孔，转动高程差线网，使自基线起算与 3 号孔标高相等的网上的一条线与 3 号也重合，则等高差线网中相对应的 70 m 和 80 m 线与 2—3 连线的交点，即为所求的等高线点。

5. 绘等高线

以平滑曲线连各等高点即得出等高线图（图 2-39）。连线时应从最高（或最低）线向外依次完成。绘等高线时要注意相邻等高线的形态与之协调，也要注意高程的突变，以免遗漏断层。

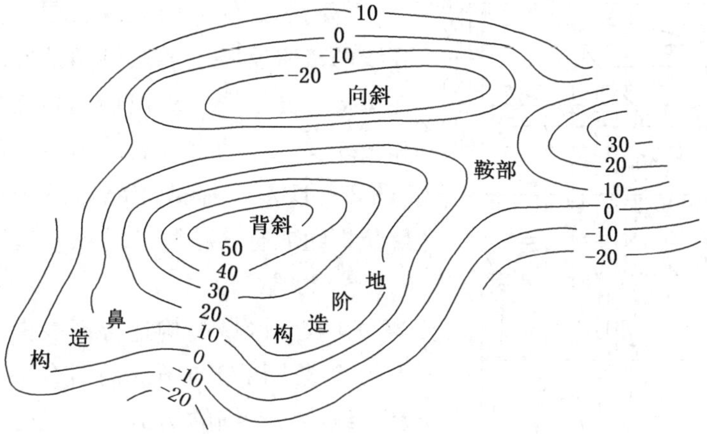


图2－39 褶皱形态在构造等高线图上的表现

## 二、分析构造等值线图

根据构造等高线图可以认识和分析由目的层面的起伏形态所反映的构造特征。

1. 构造类型

图2－39中可从等高线圈闭合形状和高程变化，直接地、定量地表现出背斜、向斜和褶皱形态变化的细节。若出现等高线的错开或重叠等异常现象，则为断层（图2－40）。

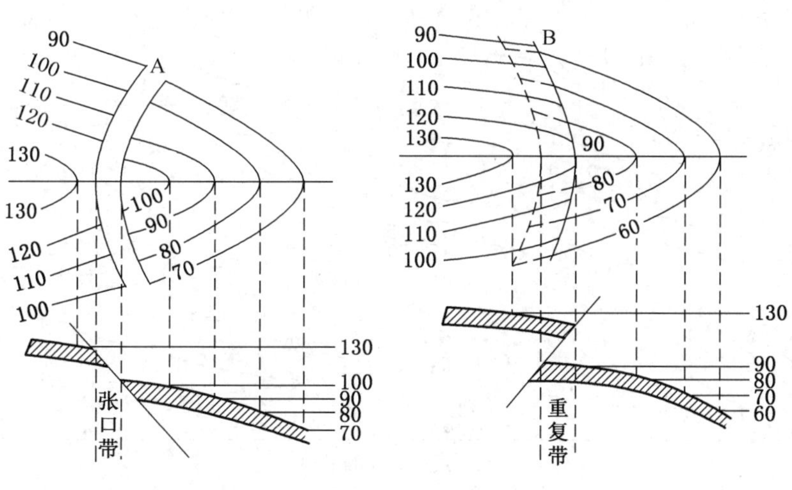


图2－40 断层在构造等高线图上的表现

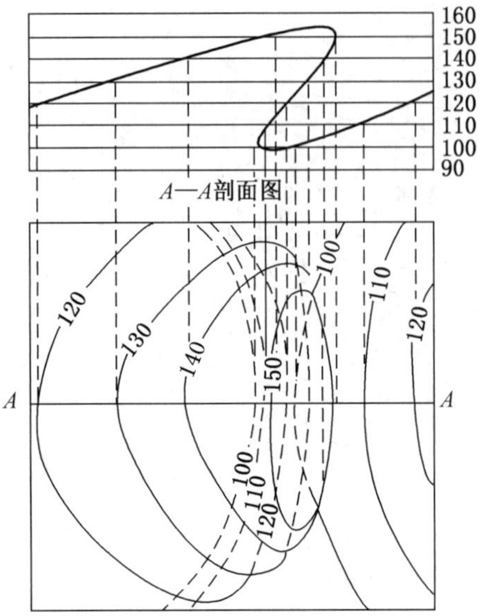


图 2-41　倒转褶皱在构造等高线图上的表现

2. 构造的产状变化

等高线延伸方向表现岩层走向及其变化，等高线的疏密反映了岩层倾角的陡缓，用作图法可在构造等高线图上求出层面各点的产状。用实线和虚线及二者的重叠表示出岩层产状正常和倒转（图 2-41）。等高线沿轴向的疏密及高程变化，反映枢纽或脊（槽）线的纵向起伏变化。

3. 构造组合

在较大区域的构造等高线图上，可以看到地下的褶皱及褶皱与断层的组合关系。在资料较丰富、编绘较精细的构造图上，还可以反映出次级构造形态。

【练一练】

1. 编制凉风垭地区（图 2-42）中侏罗统介壳灰岩顶面构造等值线图。凉风垭地区由钻孔资料所得该灰岩顶面标高、钻孔地面高程和灰岩顶面的深度，列于表 2-1 中。

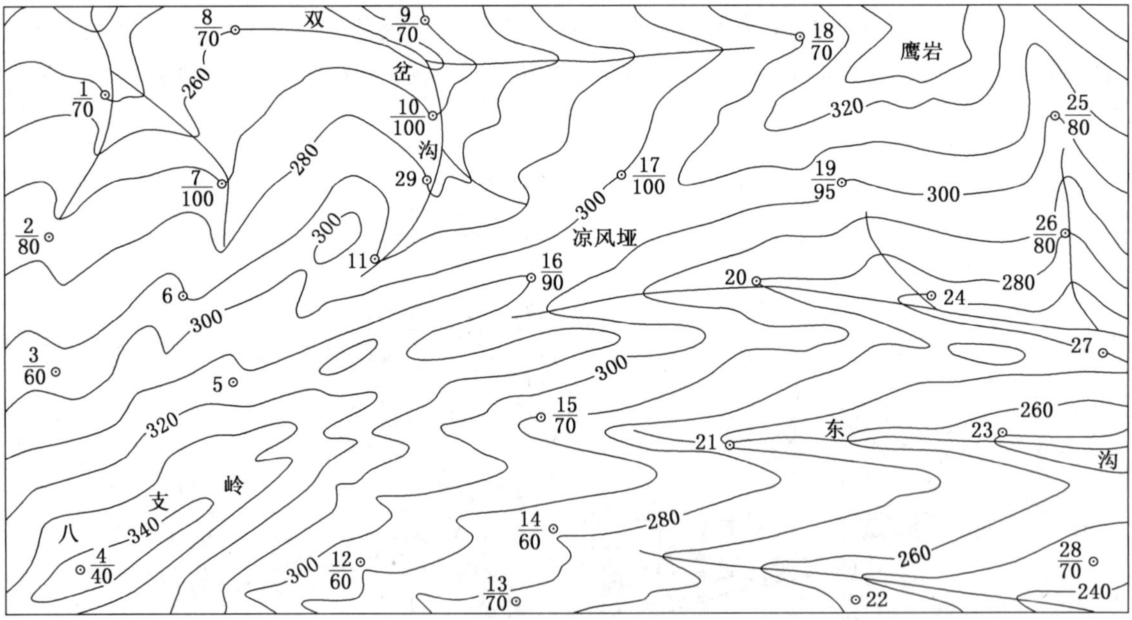


比例尺：1∶10000

图 2-42　凉风垭地区地形图

表2-1 凉风垭地区 $J_2$ 介壳灰炭深度顶面标高数据

| 钻孔号 | 深度/m | 目的层标高/m | 钻孔号 | 深度/m | 目的层标高/m | 钻孔号 | 深度/m | 目的层标高/m |
|---|---|---|---|---|---|---|---|---|
| 1 | 180 | 70 | 13 | 207 | 70 | 25 | 220 | 80 |
| 2 | 195 | 80 | 14 | 223 | 60 | 26 | 200 | 80 |
| 3 | 235 | 60 | 15 | 220 | 70 | 27 | 207 | — |
| 4 | 305 | 40 | 16 | 220 | 90 | 28 | 175 | 70 |
| 5 | 249 | — | 17 | 200 | 100 | 29 | 155 | — |
| 6 | 210 | — | 18 | 240 | 70 | 30 | 215 | 90 |
| 7 | 170 | 100 | 19 | 205 | 95 | 31 | 200 | 70 |
| 8 | 190 | 70 | 20 | 196 | — | 32 | 248 | 62 |
| 9 | 200 | 70 | 21 | 207 | — | 33 | 264 | 56 |
| 10 | 170 | 100 | 22 | 178 | — | 34 | 270 | 50 |
| 11 | 190 | — | 23 | 198 | — | 35 | 185 | 56 |
| 12 | 233 | 60 | 24 | 195 | — | — | — | — |

2. 分析编绘出的凉风垭构造等高线图上的构造形态。

【项目思考】

1. 背斜和向斜的基本特征有哪些？如何在地质图上和野外识别背斜和向斜？

2. 褶皱有哪些基本要素？

3. 褶皱轴面和枢纽产状如何确定？

4. 根据轴面产状和两翼产状如何对褶皱进行分类？如何利用翼间角对褶皱进行分类？

5. 如何进行褶皱在平面上的分类？

6. 褶皱的横截面的几何类型有哪些？

7. 褶皱在剖面上组合形式和平面上组合形式的特征各是什么？

8. 纵弯褶皱作用的基本特征是什么？

9. 横弯褶皱作用有哪些特点？在自然界中，什么情况下容易形成横弯褶皱，其主要的动力来源是什么？

10. 中和面的地质意义是什么？

11. 如何进行褶皱形态的研究？

12. 褶皱研究在油田地质中的意义是什么？

## ▶构 造 地 质

13. 怎样确定褶皱形成的时代?
14. 在地质图上如何进行褶皱综合分析?
15. 构造等值线图的基本概念及用途是什么?
16. 构造等值线图的绘制方法有哪些?

# 项目三 节 理 构 造

## 任务一 节 理 的 分 类

【任务目标】

1. 能识别节理类型。
2. 能根据节理与所在岩层产状要素的关系进行构造节理的几何分类。
3. 能对构造节理进行力学成因的分类。

【任务描述】

节理又称裂隙，它们是岩石受力发生破裂，两侧的岩石沿破裂面没有发生明显位移的一种断裂构造。节理的破裂面，称为节理面。它的形态可以是平整的、弯曲的、波状的或锯齿状的。节理面的产状与岩层面相似，有直立的、倾斜的和水平的三种。一般均使用罗盘测定其走向、倾向及倾角。节理是地壳上部岩石中发育最广的一种构造。节理发育的基本特征是分布普遍，发育不均，同时又具有方向性和组系性。除了松散的堆积物和十分潮湿柔软的岩石外，节理是一种普遍存在的地质现象，无论是老岩石还是新岩石，无论在地表还在地下，都可以有节理存在。

【任务知识】

☞ **知识点20：原生节理和次生节理**

节理形成的原因很多，按节理形成与岩石形成的时间先后关系，可将节理分为原生节理和次生节理两个基本类型。原生节理是在成岩过程中形成的，而次生节理则是在岩石形成以后由构造运动或其他因素造成的。沉积岩表层沉积物失水收缩形成的泥裂、喷出岩熔冷却时在冷缩发生的张应力作用下形成的柱状节理等都属于原生节理。次生节理也称构造节理，次生节理的形成可由构造运动引起，也可由非构造运动的其他因素引起。由构造运动形成的节理，称为构造节理，又名内生节理。构造节理的形成和分布有一定的规律性，并与周围的地质构造有成因上的联系。它们的分布范围往往很广。由非构造运动的其他外力作用形成的节理，称为非构造节理，又称外生节理。如岩石因温度变化引起体积不均匀的膨胀和收缩而产生的风化节理，以及冰川运动和冰劈作用形成的节理，山崩地滑以及人工爆破等原因引起的节理均属非构造节理。非构造节理一般分布不广，局限于一定岩层或一定深度之内，或局限于某一现象附近，多数为张节理。构造节理与非构造节理有本质区别，构造节理对煤矿生产的影响比非构造节理的影响重要得多。

☞ **知识点21：构造节理的分类**

构造节理的分类主要包括几何分类与力学成因分类。前者考虑节理与所在岩层或其他构造的几何关系，后者考虑形成节理的力学性质。实际上这两者是相互关联的。

## 一、几何分类

节理经常同其他构造，如褶皱、断裂相伴出现，或作为它们的派生构造存在。因此，几何分类的主要标志就是节理与其他构造在空间方位上的关系。具体分类如下：

1. 根据节理与所在岩层产状要素的关系分类

如图3－1所示，可分为以下4种：

（1）走向节理：节理走向与所在岩层走向大致平行。

（2）倾向节理：节理走向与所在岩层倾向大致平行（即与岩层走向大致垂直）。

（3）斜向节理：节理走向与所在岩层走向斜交。

（4）顺层节理：节理面大致平行于岩层层面。

2. 根据节理走向与区域构造线或局部构造线的关系分类

如根据节理走向与区域褶皱的枢纽方向、主要断层走向或其他线性构造延伸方向的关系，可将节理分为（图3－2）：

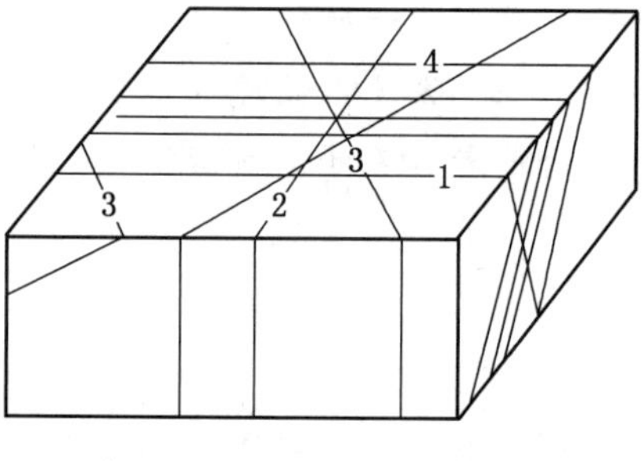


1—走向节理；2—倾向节理；
3—斜向节理；4—顺层节理

图3－1 根据节理产状与岩层产状关系的节理分类

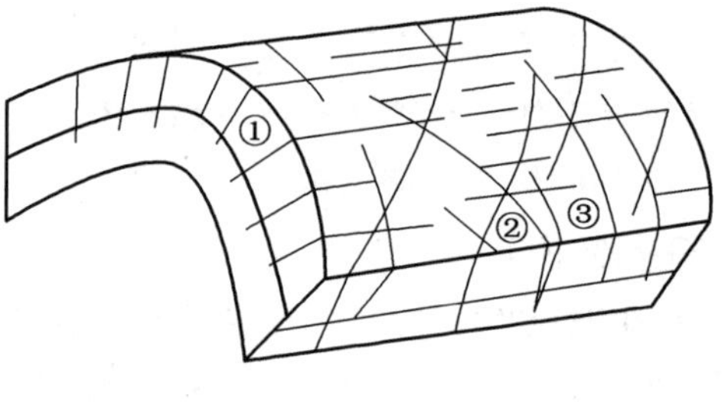


①—纵节理；②—斜节理；
③—横节理

图3－2 根据节理产状与褶皱关系的节理分类

（1）纵节理：节理走向与区域构造线走向大致平行。

（2）横节理：节理走向与区域构造线走向大致垂直。

（3）斜节理：节理走向与区域构造线走向斜交，即二者既不平行又不垂直。

上述两种分类，在某些情况下，如对没有倾伏的褶皱而言，两者常相吻合，即走向节理相当于纵节理，倾向节理相当于横节理。

此外，还可以从节理面与所在岩层层面的关系，将节理分为垂直层面节理、斜交层面节理和顺层面节理。

## 二、力学成因分类

构造节理都是在一定条件下受力的作用而产生的。从应力角度考虑，直接形成节理的应力只有两种，即剪应力和张应力；因此，节理按力学成因分类可分为剪节理和张节理。

1. 剪节理

剪节理是由剪应力产生的破裂面，具有以下主要特征：

（1）剪节理产状较稳定，沿走向和倾向延长较远。

（2）节理面平直光滑。有时具有因剪切滑动而留下的擦痕，当剪节理未被矿物质充填时是闭合的，如被充填，脉宽较为均匀，脉壁较为平直。

（3）发育于砾岩和砂岩等岩石中的剪节理，一般都穿切砾石和砂粒等粒状物体(图 3－3)。

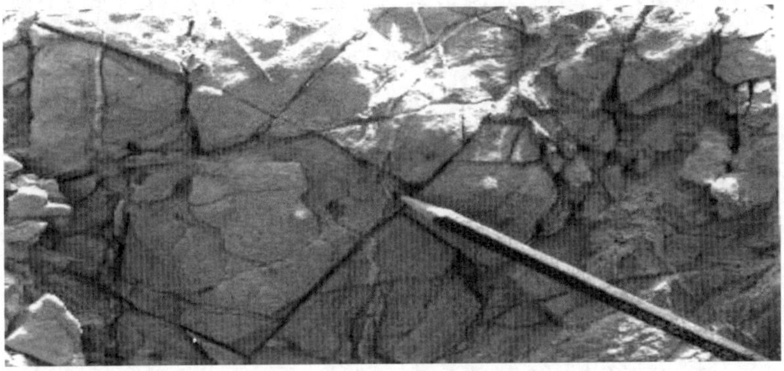

图 3－3　剪节理直切砾岩中的砾石

（4）典型的剪节理常常组成共轭 X 型节理系。这种节理系发育良好时，则将岩石切成菱形或棋盘格状（图 3－4）。如果一组节理发育而另一组不太发育时，则形成一组平行

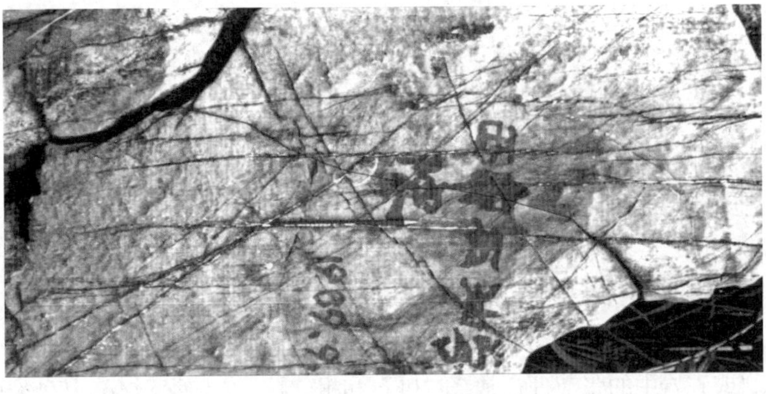

图 3－4　陕西铜川砂岩层中的共轭剪节理

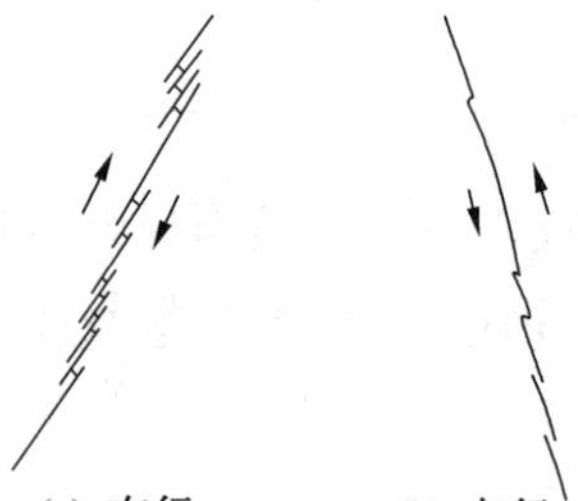


图 3 -5 剪节理的羽列现象
（据马宗晋等）

延伸的节理。不论是 X 型节理还是一组平行节理，节理往往成等距排列。

（5）剪节理常呈羽列现象，仔细观察一条剪节理，其往往并非一条单独的节理，而是由若干条方向相同、首尾接近的小节理呈羽状排列而成。根据它们首尾邻接部分的两种重叠关系，垂直节理走向观察，下一条节理在左侧重叠出现时称左阶，反之称右阶，利用剪节理排列方式可判断两侧岩石的扭动方向。如图 3 -5b 为左行右阶，反映两侧岩石相对扭动方向为左行或左旋；而图 3 -5a 为右行左阶，反映两侧岩石的相对扭动方向为右行或右旋。

（6）各剪节理尾端变化或连接形式根据马宗晋等的研究共有三种：折尾、菱形结环和分叉（图 3 -6）。这三种形式均反映了两组共轭剪节理的结合方式。

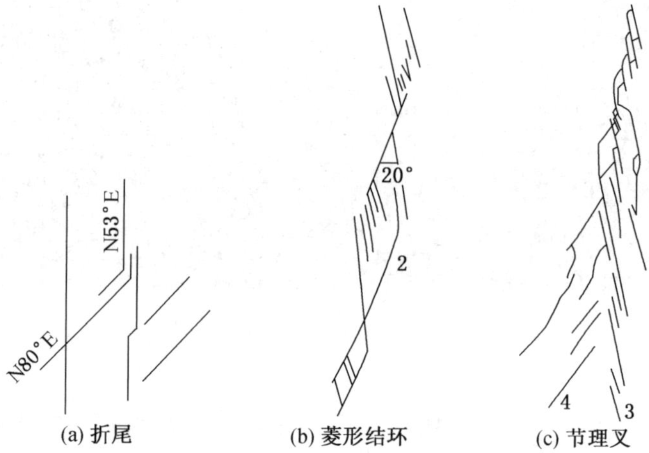


图 3 -6 剪节理尾端变化的三种形式
（据马宗晋等）

2. 张节理

张节理是由张应力产生的破裂面，具有以下主要特征：

（1）张节理产状不稳定，而且往往延伸不远即行消失。单个张节理短而弯曲，若干张节理常侧列出现。图 3 -7 展示了湖北白垩系—第三系砂岩中张节理的侧列现象。

（2）张节理面粗糙不平，无擦痕。张节理多开口，常被矿脉充填，脉宽变化较大，脉壁不平直。

（3）在砾岩或砂岩中的张节理常常绕过砾石和粗砂粒，如切穿砾石，其破裂面也凹凸不平。

（4）张节理一般发育稀疏，节理间距较大，而且即使局部地段发育较多，也是稀疏不均，很少密集成带。

（5）张节理有时呈不规则的树枝状、各种网络状，有时也构成一定几何形态，如追踪X型节理的锯齿状张节理，单列或共轭雁行式张节理（图3－8、图3－9），以及放射状或同心圆状的组合形式。

（6）张节理尾端变化或连接形式有树枝状、多级分叉、杏仁状结环以及各种不规则形状等（图3－10）。

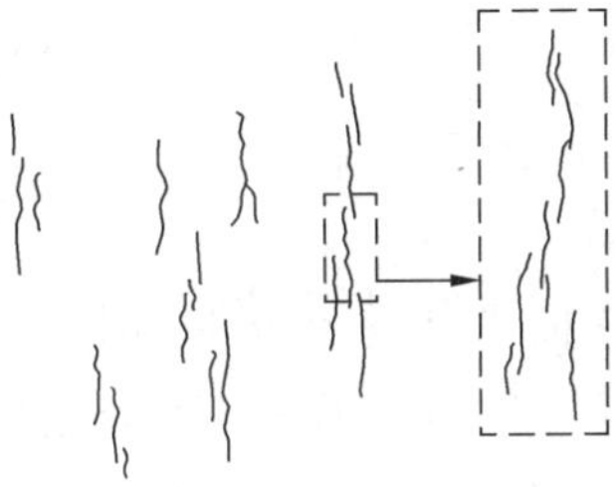

图3－7　湖北白垩系—第三系砂岩中张节理的侧列现象（据马宗晋等）

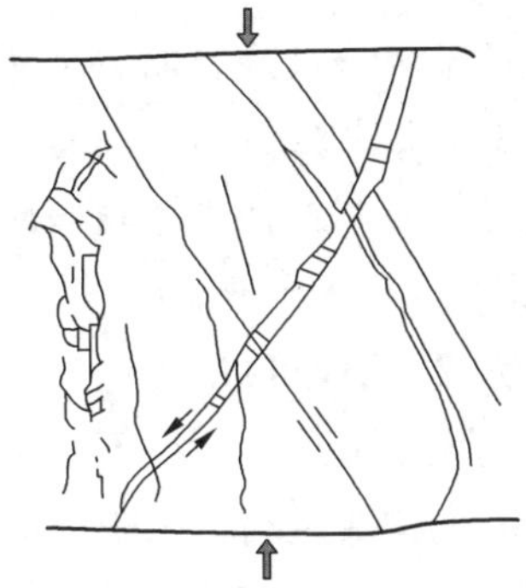

图3－8　右侧是一对共轭剪节理，先剪后张，被方解石脉充填，左侧是追踪两组剪节理而形成的锯齿状张节理（宋鸿林摄，杨光荣素描）

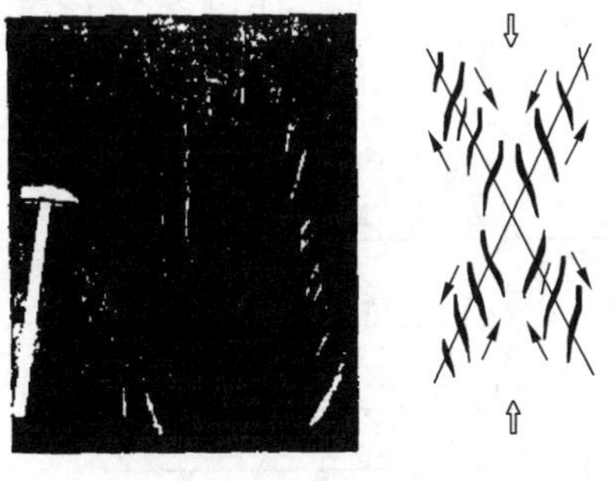

图3－9　北京周口店奥陶系白云岩中沿共轭剪切带形成的两组雁行张节理（左图）；共轭剪切带中雁列张节理反映的运动方向（右图）

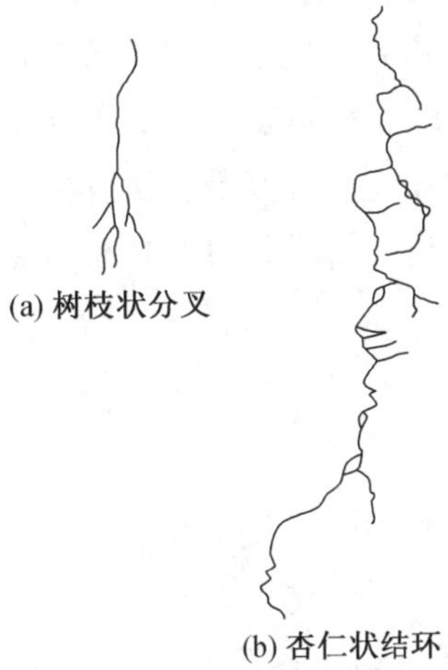


图3－10　张节理尾端变化形式（据马宗晋等）

# 任务二 节理的分期与配套

【任务目标】

1. 能根据节理组的交切关系进行简单的节理分期。

2. 根据共轭节理的组合关系及节理发育地区总的地质特征进行节理配套。

【任务描述】

一定地区的节理一般是长期多次构造的产物，为了分析一个地区的构造节理的发育和分布规律，以及它们与区域构造或局部构造的成因关系，需要对发育在一起的不同方向和不同力学性质的几组节理进行分期和配套。

【任务知识】

☞ **知识点22：节理的分期**

野外所见的大量节理，往往不是一次形成的，它们可能是不同时期构造运动的产物，也可能是同一时期构造运动不同阶段的构造应力作用的产物。不论何种情况，均应首先区分出不同节理组（或系）的形成先后，然后才能进行其他分析研究。

节理的分期主要依据两个方面，一方面是根据节理组的交切关系；另一方面是利用与各期次节理有关的地质体，如与岩脉等的关系。最直接的依据是节理组的交切关系。

## 一、节理组的交切关系

节理组的交切关系主要表现为以下几种情况：

（1）切断错开。后期形成的节理常切断前期形成的节理，如后期节理属剪节理，则被切断的前期节理往往还表现出少量位移的相对错开现象（图3－11）。

（2）限制中止。一组节理延伸到另一组节理前突然中止，这种现象叫作限制，被限制节理组形成较晚，如图3－12中3、4组节理被1、2组节理所限制，所以3、4组节理形成

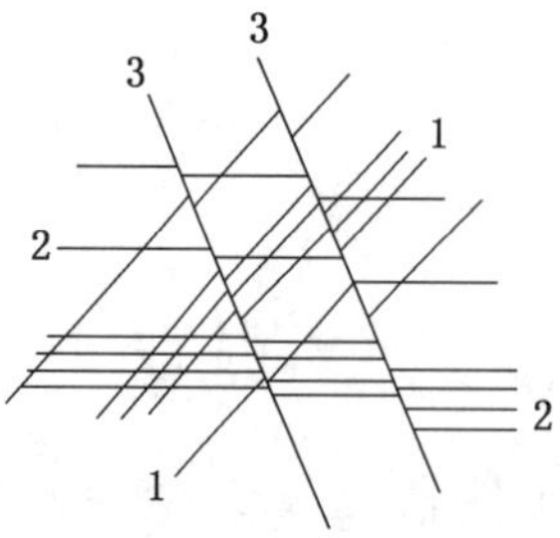


图3－11 不同期节理的对应错开

（早期节理1、2组被后期节理3组错开）

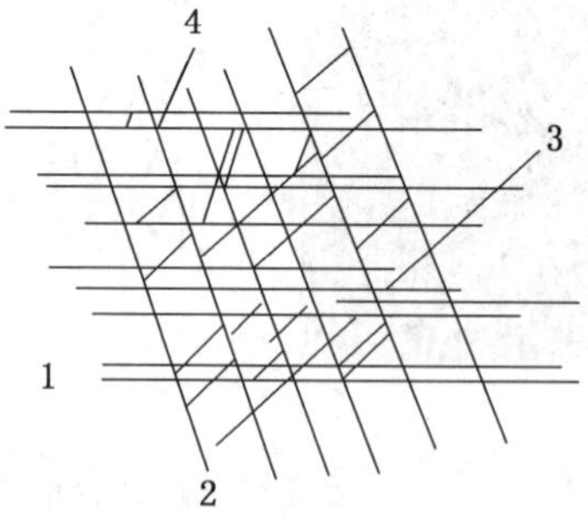


图3－12 湖北香溪石灰岩中不同节理的限制现象（据马宗晋等）

较晚（区分错开与限制的关键是错开表现为一系列标志点的对应错开，而限制则无对应点的错开）。

（3）互相切断错开。如果两组节理互相交切或切错，说明两组节理是同时形成的，有时成共轭关系（图3－13）。

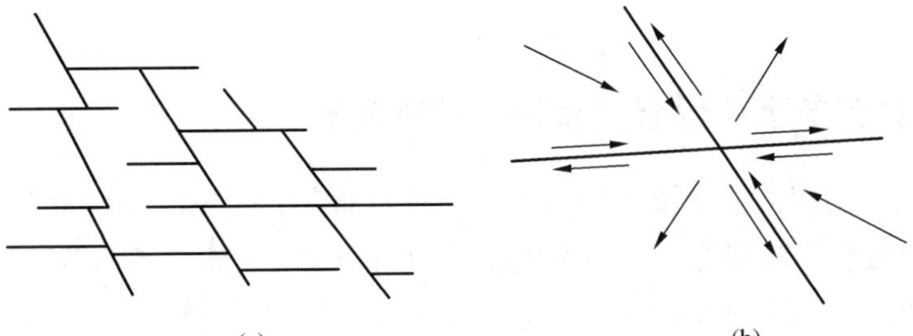


图3－13 两组共轭剪节理的互切

（4）追踪、利用和改造。后期节理有时利用早期节理，顺早期节理追踪或对早期节理加以改造；因此，一些晚期节理常比早期节理更明显、更完整。

## 二、借助其他地质体判别节理形成的顺序

岩墙、岩脉和其他侵入体常可用来间接判定节理形成的顺序。沿不同期次节理贯入的岩墙、岩脉和岩体，岩性和结构上常各具特色。岩性、结构不同的岩脉、岩墙的交切关系，常常清楚地显示出节理形成的先后顺序。例如一组有岩脉充填的节理，被另一组无岩脉的节理切错，说明无岩脉的节理形成较晚。又如一组节理被侵入体所截，而另一组节理切过该侵入体，这表明前一组节理先形成，后一组节理形成较晚（图3－14）。

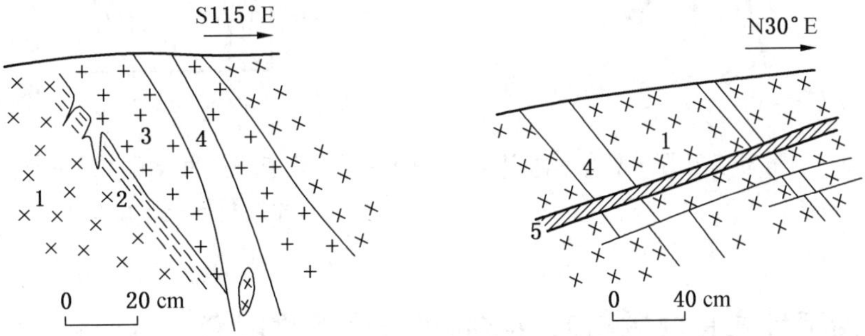


(a) 1、3为先期岩脉，4为后期岩脉，2为交代混杂带

(b) 1、4为先期岩脉，5为后期岩脉

图3－14 青川龙洞崖两个素描图

分析对比不整合上下岩系中节理的发育情况也有助于判别节理的形成顺序。节理一般是在一定构造活动期中形成的，在节理形成时期总是同时形成相关构造，所以对节理进行分期，尤其对较大范围内节理进行分期时，要紧密结合该区构造活动史全面考虑。

**☞知识点23：节理的配套**

节理配套主要依据共轭节理的组合关系，并辅之以节理发育的总体特征及其与有关地质构造的关系。

## 一、根据共轭节理的组合关系进行节理配套

（1）由于同一期应力场中形成的共轭剪节理具有其特定的剪切滑动关系，因此可以利用剪节理面上的擦痕、节理的羽列和派生张节理来确定其共轭关系（图3－15）。图3－15共有四组剪节理，根据其羽列可以确定是两对共轭剪节理，分别为近南北向（$P_1$）和近东西向（$P_2$）。

（2）利用剪节理的尾端变化，即折尾和菱形结环进行配套。折尾和菱形结环一般代表两组剪节理（图3－6）。

（3）利用两组节理的相互切错确定其共轭关系（图3－13）。

（4）利用追踪剪节理形成的锯齿状张节理，可以对节理进行配套（图3－8）。两组雁行张节理也可以进行配套。如果两组雁行脉有一条共同的张节理，更能确切证明两组是共轭的（图3－16）。

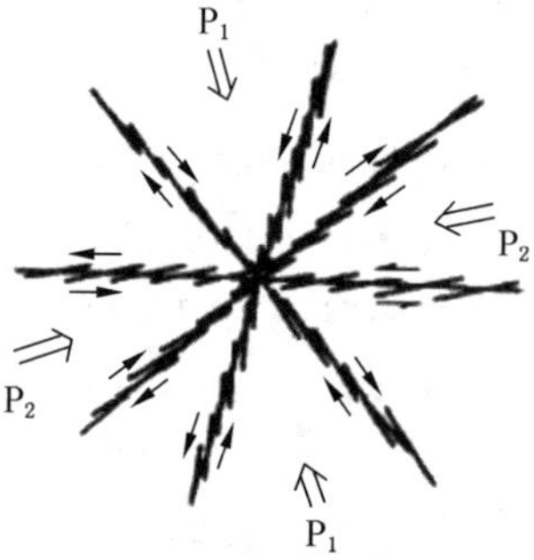


图3－15　利用剪节理羽列配套示意图

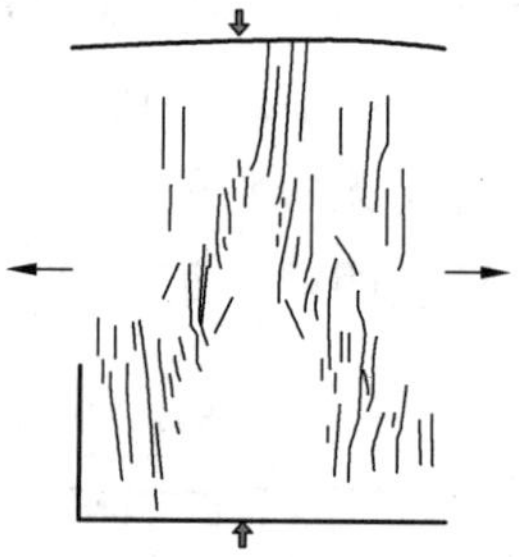

图3－16　北京坨里白云质灰岩中的张节理系（杨光荣据李志锋照片素描）

## 二、根据节理发育地区总的地质特征进行节理配套

一定地区或地段上发育的几组节理往往各具特色，它们常与一定的地质构造有关。例如一群节理的间距大、穿层性强、延伸远、展布范围广、具有一定方位；而另一群节理的间距小、受岩层控制、延伸不远、展布范围局限、方向随岩层产状和局部构造而变，这显

然是两套节理。例如衡阳盆地的红层中发育了这样两群节理。一群节理具区域性，由北东和北西两组节理构成X型，间距大、展布广、穿层性强；另一群节理产状因地而变，间距小、局限于层中，这两群节理应分属两套。如粤北地区第三系红层中，有一套近直立的区域性节理，与红层的峰林地貌的发育密切相关，这套节理与局限于一定层中间距很小的密集节理显然分属两套。至于节理发育强度，一般只能作为配套的参考依据。共轭的两组节理并不一定均等发育。

综上所述，在节理的分期配套中应注意以下几点：

第一，节理的分期和配套应该而且必须同时进行。

第二，节理的分期和配套不仅要依据节理相互之间的关系及其本身的特征，而且应结合地质背景，结合节理所在的构造和有关地质体进行。

第三，节理的分期和配套主要应在野外进行，在野外观测的基础上及时进行统计分析。有时还需要把统计分析的结果再带到野外进行检验。

节理的分期和配套，对分析区域构造发展史、确定古构造应力场具有相当重要的意义。但实践证明，分期配套是相当复杂的，许多标志和判据并不清晰而明确，所以对节理的分期和配套，不要轻易做出结论。

## 任务三 节理的野外观测

【任务目标】

1. 能根据地质情况和节理发育情况选定节理的野外观测点。

2. 了解节理野外观测的相关内容。

【任务描述】

节理的研究方法往往因任务和目的的不同而不同。但无论是何种任务和目的，节理研究的基础都是进行大量的测定、观察和统计；在统计的基础上，结合地质构造等有关资料、测试结果和模拟实验进行分析。

【任务知识】

**☞ 知识点24：节理观测点的选定**

节理观测点的选定决定于任务，一般不要求均匀布点，而是根据地质情况和节理发育情况布点，做到疏密适度。选定观察点时还要考虑以下几点：

第一，露头良好，最好能在三度空间观测，其露头面积一般不小于10 $m^2$，便于大量测量。

第二，构造特征清楚，岩层产状稳定。

第三，节理比较发育，组系及其相互关系比较明确，而且处在构造的重要部位。

第四，可根据构造层、构造的类型、岩体和岩石组合划分为不同节理域，对其分别进行测量。

观测点的选定决定于任务，一般不要求均匀布点，而是根据地质情况和节理发育情况布点，做到疏密适度。

☞ **知识点25：节理的观测内容**

观测节理应首先区别构造节理和非构造节理，是张节理还是剪节理，并按几何形态和力学成因加以分类；其次观测节理的空间展布规律、形成时间的先后顺序和彼此穿插情况，节理所在岩层（体）的岩性特征，并对每一个节理进行编号，以免观测混乱，造成重复或遗漏现象。

对单个节理的观测内容包括：节理的产状，节理的长度和宽度，节理的穿层和分支情况，节理在平面上和剖面上有关力学特征的各种现象，节理的充填物及其充填程度等。

测量节理的产状要素时，可将一个硬纸片或塑料垫板插入节理缝内，然后用罗盘测量纸片或塑料垫板的走向、倾向和倾角。

研究充填物时要划分先后充填顺序，如金属矿脉、石英脉、方解石脉、重晶石脉等等，并记录矿化的先后及原生矿化和次生矿化的特征，以便分析节理形成的先后顺序。

观测的结果应如实填在节理观测点记录表内（表3-1），不应分散记录在野外记录簿中，以便整理和编图。有些专门项目如油气田和水泉等则应专列项目进行描述。

表3-1　节理观测点记录表

观测日期：

<table>
<tr><td colspan="3">点号及点位</td><td colspan="3"></td><td>所在褶皱或断层的部位</td><td colspan="2">地层时代层位及岩性</td><td colspan="2"></td></tr>
<tr><td colspan="3">岩层产状</td><td colspan="4"></td><td colspan="2">露头情况及面积</td><td colspan="2"></td></tr>
<tr><td rowspan="2">观测序号</td><td colspan="3">节理产状</td><td rowspan="2">节理宽度/cm</td><td rowspan="2">节理长度/cm</td><td rowspan="2">节理面及充填物的特征</td><td rowspan="2">节理力学性质及其旋向</td><td rowspan="2">节理组系归属及相互关系</td><td rowspan="2">节理频度（条/m）</td><td rowspan="2">备注</td></tr>
<tr><td>走向</td><td>倾向</td><td>倾角</td></tr>
<tr><td></td><td></td><td></td><td></td><td></td><td></td><td></td><td></td><td></td><td></td><td></td></tr>
<tr><td></td><td></td><td></td><td></td><td></td><td></td><td></td><td></td><td></td><td></td><td></td></tr>
<tr><td></td><td></td><td></td><td></td><td></td><td></td><td></td><td></td><td></td><td></td><td></td></tr>
<tr><td></td><td></td><td></td><td></td><td></td><td></td><td></td><td></td><td></td><td></td><td></td></tr>
</table>

观测人________；记录人________

# 任务四 节理观测资料的整理

【任务目标】

1. 会整理节理资料和绘制节理玫瑰花图。

2. 能分析节理玫瑰花图并了解其构造意义。

【任务描述】

在节理的研究中，为了简明、清晰地反映不同性质节理的发育规律，需进行室内整理和制图。图示法能清楚地表示出一个地区节理发育的方向和特点，较常用的图示方法主要有节理玫瑰花图、节理极点图和节理等密图等。

【任务知识】

☞ **知识点26：走向玫瑰花图**

## 一、整理资料

将观测点所测定的节理走向换算成北西和北东两个方向，按其方位角的大小，依次以每10°为间隔分组，如0°～10°，10°～20°，…，350°～360°等。习惯上把0°归入0°～10°组内，10°归入10°～20°组内。然后统计每组的节理条数，计算每组的节理平均走向，把统计好的数据填入节理统计表中，以备作图使用。

## 二、确定作图的比例尺及坐标

根据作图的要求和各种节理的数目，选取一定长度的线段代表一条节理，然后按比例以数目最多的那一组节理的线段长度为半径作圆，过圆心作南北线及东西线，并在圆周上标明方位角（图3－17）。因节理走向有两个方位角数值，两者相差180°，作节理走向玫瑰花图时，只取半个圆即可。

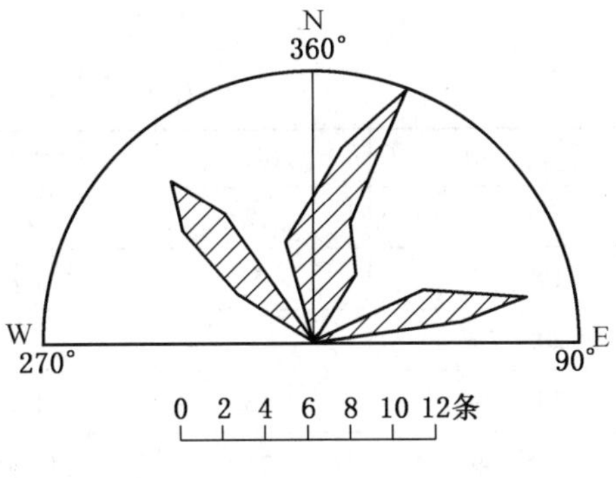


图3－17 节理走向玫瑰花图

## 三、找点连线

从0°～10°一组开始，按各组节理平均走向方位角顺序在半圆周上作一个记号，再从圆心向圆周上该点的半径方向，按该节理数目和所定比例找出一点，此点即代表该组节理平均走向和节理数目。在某一组内若无节理，连线时连至圆心，然后再经圆心连出。各组点确定以后，用折线依次连接各点，构成一个封闭形状的好像玫瑰花一样的节理图，即得节理走向玫瑰花图（图3－17）。

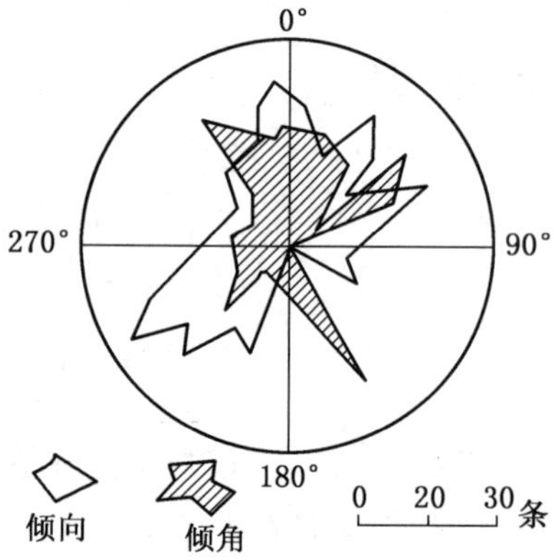


图3－18 节理倾斜（倾向、倾角）玫瑰花图

☞ **知识点27：倾向玫瑰花图**

倾向玫瑰花图的编制方法与走向玫瑰花图基本相同，只要把平均走向的数据改用为平均倾向的数据即可，不过用的是整圆（图3－18）。

☞ **知识点28：倾角玫瑰花图**

倾角玫瑰花图的编制方法与倾向玫瑰花图基本相同，只是半径的长度代表节理的平均倾角。通常把倾角和倾向玫瑰花图作在同一图上，合称为节理倾斜玫瑰花图（图3－18）。比例设定关系是圆心处代表节理平均倾角为0°，圆周上的点代表平均倾角为90°，节理玫瑰花图可以定性而形象地反映节理走向、倾向及倾角的优势分布。

# 实训7 编制和分析节理玫瑰花图

## 一、绘制节理玫瑰花图的方法

1. 绘制节理走向玫瑰花图

（1）资料整理：将野外测得的节理走向，换算成北东和北西方向，按其走向方位角的一定间隔分组。分组间隔大小依作图要求及地质情况而定，一般采用5°或10°为一间隔，如分成0°～9°、10°～19°。习惯上把0°归入0°～9°组内，10°归入10°～19°组内，其余类推。然后统计每组的节理数目，计算每组节理平均走向，如0°～9°组内，有走向为6°、5°、4°三条节理，则其平均走向为5°。把统计整理好的数值填入表中（表3－2）。

表3－2 天平山8号观测点节理统计资料

| 方位间隔 | 节理数目 | 平均走向 | 方位间隔 | 节理数目 | 平均走向 |
|---|---|---|---|---|---|
| 0°～9° | 12 | 5° | 270°～279° | | |
| 10°～19° | 5 | 14.8° | 280°～289° | 3 | 282.7° |
| 20°～29° | | | 290°～299° | 6 | 294° |
| 30°～39° | 13 | 34.7° | 300°～309° | | |
| 40°～49° | 21 | 45.9° | 310°～319° | | |
| 50°～59° | | | 320°～329° | 10 | 325.6° |
| 60°～69° | | | 330°～339° | | |
| 70°～79° | | | 340°～349° | | |
| 80°～89° | | | 350°～359° | | |

注：空格表示无数据。

（2）确定作图的比例尺及坐标：根据作图的大小和各组节理数目，选取一定长度的线段代表一条节理，然后以等于或稍大于按比例表示的、数目最多的那一组节理的线段的长度为半径，作半圆，过圆心作南北线及东西线，在圆周上标明方位角（图3－19）。

（3）找点连线：从0°～9°一组开始，依次按各组平均走向方位角在半圆周上作一记号，再从圆心向圆周上该点的半径方向，按该组节理数目和所定比例尺定出一点，此点即代表该组节理的平均走向和节理数目。各组的点确定后，顺次将相邻组的点连线。如其中某组节理为零，则连线回到圆心，然后再从圆心引出与下一组相连（最好边找点边连线）。

（4）写上图名和比例尺（图3－19）。

2. 绘制节理倾向玫瑰花图

绘制节理倾向玫瑰花图，是按节理倾向方位角分组，求出各组节理的平均倾向和节理数目，用圆周方位代表节理的平均倾向，用半径长度代表节理条数，作法与节理走向玫瑰花图相同，只不过用的是整圆（图3－20）。

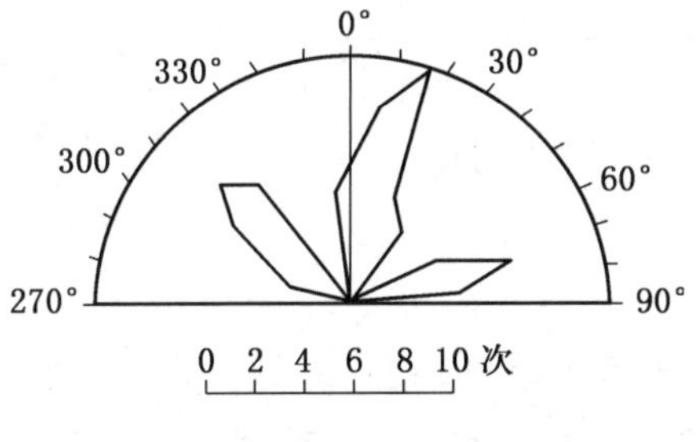


图3－19 节理走向玫瑰花图

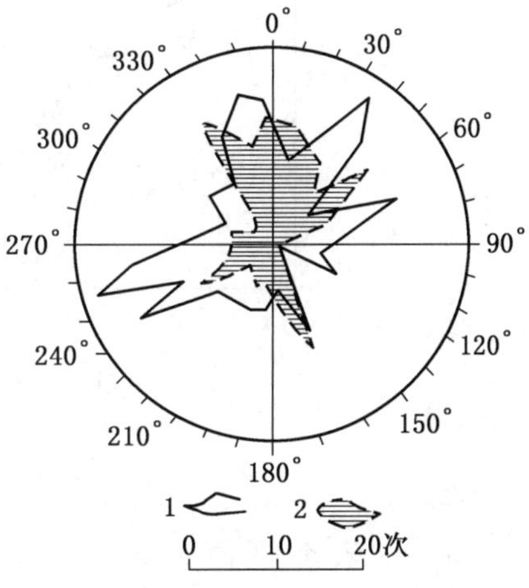


1—倾向玫瑰花图；2—倾角玫瑰花图

图3－20 节理倾斜（倾向、倾角）玫瑰花图（比例尺代表节理的数目）

3. 绘制节理倾角玫瑰花图

按上述节理倾向方位角的分组，求出每一组的平均倾角，然后用节理的平均倾向和平均倾角作图，圆半径长度代表倾角，由圆心至圆周从0°～90°，找点和连线方法与倾向玫瑰花图相同。

倾向、倾角玫瑰花图一般重叠画在一张图上，统称为倾斜玫瑰花图。作图时，在平均倾向线上，可沿半径按比例找出代表节理数和平均倾角的点，将各点连成折线即可。图上用不同颜色或线条加以区别（图3－20）。

## 二、节理玫瑰花图的分析

节理玫瑰花图是节理的统计方式之一，方法简便，形象醒目，比较清楚地反映出主要节理的方向，有助于分析区域构造。最常用的是节理走向玫瑰花图。

分析节理玫瑰花图，应与区域地质构造结合起来。因此，常把节理玫瑰花图按测点位置标绘在地质图上（图3－21）。这样就清楚反映出不同构造部位的节理与构造（如褶皱和断层）的关系。综合分析不同构造部位节理玫瑰花图的特征，就能得出局部应力状况，甚至可以大致确定主应力轴的性质和方向。

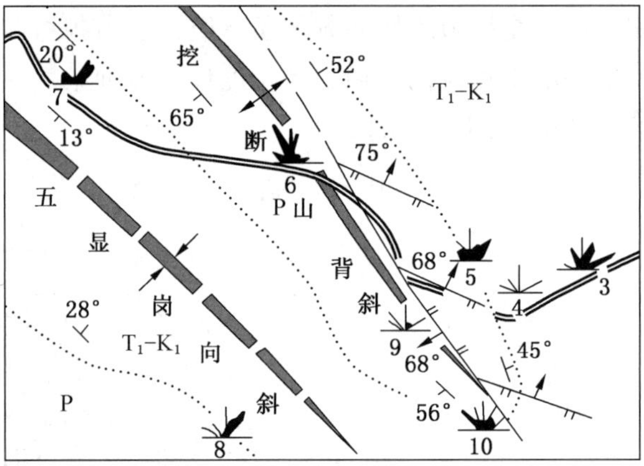


图3－21 四川峨眉挖断山地质构造略图

【练一练】

表3－3是将表3－4的天平山8号观测点的节理测量资料按方位间隔加以整理的结果，对其中尚未统计整理的，应补充整理填入表3－2中，然后根据整理后的表3－2中的节理资料作节理走向玫瑰花图。

表3－3 节理测量记录表

| 序号 | 节理产状 | 序号 | 节理产状 | 序号 | 节理产状 | 序号 | 节理产状 |
|---|---|---|---|---|---|---|---|
| 1 | 13°∠61° | 7 | 46°∠66° | 13 | 14°∠64° | 19 | 32°∠74° |
| 2 | 19°∠76° | 8 | 26°∠81° | 14 | 12°∠70° | 20 | 36°∠66° |
| 3 | 20°∠71° | 9 | 27°∠74° | 15 | 20°∠81° | 21 | 38°∠76° |
| 4 | 5°∠81° | 10 | 28°∠78° | 16 | 18°∠66° | 22 | 38°∠70° |
| 5 | 22°∠78° | 11 | 30°∠69° | 17 | 24°∠66° | 23 | 36°∠60° |
| 6 | 24°∠73° | 12 | 16°∠78° | 18 | 22°∠63° | 24 | 21°∠68° |

表3-3（续）

| 序号 | 节理产状 | 序号 | 节理产状 | 序号 | 节理产状 | 序号 | 节理产状 |
|---|---|---|---|---|---|---|---|
| 25 | 22°∠57° | 44 | 293∠°70° | 63 | 117°∠64° | 82 | 308°∠78° |
| 26 | 196°∠69° | 45 | 296°∠57° | 64 | 118°∠79° | 83 | 310°∠62° |
| 27 | 196°∠74° | 46 | 297°∠76° | 65 | 119°∠54° | 84 | 310°∠72° |
| 28 | 201°∠60° | 47 | 298°∠64° | 66 | 120°∠74° | 85 | 306°∠62° |
| 29 | 202°∠66° | 48 | 300°∠59° | 67 | 121°∠60° | 86 | 310°∠79° |
| 30 | 206°∠85° | 49 | 301°∠72° | 68 | 122°∠73° | 87 | 321°∠78° |
| 31 | 208°∠62° | 50 | 302°∠68° | 69 | 123°∠78° | 88 | 324°∠60° |
| 32 | 212°∠72° | 51 | 104°∠52° | 70 | 125°∠62° | 89 | 201°∠76° |
| 33 | 216°∠64° | 52 | 105°∠56° | 71 | 126°∠74° | 90 | 203°∠73° |
| 34 | 218°∠60° | 53 | 106∠°69° | 72 | 128°∠68° | 91 | 204°∠76° |
| 35 | 220°∠70° | 54 | 107°∠61° | 73 | 190°∠62° | 92 | 207°∠79° |
| 36 | 200°∠70° | 55 | 108°∠76° | 74 | 144°∠66° | 93 | 205°∠69° |
| 37 | 279°∠72° | 56 | 110°∠68° | 75 | 103°∠64° | 94 | 208°∠66° |
| 38 | 285°∠70° | 57 | 111°∠67° | 76 | 340°∠60° | 95 | 191°∠61° |
| 39 | 286°∠78° | 58 | 112∠°63° | 77 | 352°∠71° | 96 | 199°∠78° |
| 40 | 196∠°74° | 59 | 113∠°81° | 78 | 302°∠82° | 97 | 198°∠69° |
| 41 | 290°∠60° | 60 | 114°∠74° | 79 | 304°∠76° | 98 | 196°∠81° |
| 42 | 291°∠61° | 61 | 115°∠58° | 80 | 305°∠60° | 99 | 192°∠85° |
| 43 | 292°∠80° | 62 | 116°∠68° | 81 | 307°∠68° | 100 | 195°∠78° |

表3-4 天平山8号观测点节理测量资料

| 走向 | 倾角与倾向 | 走向 | 倾角与倾向 | 走向 | 倾角与倾向 | 走向 | 倾角与倾向 |
|---|---|---|---|---|---|---|---|
| 3° | ∠75°SE | 6° | ∠78°NW | 21° | ∠74°SE | 35° | ∠75°SE |
| 4° | ∠73°SE | 6° | ∠84°NW | 22° | ∠75°SE | 36° | ∠72°SE |
| 5° | ∠72°SE | 7° | ∠80°NW | 23° | ∠80°SE | 34° | ∠75°NW |
| 6° | ∠71°SE | 16° | ∠71°SE | 23° | ∠78°SE | 34° | ∠72°NW |
| 3° | ∠76°SE | 14° | ∠71°NW | 23° | ∠74°SE | 35° | ∠72°NW |
| 5° | ∠85°NW | 14° | ∠71°NW | 33° | ∠75°SE | 35° | ∠74°NW |
| 5° | ∠87°NW | 14° | ∠75°NW | 34° | ∠74°SE | 35° | ∠72°NW |
| 5° | ∠75°NW | 16° | ∠75°NW | 34° | ∠73°SE | 36° | ∠74°NW |
| 5° | ∠79°NW | 21° | ∠73°SE | 34° | ∠72°SE | 36° | ∠74°SE |

表3-4（续）

| 走向 | 倾角与倾向 | 走向 | 倾角与倾向 | 走向 | 倾角与倾向 | 走向 | 倾角与倾向 |
|---|---|---|---|---|---|---|---|
| 44° | ∠75°SE | 45° | ∠80°SE | 46° | ∠85°SE | 46° | ∠83°SE |
| 44° | ∠84°SE | 45° | ∠85°SE | 46° | ∠83°SE | 46° | ∠86°SE |

【项目思考】

1. 原生节理和次生节理的概念？
2. 简述节理的分类，如何鉴别张节理与剪节理？
3. 节理分期配套的概念，怎样对节理进行分期和配套？
4. 在节理的分期配套中应注意哪些内容？
5. 选定节理野外观测点需要注意的内容？
6. 节理野外观测的内容包括哪些？

# 项目四 断 层 构 造

## 任务一 断层的几何要素

【任务目标】

1. 能准确判别断层的断盘。

2. 会计算断层的滑距和断距。

【任务描述】

断层是岩层或岩体顺破裂面发生明显位移的断裂构造。断层和节理虽都属断裂构造，但二者有明显差别。这种差别反映在其发育规律、位移量大小、伴生和派生构造特征、形成机制、地质意义、研究方法等方面。断层在地壳中广泛发育，是地壳中最重要的构造之一。一些中、小型断层直接决定了某些矿体的形态和产状，对石油、天然气、地下水等矿藏的分布、储聚和运移也有重要影响，尤其是现代活动性断层更直接影响人工建筑和地震活动。

【任务知识】

**☞ 知识点 29：断层面和断层带**

断层面是一个将岩块或岩层断开成两部分，断开岩块或岩层顺着它滑动的破裂面。断层面的空间位置和形态可用走向、倾向和倾角加以描述。断层面往往不是一个产状稳定的平直面，它顺走向或倾向都会发生一定变化而形成曲面。

断层一般不是一个单一的面，而是由一系列破裂面或次级断层组成的带，即断层（裂）带。断裂带内还夹杂或伴生有搓碎的岩块、岩屑、岩片以及各种断层岩。断层规模越大，断裂带越宽，其特点也越复杂。大断裂带还常常呈现一定规律的分带性。

断层线是断层面与地面的交线，即断层在地面的出露线。断层线的弯曲形态取决于断层面的弯曲程度、断层面的产状以及地面的起伏。断层线的形态随断面倾角和地形起伏而异，断层面倾角越缓，地形起伏越大，断层线的形态也越复杂。

**☞ 知识点 30：断盘**

断盘是断层面两侧沿断层面发生位移的岩块。如果断层面是倾斜的，位于断层面上侧的一盘为上盘，位于断层面下侧的一盘为下盘。如果断层面是直立的，则可按断盘相对于断层走向的方位描述，如东盘、西盘或南盘、北盘等。如果根据两盘的相对滑动，则将相对上升的一盘叫上升盘，相对下降的一盘叫下降盘。

断层面和断盘有时合称为断层要素。

### ☞知识点31：断层位移（滑距和断距）

断层两盘的相对运动可分为直移运动和旋转运动。在直移运动中，两盘只发生相对平直的滑移而无旋转，两断盘上未错动前的平行直线，运动后仍然平行。在旋转运动中两盘以断层面法线为轴相对旋转滑移，断盘上未错动前的平行直线运动后不再平行。多数断层常兼具两种运动。

## 一、滑距

滑距是指断层两盘实际的位移距离，是根据错动前的一点，错动后分成两个对应点之间的实际距离。两个对应点之间的真正位移距离称为总滑距，如图4－1a所示的 $ab$。

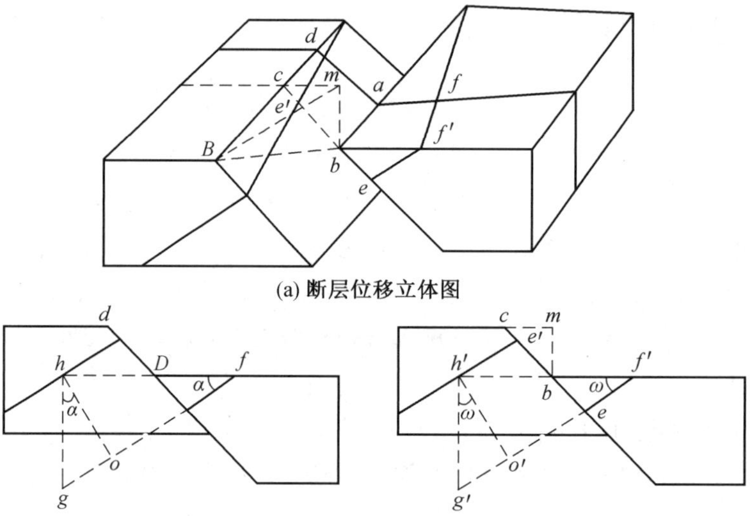


(a) 断层位移立体图

(b) 垂直于被错断岩层走向的剖面图　　(c) 垂直于断层走向的剖面图

$ab$—总滑距；$ac$—走向滑距；$cb$—倾斜滑距；$am$—水平滑距；$ho$—地层断距；$h'o'$—视地层断距；$hg=h'g'$—铅直地层断距；$hf$—水平地层断距；$h'f'$—视水平地层断距；$\alpha$—岩层倾角；$\omega$—岩层视倾角

图4－1　断层滑距和断距

总滑距在断层面走向线上的分量称为走向滑距，如图4－1a所示的 $ac$。走向滑距与总滑距之间的锐夹角 $\angle cab$ 为总滑距或擦痕的侧伏角。

总滑距在断层面倾斜线上的分量称为倾斜滑距，如图4－1a所示的 $cb$。

总滑距在水平面上的投影长度称为水平滑距，如图4－1a所示的 $am$。

总滑距、走向滑距、倾斜滑距在断层面上构成直角三角形关系。

## 二、断距

断距是指被错断岩层在两盘上的对应层之间的相对距离。在不同方位的剖面上，断距值是不同的，下面仅将垂直于岩层走向和垂直于断层走向的剖面上的各种断距分述如下。

1. 垂直于岩层走向

在垂直于被错断岩层走向的剖面上可测得的断距有：

（1）地层断距：断层两盘上对应层之间的垂直距离，如图4－1b所示的$ho$。

（2）铅直地层断距：断层两盘上对应层之间的铅直距离，如图4－1b所示的$hg$。

（3）水平地层断距：断层两盘上对应层之间的水平距离，如图4－1b所示的$hf$。

以上三种断距构成一定直角三角形关系，即图4－1b上的$\triangle hof$，其中$\angle\alpha$为岩层倾角。如已知岩层倾角和上述三种断距中的任一种断距，即可求出其他两种断距。

2. 垂直于断层走向

在垂直于断层走向的剖面上，也可测得与垂直于岩层走向剖面上相当的各种断距，即图4－1c中的$h'o'$、$h'g'$和$h'f'$。当岩层走向与断层走向不一致时，除铅直地层断距在两个剖面上相等外，在垂直于岩层走向的剖面上测定的地层断距和水平地层断距都小于垂直断层走向的剖面上测得的数值。如图4－1b中$\triangle hog$、$\triangle hgf$与图4－1c中$\triangle h'o'g'$、$\triangle h'g'f'$，$hg=h'g'$；因$\alpha>\omega$（真倾角大于视倾角），所以$ho<h'o'$，$hf<h'f'$。$h'o'$称作视地层断距，$h'f'$称作视水平地层断距。

在矿山开采中，为设计竖井和平巷的长度，还常常采用平错和落差这一类断距术语。如图4－2所示，在垂直岩层走向的剖面上，$\triangle XYZ$为一直角三角形，$XY$为落差，$YZ$为平错。

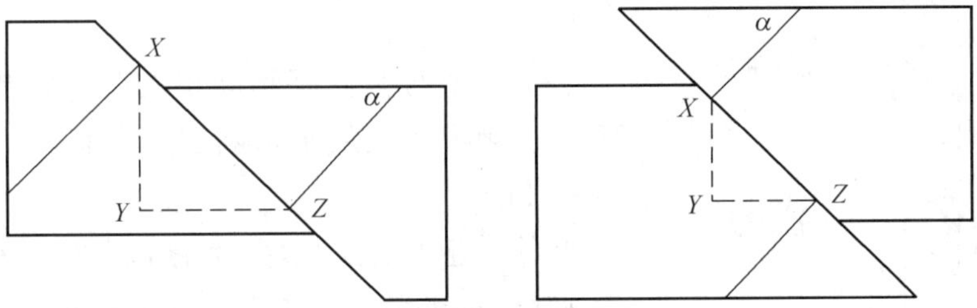


图4－2 断层平错（$YZ$）和落差（$XY$）

# 任务二 断 层 分 类

【任务目标】

能对断层进行准确分类。

【任务描述】

断层种类繁多，成因复杂。可根据断层与构造的几何关系、断层两盘的相对运动方向进行分类。

【任务知识】

☞知识点32：按断层与有关构造的几何关系分类

## 一、根据断层走向与岩层走向的关系划分

（1）走向断层：断层走向与岩层走向基本一致。

（2）倾向断层：断层走向与岩层走向基本直交。

（3）斜向断层：断层走向与岩层走向斜交。

（4）顺层断层：断层面与岩层层理界面基本一致。

## 二、根据断层走向与褶皱轴向（或区域构造线）之间的几何关系划分

（1）纵断层：断层走向与褶皱轴向一致或断层走向与区域构造线方向基本一致。

（2）横断层：断层走向与褶皱轴向直交或断层走向与区域构造线基本直交。

（3）斜断层：断层走向与褶皱轴向斜交或断层走向与区域构造线斜交。

☞知识点33：按断层两盘相对运动分类

（1）正断层：断层上盘沿断层面相对向下滑动，下盘则相对向上滑动（图4-3a）。

（2）逆断层：断层上盘沿断层面相对向上滑动，下盘则相对向下滑动。根据断层面倾角的大小，可分为高角度逆断层（倾角大于45°）和低角度逆断层（倾角小于45°，一般多在30°左右或更小）。位移距离很大的低角度逆断层称为逆冲断层（图4-3b）。

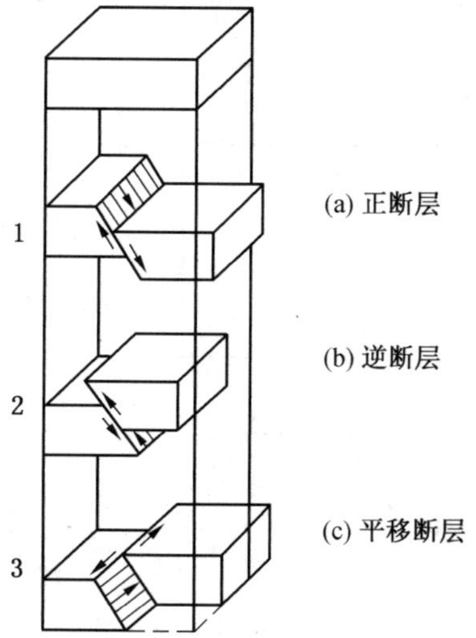


图4-3 按断层两盘相对运动划分的断层分类

（3）平移断层：平移断层的两盘顺断层面走向相对移动。规模巨大的平移断层通常称为走向滑动断层（图4-3c）。

此外，还可依据上述两种断层分类对断层作复合命名，如纵向逆断层、横向正断层等。正、逆、平移断层的两盘相对运动都是直移运动，事实上有许多断层常常有一定程度的旋转运动。断盘的旋转有两种，一种是旋转轴位于断层的一端，表现为横过断层走向的各个剖面上的位移量不等；一种是旋转轴不位于断层的端点，表现为旋转轴两侧的相对位移的方向不同，如一侧为上盘相对上升，而另一侧则为上盘相对下降。

# 任务三 断 层 的 组 合

【任务目标】

在野外地质构造观测中能确定断层组合。

【任务描述】

掌握正断层组合形式、逆断层组合形式和平移断层组合形式。

【任务知识】

**☞ 知识点34：正断层组合**

正断层可以单独发育，也可在一定范围内和一定地质背景上，由一系列断层构成特定的组合形式，现将各种组合形式概述如下。

## 一、地堑

地堑主要由两条走向基本一致的相向倾斜的正断层构成。两条正断层之间有一个共同的下降盘（图4－4）。大中型地堑边界的正断层常常不是一条单一的断层，而是由数条产状相近的正断层构成一个同向倾斜的阶梯式断层系列。两侧正断层可以是均等发育的，也可以是一侧断层较另一侧发育。地堑虽然主要是由正断层构成，但有时也可见由逆断层甚至逆冲断层发育而形成的地堑。不过后者不是在地堑形成同时的统一应力场中形成的，而是地堑形成前期或后期构造活动的结果。

## 二、地垒

地垒主要由两条走向基本一致、倾斜方向相反的正断层构成（图4－5）。两条正断层之间有一个共同的上升盘。组成地垒两侧的正断层可以单条产出，也可由数条产状相近的正断层组成，形成两个依次向两侧断落的阶梯状断层带。

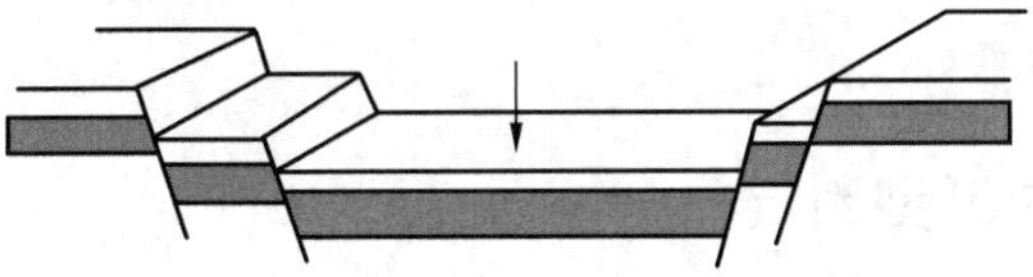

图4－4 地堑

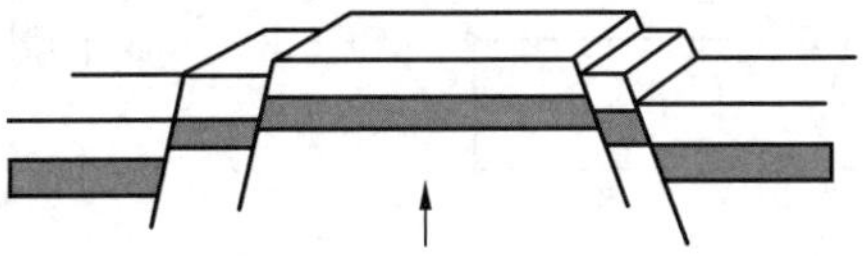

图4－5 地垒

## 三、阶梯状断层

阶梯状断层由若干条产状基本一致的正断层组成，各条断层的上盘依次向同一方向断落，成阶梯状（图4－6）。

## 四、环状断层和放射状断层

若干弧形或半环状断层围绕一个中心呈同心圆状排列，即构成环状断层（图4－7a）。若干条断层自一个中心呈辐射状排列，即构成放射状断层（图4－7b）。环状和放射状断层往往是隆拱作用引起平面引张的结果。两者可以在同一构造上产出，也可以单独发育。

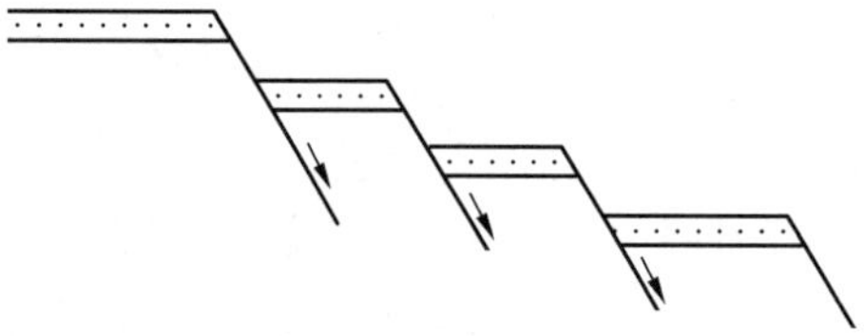

图4－6 阶梯状断层

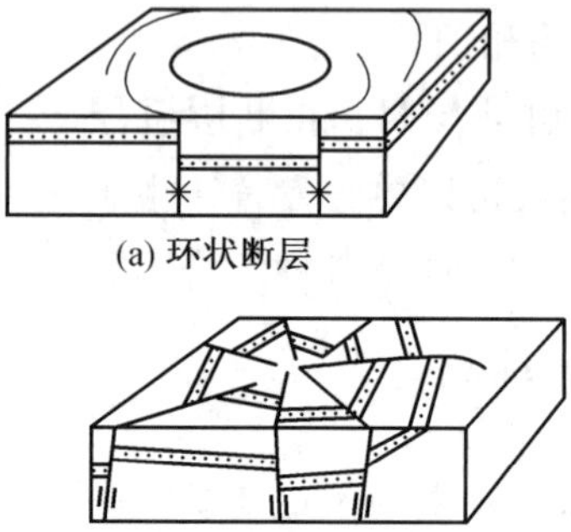


图4－7 环状断层和放射状断层

## 五、雁列式断层

若干条近平行的正断层呈斜向错列展布，便构成雁列式断层（图4－8）。

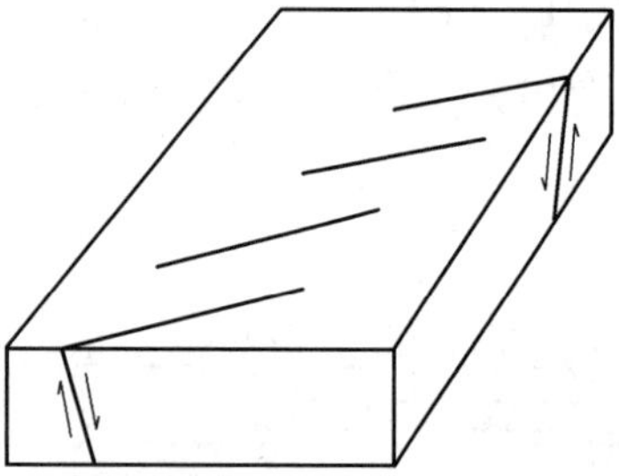

图4－8 雁列式断层

雁列式断层带的走向与其排列的总体方向呈30°～45°斜交。在我国南方这类断层常常控制了中小型红色盆地的发育，使其呈雁列式展布。如湖南东部汨罗、平江、醴攸、茶永诸盆地，单个盆地走向北东30°，构成了近南北向的盆地带；江西赣州至于都一带各小型红色盆地也显示明显的雁列式组合。

## 六、块断型断层

两组方向不同的大中型正断层相互切割则构成方格状或菱形断块，如我国浙闽沿海一带的北东向和北西向断裂的方格网式组合，我国西北一些大型盆地，如柴达木盆地、塔里木盆地都显示菱形格架，不过也有一些学者强调这些大型菱形盆地边缘断层的平移滑动性。

在正断层广泛发育的地区，可以一种形式的组合为主，也可由各种类型相互结合或相互过渡共同构成区域构造格局。

☞ 知识点35：逆断层组合

## 一、叠瓦式断层

是指一系列产状大致相同、呈平行排列的逆断层的组合形式，各断层的上盘岩块依次逆冲，在剖面上呈屋顶瓦片一样依次叠覆（图4－9）。叠瓦式断层中各断层面倾角常向下变缓，在深处有时收敛成一主干大断层。

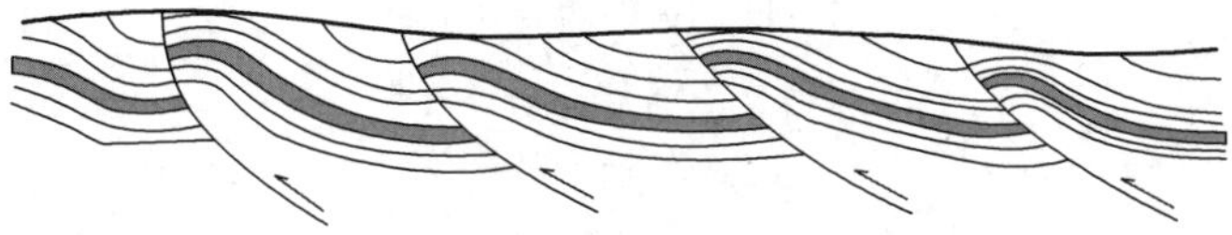

图4－9 叠瓦式断层
（据江苏煤田地质勘探公司）

## 二、对冲式逆冲断层

对冲式逆冲断层是由两条倾向相反、相对逆冲的逆冲断层组成（图4－10）。小型对冲式断层常与背斜构造伴生；大型对冲式断层产出于拗陷带边缘，自两侧隆起分别向拗陷带内逆冲。

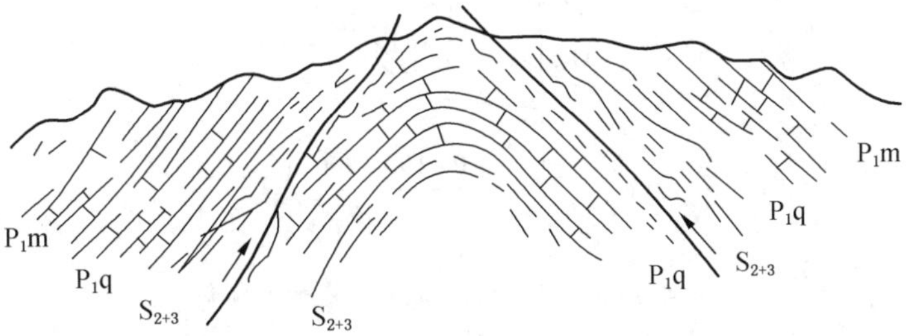


图4－10 四川广元明月峡背斜的对冲断层
（据四川第二区测队）

## 三、背冲式逆冲断层

背冲式逆冲断层由两条或两组相向倾斜的逆冲断层组成，表现为自一个中心分别向两个相反方向逆冲，一般自背斜核部向外撒开逆冲。与造山带复背斜伴生的两组逆冲断层，分别在两翼上产出，常常总体成扇状（图4－11）。

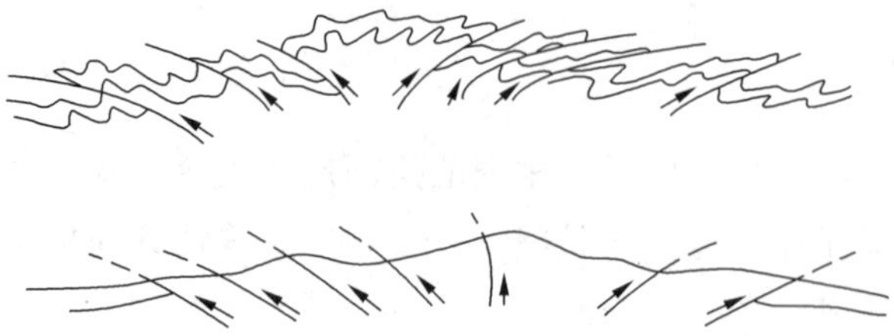

图 4-11 背斜的背冲式断层
（据西南石油综合研究大队）

## 四、楔冲式断层

中国南方一些较大红盆地中有时出现一些基底老岩系。过去一般认为是断块式上升，以地垒形式隆起于红层之中。近年研究发现，这些老岩系一侧逆冲于红层之上，而另一侧与红层成正断层接触，成上宽下窄的楔形断片，称为楔形冲断体构造。这种冲断体本身又可由次级叠瓦式断层组成。这种构造一般与基底大断裂有关，是在基底大断裂活动中基底老岩系被推挤上冲造成的（图 4-12）。

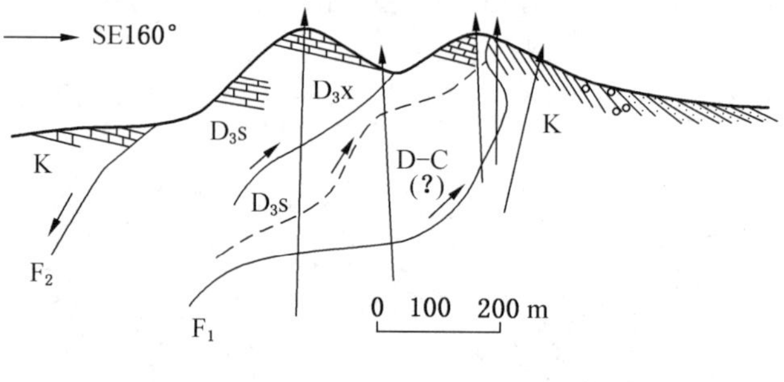


图 4-12 湖南衡阳坛子山楔形冲断体
（据湖南地质局 417 队）

### ☞ 知识点 36：平移断层组合

平移断层的断层两盘基本上沿断层走向相对滑动。根据两盘的相对滑动方向，又可进一步命名为右行平移断层和左行平移断层，所谓右行或左行是指垂直断层走向观察断层时，对盘向右滑动者为右行，向左滑动者为左行。平移断层面一般陡峻以至直立。由于断层陡峻，从横剖面观测时常与正或逆断层效应一致，有时还具有一定程度的顺倾斜滑动，所以一些大型平移断层常被误认为是正或逆断层。

平移断层作用中形成的盆地常成菱形断陷产出，即拉分盆地。拉分盆地两条长边与平移断层走向一致，也具平移性质，两条短边常具正断层性质，或兼具张剪。拉分盆地可单个产出，也可成组合形式（图4－13）。盆地规模变化很大，大型拉分盆地是重要沉积场所，沉积速率大，一般大于正常沉积盆地的沉积速率，沉积横向变化大。沉积物丰富，常常含有重要沉积矿产。

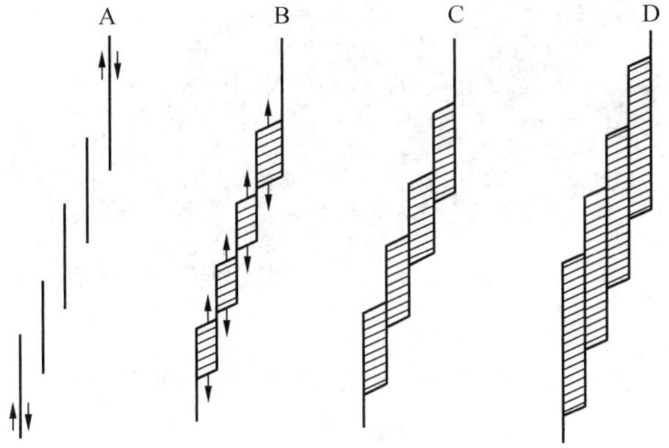


图4－13　平移断层控制下拉分盆地的形成和发展，最终形成复合拉分盆地

## 任务四　断层的观察和研究

【任务目标】

1. 在野外地质构造观测中能判断断层面产状，断层两盘的相对运动和断距。

2. 能够对断层形成时代及活动演化过程进行确定。

【任务描述】

断层广泛发育于不同构造环境中，其类型很多，形成机制各异，大小差别很大，因此研究的内容、方法和手段各不相同。虽然如此，野外观测一直是断层研究的基础。

【任务知识】

☞ **知识点37：断层的识别及断层效应**

断层活动的特征会在产出地段的有关地层、构造、岩石或地貌等方面反映出来，这些特征即所谓的断层标志，它是识别断层的主要依据。

### 一、地貌标志

（1）断层崖。由于断层两盘的相对滑动，断层的上升盘和下降盘之间常常形成陡崖，即所谓断层崖。如山西西南部高峻险阻的西中条山与山前平原之间就是一条高角度正断层所造成的陡崖。太行山山前断裂带使太行山于河北平原西缘拔地而起，成为华北平原的西部屏障。

（2）断层三角面。断层崖受到与崖面垂直方向的水流的侵蚀切割，形成沿断层面分布的一系列三角形陡崖，即断层三角面（图4－14）。

图4－14 河南偃师五佛山断层形成的断层三角面
（据马杏垣）

（3）错断的山脊。错断的山脊也往往是断层两盘相对平移等运动的结果。

（4）山岭和平原的突变。横切山岭走向的平原与山岭的接触带往往是一条较大的断裂。

（5）串珠状湖泊洼地。这种洼地往往是大断层存在的标志。这些湖泊洼地主要是由断层引起的断陷形成的。如我国云南东部顺南北向的小江断裂带分布了一串湖泊，自北向南有杨林海、阳宗海、滇池、抚仙湖、杞麓湖以及昆明盆地、宜良盆地、嵩明盆地、玉溪盆地等。

（6）泉水的带状分布。泉水呈带状分布往往也是断层存在的标志。湖北京山县宋河地堑盆地的两侧顺着边缘断层出露了两串泉水。西藏念青唐古拉山南麓从黑河到当雄一带散布着一串高温温泉，也是现代活动断层直接控制的结果。

（7）水系特点。断层的存在常常影响水系的发育，引起河流的急剧转向，甚至错断河谷。

## 二、构造标志

断层活动总是形成或留下许多构造现象，这些现象也是判别断层可能存在的重要依据。任何线状或面状地质体，如地层、矿层、岩脉、带状、片理或相带等均顺其走向延伸，若这些地质体沿走向突然中断或被错移，则是断层存在的直接标志。

图4－15是断层造成的构造线不连续现象的图示。走向断层（$F_1$）、倾向断层（$F_2$）和斜向断层（$F_3$）分别切断地层或早期断层，这种错断可表现在平面上或剖面上，也可在平面或剖面上同时表现出来。为了确定断层的存在和测定错开的距离，在野外应尽可能查

明与错断有关的对应标志。

断层活动引起的构造强化是断层可能存在的重要依据；构造强化现象包括岩层产状的急变；节理化、劈理化带的突然出现；小褶皱急剧增加以及挤压破碎现象和各种擦痕等。如果我们在野外发现这些现象，就要进行认真的观察，并探究引起这些现象的可能原因。构造透镜体是断层作用引起构造强化的一种表现。断层带内或断层面两侧岩石碎裂成大小不一的透镜状角砾块体，其粒径一般在数十厘米至数十米，且常与断层面成小角度相交并成雁列排列。如果形成雁列，则构造透镜体的最大扁平面与断层的锐夹角指示对盘的运动方向（图 4－16）。

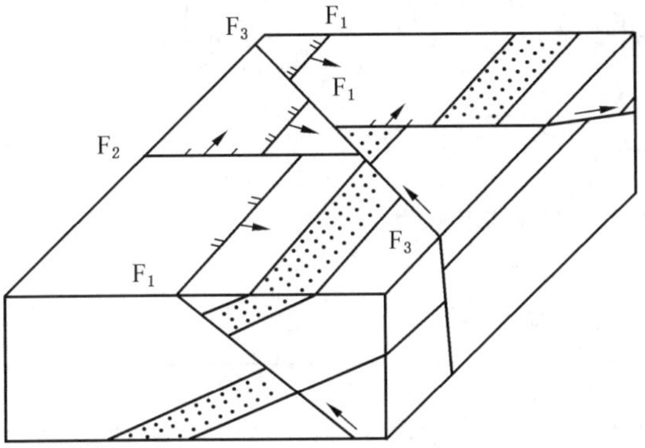


$F_1$—走向断层；$F_2$—倾向断层；$F_3$—斜向断层

图 4－15 断层造成的构造线不连续现象

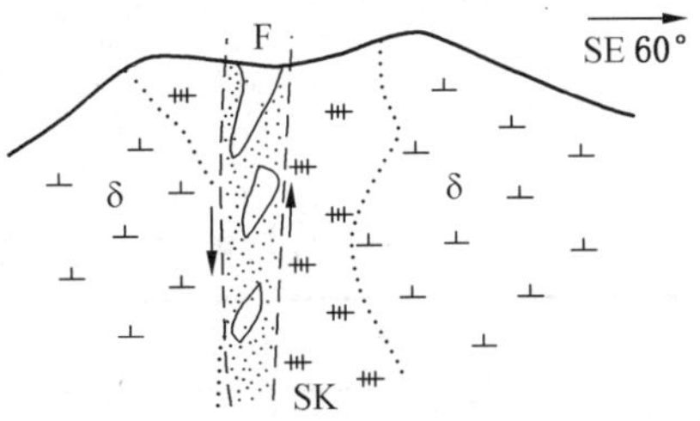


F—断层带（宽约 1 m）；SK—矽卡岩；δ—闪长岩

图 4－16 南京伏牛山挤压断层带中的构造透镜体（据俞鸿年）

## 三、地层标志——地层的重复和缺失

一套顺序排列的地层，由于走向断层的影响，常常造成两盘地层的缺失和重复。缺失是指地层序列中的一层或数层在地面断失的现象（图 4－17）。重复是原来顺序排列的地层部分或全部重复出现（图 4－17）。由于断层性质（即正断层或逆断层）不同，断层与岩层的倾向不同会造成六种基本的重复和缺失情况（表 4－1）。

表中断层性质、断层倾斜与地层倾斜的关系在重复或缺失的现象中具有一定的几何关系。知其二即可确定另一变量。例如已发现地层重复，并已确定断层产状与岩层产状相反，则该断层应为正断层。

以上讨论的地层重复和缺失，是剥蚀夷平作用使两盘处于同一水平地面上所表现出的结果。但是两盘地面处于同一水平地面的情况是相当少见的，所以应用上述规律时，还要考虑地形的影响；此外，断层走向与岩层走向完全一致以及两盘岩层产状稳定一致的情况也不多见，所以在应用上述规律时要综合考虑各种可变因素。

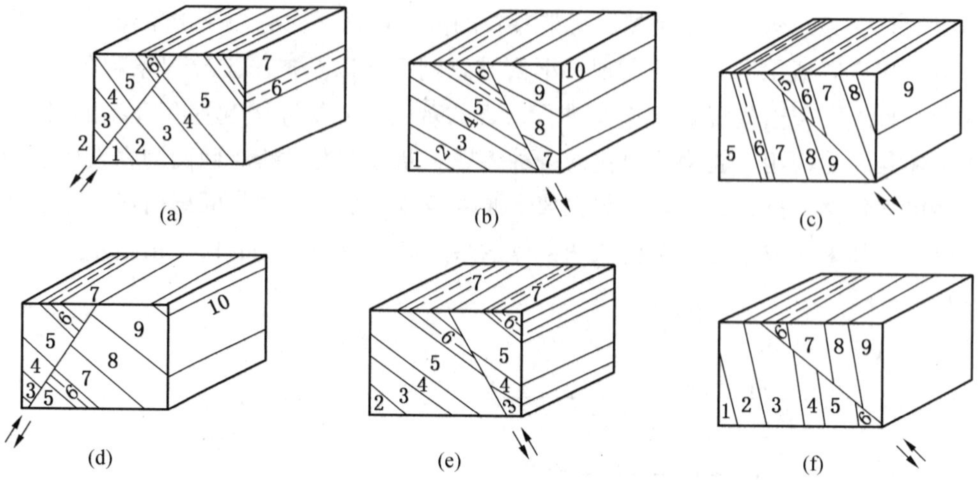


图4－17　走向断层造成的地层重复和缺失

表4－1　走向断层造成的地层重复和缺失

| 断层性质 | 断层倾斜与地层倾斜的关系 | | |
|---|---|---|---|
| | 二者倾向相反 | 二者倾向相同 | |
| | | 断层倾角大于岩层倾角 | 断层倾角小于岩层倾角 |
| 正断层 | 重复（A） | 缺失（B） | 重复（C） |
| 逆断层 | 缺失（D） | 重复（E） | 缺失（F） |
| 断层两盘相对动向 | 下降盘出现新地层 | 下降盘出现新地层 | 上升盘出现新地层 |

## 四、岩浆活动和矿化作用

大断层尤其是切割很深的大断裂常常是岩浆和热液运移的通道和储聚场所。如果岩体、矿化带或硅化等热液蚀变带沿一条线断续分布，常常指示有大断层或断裂带的存在。一些放射状或环状岩墙也指示放射状断裂或环状断裂的存在。

## 五、岩相和厚度的急变

如果一地区的沉积岩相和厚度沿一条线发生急剧变化，可能是断层活动的结果。断层引起岩相和厚度的急变有两种情况，一种情况是控制沉积盆地和沉积作用的同沉积断层的活动，它会引起沉积环境沿断层在其两盘发生明显变化，岩相和厚度因而发生显著差异；另一种情况是，断层的远距离推移，使相隔甚远的岩相带直接接触。

查明和确定断层是研究断层的基础和前提。在地质调查中，应注意观察、发现和收集指示断层存在的各种标志和迹象，结合其他地质条件和背景，加以综合分析，以做出确切而又适当的结论。

☞ **知识点38：断层面产状的测定**

断层面有时显露于地表，可以直接测定，有时没有出露，只能间接测定。如果断层面比较平直、地形切割强烈而且断层线出露良好，可以根据断层线的“V”字形来判定断层面的产状。

隐伏断层的产状，主要根据钻孔资料，用三点法予以测定。利用物探资料也可判定断层产状。

断层伴生和派生的小构造也有助于判定断层产状，如断层伴生的剪节理带和劈理带，一般与断层面近一致。断层派生的同斜紧闭揉褶带、片理化断层岩的面理，以及定向排列的构造透镜体带等，常与断层面成小角度相交。这些小构造变形愈强烈、愈压紧，说明其与断层面愈接近。需要指出，这些小构造的产状常常是易变的，应大量测量并进行统计分析以确定其代表性的产状，然后加以利用。

☞ **知识点39：断层两盘相对运动方向的确定**

## 一、根据两盘地层的新老关系

对于走向断层，老岩层出露盘常为上升盘（图4－17a、b、d、e）。但应注意，如果地层倒转，或断层倾角小于岩层倾角，则老岩层出露盘是下降盘（图4－17c、f）。

## 二、根据褶皱核部的宽窄变化

横断层或斜断层切过褶皱核部，对背斜来讲，上升盘核部变宽，下降盘核部变窄，对于向斜来讲，上升盘核部变窄，下降盘核部变宽（图4－18）。

(a) 横断层上升盘中背斜核部变宽

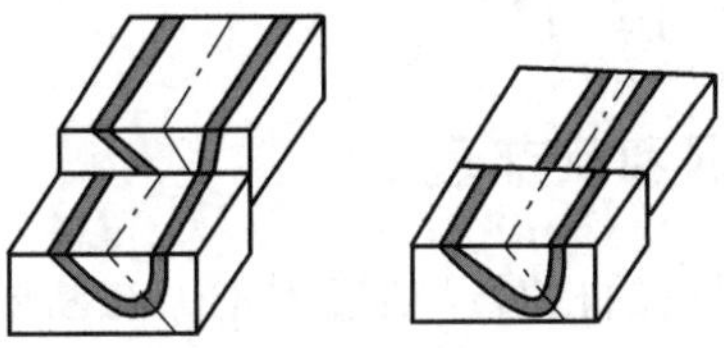

(b) 向斜核部变窄

图4－18　横断层引起核部宽窄变化

## 三、根据地层的重复与缺失

在已知断层面产状和地层产状的情况下，根据地层的重复与缺失情况可以确定断层两盘的相对运动方向。

## 四、根据牵引构造

断层两盘紧邻断层的岩层，常常发生明显的弧形弯曲，这种弯曲叫作牵引褶皱。一般认为这是两盘相对错动对岩层拖曳的结果，并且以褶皱的弧形弯曲的突出方向指示本盘的运动方向（图 4－19）。

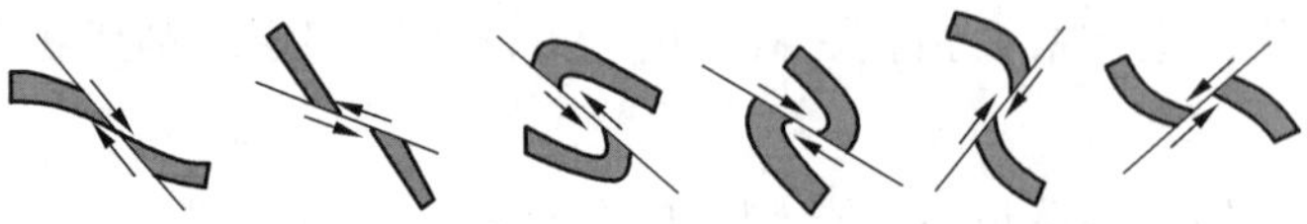

图 4－19 断层带中的牵引褶皱及其指示的两盘滑动方向

## 五、根据擦痕和阶步

擦痕和阶步是断层两盘相对错动时在断层面上留下的痕迹，擦痕表现为一组比较均匀的平行细纹；阶步则表现为一组与擦痕大致垂直的阶地。在硬而脆的岩石中，擦面常被磨光，有时附以铁质、硅质或碳酸盐质薄膜，以致形成光滑如镜的面，称为摩擦镜面。

擦痕是两盘岩石以及被磨碎的岩屑和岩粉在断层面上刻划的结果，也可以出现在两盘错动时定向生长的纤维状矿物中。擦痕有时表现为一端粗而深，一端细而浅的“丁”字形。其细而浅端一般指示对盘运动方向。如用手指顺擦痕轻轻抚摸，可以感觉到顺一个方向比较光滑，相反方向比较粗糙，感觉光滑的方向指示对盘运动方向。

在断层滑动面上常有与擦痕呈直交的微细陡坎，这种微细陡坎称为阶步。阶步的陡坎一般面向对盘的运动方向。

## 六、根据羽状节理

在断层两盘的相对运动过程中，在断层一盘或两盘的岩石中常常产生羽状排列的张节理和剪节理。这些派生节理与主断层斜交，其交角的大小因派生节理的力学性质不同而异。羽状张节理与主断层常成45°角相交，羽状张节理与主断层所交锐角指示节理所在盘的运动方向（图 4－20、图 4－21）。

断层派生的节理除羽状张节理外，还可能有两组剪节理（图 4－20$S_1$ 和 $S_2$），一组与断层面成小角度相交，其交角一般在15°以下，相当于内摩擦角的一半；另一组往往与断层呈大角度相交或近于直交。小角度相交的一组节理，与断层所交锐角指示本盘运动方向。断层派生的两组剪节理产状不太稳定，常被两盘的相对错动破坏，所以不易用来判断两盘的相对运动方向。

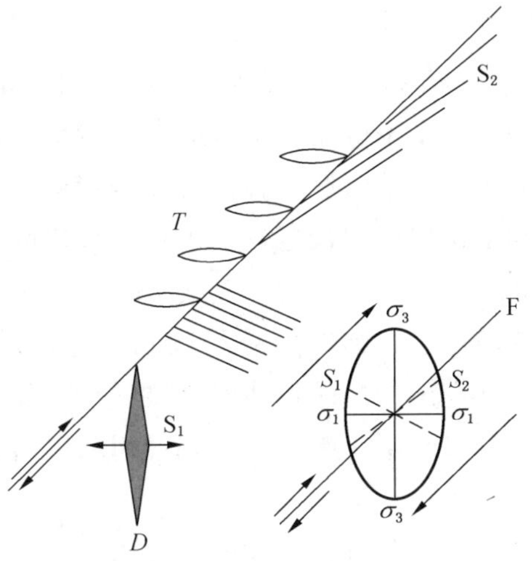


F—主断层；$S_1$、$S_2$—剪节理；

T—张节理；D—小褶皱轴面

图4－20 断层及其派生节理和小褶皱示意图

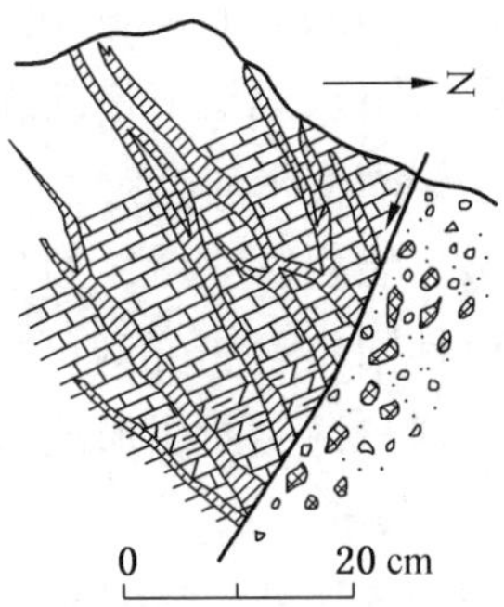


节理与断层所交锐角指示本盘运动方向，

即上盘（南盘）下滑

图4－21 河南济源一条正断层上盘的羽状张节理

## 七、根据断层两侧小褶皱

由于断层两盘的相对错动，断层两侧岩层有时形成复杂的紧闭小褶皱。这些小褶皱轴面与主断层常成小角度相交，其所交锐角指示对盘运动方向，如图4－20*D*所示。

## 八、根据断层角砾岩

如果断层切断并挫碎某一标志性岩层或矿层，根据该层角砾在断层面上的分布可以推断两盘的相对位移方向，如图4－22所示指示上盘上升。

有时断层角砾呈规律性排列，这些角砾变形的最大扁平面与断层所夹锐角指示对盘运动方向。

以上讨论了判断断层两盘相对运动的各种标志。需要指出的是，断层运动是复杂多变的，常常是多期多次的，先期活动留下的各种现象，常被后期活动所磨失、破坏、叠加和改造，最后留下的只是改造变动过的或最后一次活动的遗迹。因此，利用上述标志时，要进行统计分析并互相印证。

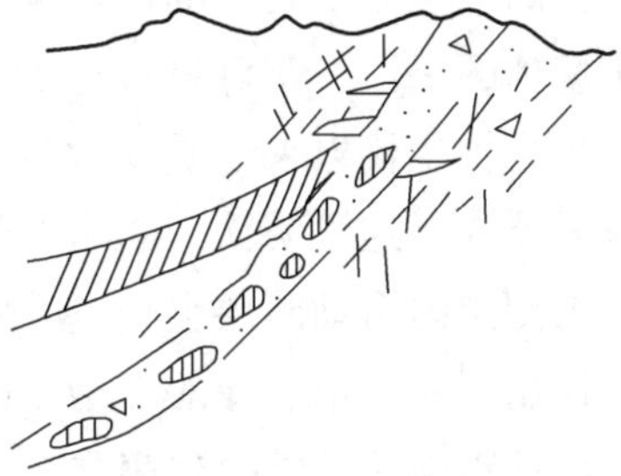

图4－22 根据断层带中标志层角砾的分布推断断层两盘相对运动（其上盘相对上升，下盘相对下降）

☞知识点40：断层作用的时间性

## 一、断层活动时间的确定

断层一般是在一定构造运动中形成的。对于这些基本上于一次构造运动中形成的断层，可以利用断层与同期变形的地层和褶皱等的相互关系来确定其形成时期。如果一条断层切断一套较老的地层，而被另一套较新的地层以角度不整合所覆盖，可以确定这条断层形成于角度不整合下伏地层中最新地层形成以后和上覆地层中最老一层形成时代之前，即发生在下伏地层强烈变形时期。

如果断层被岩墙岩脉充填，而且岩墙岩脉有错断迹象，则岩体侵入于断层形成或活动时期。利用放射性同位素法可测定岩体时代，从而确定出断层的形成时代或活动时代。如果断层被岩体切断，说明断层形成时期早于岩体。如果断层切断岩体，则说明断层活动应晚于岩体。

如果断层与被其切断的褶皱呈有规律的几何关系，十分可能是在同一次构造运动中形成的。查明这次构造作用的时期，也就确定了断层形成时期。

此外，由重力作用引起的重力滑动断层，可以在沉积时期、成岩时期、构造运动时期或其以后的任一时期发生。这类断层的形成时期可以根据卷入断层的最新地层和未被切断的上覆最老地层来确定。

总之，断层一般形成于某一构造运动时期，也可以与某一沉积盆地的沉积作用同时活动。而重力滑动断层可以在地质发展的任一阶段形成和发育。所以，在讨论断层形成和发育时期时，应对具体断层进行具体分析。

## 二、断层长期活动的分析

地壳上一些区域性大断裂大多是经历过长期活动的。这些断裂常常经历了一个以上的构造旋回。即使在一个构造旋回中，不仅在构造旋回的激化时期活动，在相对宁静时期也在活动。有些断层可以在活动一定时期后静止，以后又再活动。大断裂的长期多次活动主要根据断裂控制下发育的地层及其厚度和岩相的变化来确定。现以北北东向的郯庐断裂在山东境内的一段（沂沭断裂）为例，沂沭断裂将山东省分为鲁西、鲁东两部分。鲁西和鲁东至少自古生代以来地质发展就有明显不同。表现在几个时期的地层发育和岩相厚度上都有显著差异，这说明该大断裂有过长期多次活动的历史。

大型走向滑动断层会引起两侧地层对应性的水平错开，时代愈老的地层错移距离愈远。控制沉积盆地边缘的大型正断层，常常与盆地沉降同时活动，故称同沉积断层，它也是长期活动断层的主要代表之一。

岩浆活动也是分析确定断层是否有长期活动的一个依据。切割很深的大断裂会促进岩浆活动，同时也是岩浆上升的通道。因此，长期多次活动的大断裂往往成为多期岩浆活动带。因而对构造岩浆岩带内岩浆多期活动的研究，也为分析断裂的长期多次活动提供了重要依据，其岩性还在一定程度上反映出断裂切割深度的变化。伴随长期多次岩浆活动，会发生长期多次成矿热液活动，所以长期多次矿化形成的复杂成矿带也是指示断层长期活动的标志。

浅层次的脆性断层与深层次的韧性断层的断层滑动方式和速率有明显差异。浅层次的脆性断层常表现为快速的地震式滑动，深层次的韧性断层则呈缓慢的非地震式蠕动。其实均为脉冲式，只是脆性断层的脉冲作用比较明显，相对集中，表现为地震式；韧性断层的脉冲作用相对比较均匀分散，相对递进连续进行，因而称蠕动式。根据对现今活动断层的观察，一次脉冲位移约 1 m 至数米。这些肉眼明显识别出的脉冲是由更低级脉冲组成的，这些脉冲又组成了更高级次的脉冲。在一次构造运动中或一定构造阶段中的断层活动在方向和性质上虽然是相对稳定的，但也是可以发生变化的。因此，对断层的长期多次活动及其性质的变化，要根据地质情况作细致分析。

断层观察中应注意测定断层位移（即滑距）和断距。对于规模不大、两盘岩层和断层产状比较稳定的断层，断距可通过大比例尺作图和野外实测来确定。对于规模大、变形强的断层，断距要根据被错动地层的关系确定。在研究逆冲断层的位移量和缩短率方面，近年来常采用平衡剖面法。所谓平衡剖面就是通过几何学原则可以完全复原的剖面。编制剖面后将选定标志层层面，使错断重叠或拉开的标志层依次联结，恢复长度，并与消除塑性变形引起的增长后的原始长度对比，以测算出缩短量和位移距离。

## 任务五　同　沉　积　断　层

【任务目标】

根据同沉积断层的特点识别同沉积断层。

【任务描述】

同沉积断层的概念及特点。

【任务知识】

☞ **知识点 41：同沉积断层的概念**

同沉积断层又称生长断层，主要发育于沉积盆地边缘。在沉积盆地形成发育的过程中，盆地不断沉降，沉积不断进行，盆地外侧不断隆起，这些作用都是由于控制盆地边缘断层的不断活动而发生的。

同沉积断层主要发育于沉积盆地边缘，尤其是大、中型断陷盆地的边缘，但在大盆地内部也常有次级同沉积断层。

同沉积断层规模大小不一，以大、中型为主。在形成时代上，主要发生在中、新生代，很可能与中、新生代断陷盆地的广泛发育有密切关系。

☞ **知识点 42：同沉积断层的特点**

同沉积断层主要有以下特点。

第一，同沉积断层一般为走向正断层，在剖面上常呈上陡下缓的凹面向上的勺状；

第二，上盘（即下降盘）地层明显增厚，这是同沉积断层最基本的特征和识别标志。同一地层在下降盘与上升盘的厚度比称为生长指数，生长指数反映了同沉积断层的活动强度；

第三，断距随深度增大。地层时代愈老，断距愈大，因为断距是累积的，所以任一标志层的断距都反映了这层以前断层活动引起的断距之和；

第四，常在上盘发育逆牵引构造，逆牵引一般构成背斜，与断层走向一致延伸，背斜顶点向深部逐渐偏移，偏移的轨迹与断层面大致平行。

同沉积断层一般发育于伸张性断陷盆地的边缘，常常继承了基底断层，重力滑动和差异压实作用也在一定程度上促进了同沉积断层活动。

同沉积断层与成油盆地的形成和演化，以及逆牵引背斜与储油具有密切关系，因此，引起了人们的注意和兴趣。

## 实训 8　读断层地区地质图并求断层产状及断距

### 一、断层发育区地质特征的概略分析

分析该区出露的地层，建立地层层序；判定不整合的时代；研究新老地层分布及产状；确定区内褶皱形态及轴向以及断层发育状况。

### 二、断层性质的分析

1. 断层面产状的判定

断层线是断层面在地面的出露线，它和倾斜岩层的露头线一样，可根据其在地形地质图上的“V”字形，用作图法求出断层面的产状。图 4－23 中断层线在河谷中成指向下游的“V”字形，说明断层倾向南西，通过作图求得断层产状是 SW 230°∠40°。

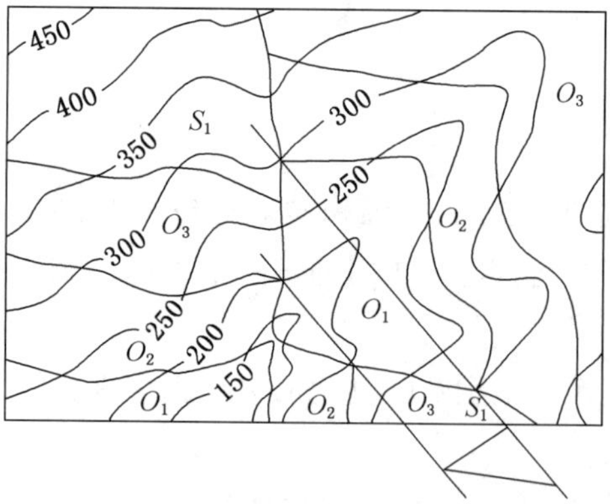


图 4－23　求解断层面产状

2. 两盘相对位移的判定

断层两盘相对升降、平移并经侵蚀夷平后，如两盘处于等高平面上，则露头和地质图上一般表现出以下规律：

（1）走向断层或纵断层，一般是地层较老的一盘为上升盘。但当断层倾向与岩层倾向一致，且断层倾角小于岩层倾角，或地层倒转时，则上升盘是新地层。

（2）横向正（或逆）断层切过褶皱时，背斜核部变宽或向斜核部变窄的一盘为上升

盘；如为平移断层，则两盘核部宽窄基本不变。

（3）倾斜岩层或斜歪褶皱被横断层切断时，如果地质图上地层界线或褶皱轴线发生错动，它既可以是正(或逆)断层造成的，也可以是平移断层造成的，这时应参考其他特征来确定其相对位移方向。若是由正(或逆)断层造成的地质界线错移，则岩层界线向该岩层倾向方向移动的一盘为相对上升盘。若是褶皱，则向轴面倾斜方向移动的一盘为上升盘。

确定了断层面产状和断层相对位移方向，就可确定断层的性质；如图 4－23 中，断层面倾向西南，西南盘（上盘）地层相对较新，为下降盘，所以是一条上盘下降的正断层。

## 三、断距的测定

在大比例尺地形地质图上，如果两盘岩层产状稳定，在垂直岩层走向方向上可以求出以下各种断距。

1. 铅直地层断距的测定

断层两盘同一层面的铅直距离即铅直地层断距，如图 4－24 所示的 *hg*。在地质图上求铅直地层断距 *hg* 时，要在断层任一盘上，作某一层面某一高程的走向线，延长穿过断层线与另一盘的同一层面相交，此交点的标高与走向线之间的标高差，即为铅直地层断距。

如图 4－25 所示，在断层东南盘泥盆系顶面作 800 m 高走向线 *AB*，延长过断层线，使之与另一盘同一层面相交于 *G* 点，*G* 点标高为 700 m，与 800 m 走向线之间的高差为 100 m，即为断层的铅直地层断距 *hg*。

2. 水平地层断距的测定

如图 4－24 所示，在垂直岩层走向的剖面上，过断层两盘同一层面上等高 *h*、*f* 两点间的水平距离 *hf*，即水平地层断距。在地质图的断层两盘，绘出同一层面的等高的走向线，两走向线间的垂直距离，即水平断距 *hf*。如图 4－25 所示，断层线两盘泥盆系顶面两条 700 m 高程走向线之间的垂直距离 *FA* 为 1 cm，按该图比例尺（1∶50000）计算出该断层的水平断距为 500 m。

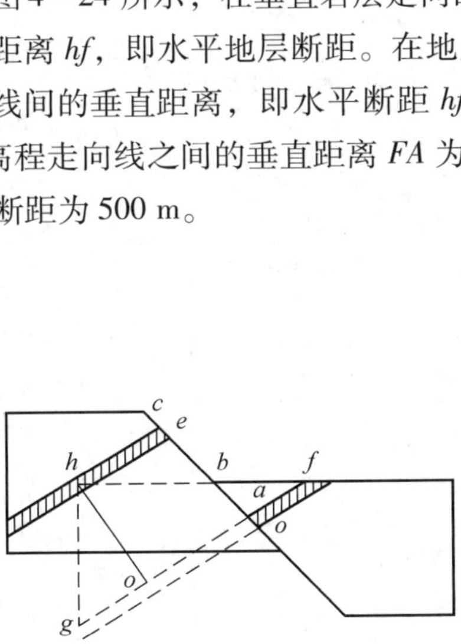


图 4－24　垂直地层走向剖面图

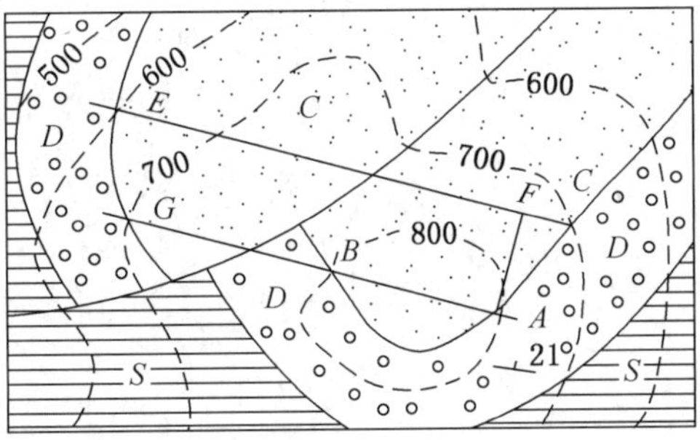


图 4－25　在地质图上求断距

3. 求地层断距

如图 4－24 所示，地层断距 $ho = hg \cdot \cos a$ 或 $ho = hf \cdot \sin a$，用作图法求得 $hg$ 和 $hf$ 之后，可按上式计算，求出地层断距。

上述断距的测定，是以岩层被错断后两盘岩层产状未变为前提条件，即沿断层面没有发生旋转。

## 四、断层时代的确定

（1）根据角度不整合。断层一般发生在被其错断的最新地层之后，而在未被错断的上覆不整合面以上的最老地层之前。

（2）根据与岩体或其他构造的相互切割关系。被切割者的时代相对较老。

## 五、断层的描述

一条断层的描述内容一般包括断层名称（地名＋断层类型，或用断层编号）、位置、延伸方向、通过的主要地点、延伸长度、断层面产状、断层两盘出露的地层及其产状，以及地层重复、缺失和地质界线错开等特征；还包括两盘相对位移方向和断距的大小；断层与其他构造的关系及断层的形成时代等。

**【练一练】**

1. 分析望洋岗地质图（图 4－26），判别断层性质。

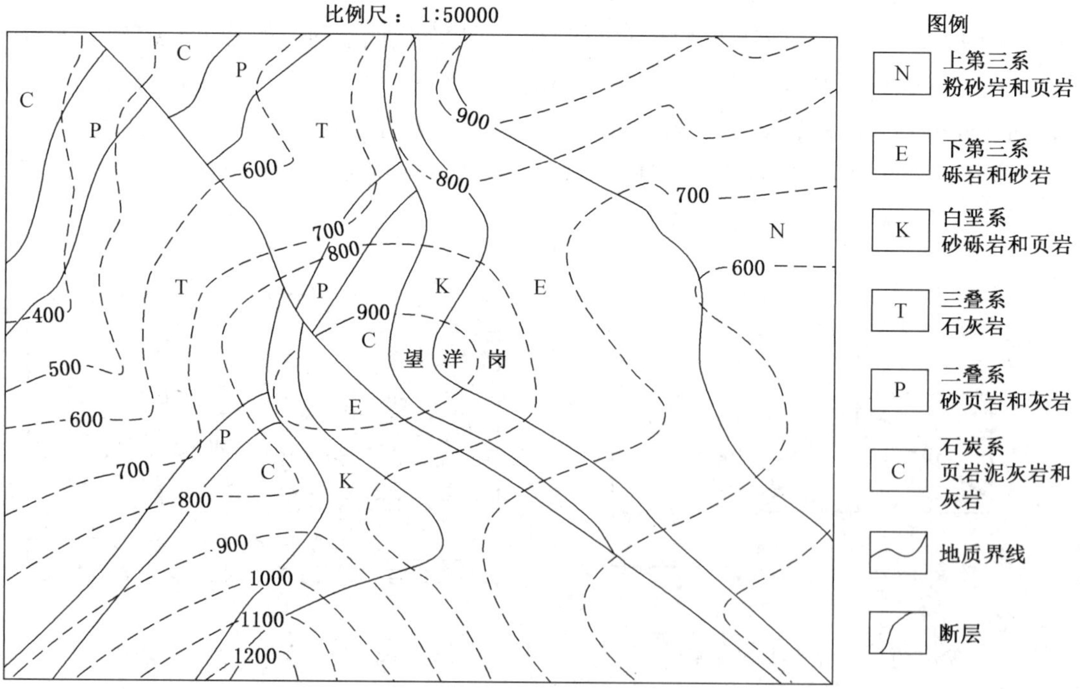


图 4－26 望洋岗地形地质图

2. 求断层面产状和断距。

3. 确定断层形成时代。

【项目思考】

1. 断层的几何要素包括哪些?

2. 断距有哪几种?

3. 根据断层两盘的运动方向将断层分类。

4. 简述不同类型断层的特征。

5. 正断层的组合形式包括哪些?

6. 逆断层的组合形式包括哪些?

7. 如何判断断层的存在?

8. 如何判断断层两盘的相对运动方向?怎样确定地层断距?

9. 同沉积断层的概念。

10. 简述同沉积断层的特点。

# 项目五 岩浆岩体构造

## 任务一 岩浆岩体产状

【任务目标】

能够根据侵入岩体与围岩的接触关系区分整合侵入岩体和不整合侵入岩体。

【任务描述】

岩浆岩是组成地壳及岩石圈的三大岩类之一，在自然界有着较为广泛的分布。岩浆岩的分布、侵蚀、岩体类型和构造特征都是地壳岩石圈运动的一种反映；因此，岩浆岩体构造研究不仅可以阐述岩浆岩发育区的构造特征、发展历史和地壳深部状态，从而揭示地壳运动性质；而且能够为寻找和勘探内生矿床指出方向。因此，加强岩浆岩体构造研究具有重要的理论意义和实际意义。

【任务知识】

**☞ 知识点43：侵入岩体产状**

侵入岩体的产状可根据侵入岩体与围岩的接触关系分为整合侵入岩体和不整合侵入岩体。

### 一、整合侵入岩体

整合侵入岩体是指岩浆沿层面、层间裂隙或假整合面侵入而成的岩体。因此，侵入体与围岩的接触面是平行于围岩的层理或片理。按其形态大小特征，可进一步分为岩盘、岩盆、岩床和岩鞍等（图5－1）。

1. 岩床

岩床是一种沿层间侵入展布而成的层状侵入体，与围岩产状一致，其上、下界面大致平行。它的规模多为中小型，厚自数十厘米至数米不等。岩床的成分多数是由流动性较大的基性岩构成。如内蒙古西部某矿纯橄榄岩岩床（图5－2）。

2. 岩盘

岩盘又叫岩盖。是岩浆顺岩层侵入，并将上覆岩层拱起，顶部呈穹窿状，中部厚边部薄，底部比较平整，向两侧延伸不远，透镜状的岩体。其规模一般较小，直径多为数十米至数百米。岩盘主要由黏性较大的酸性岩构成。如山东济南开元寺闪长岩岩盘（图5－3）。

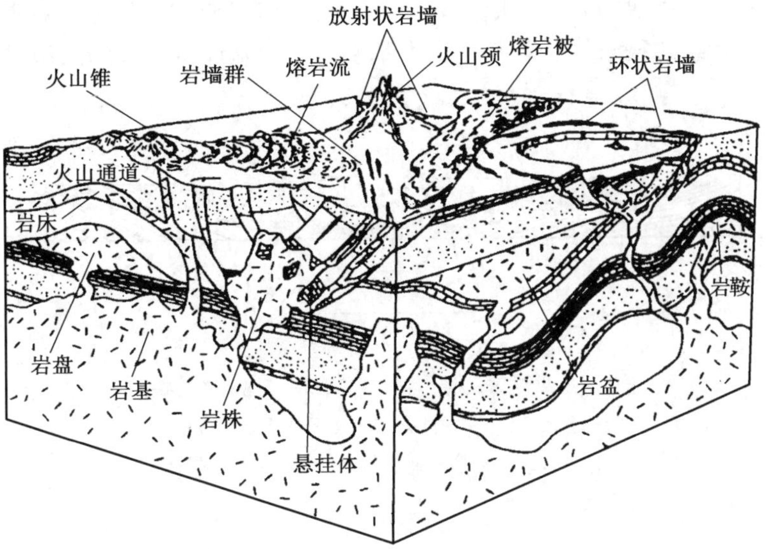


图5－1　岩浆岩体产状综合类型示意图

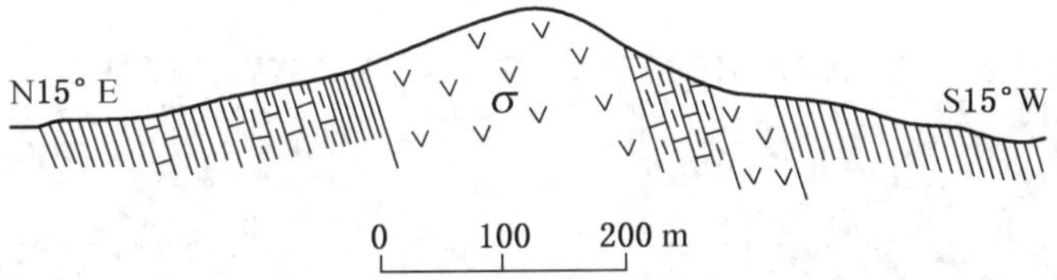


图5－2　内蒙古西部某矿纯橄榄岩岩床

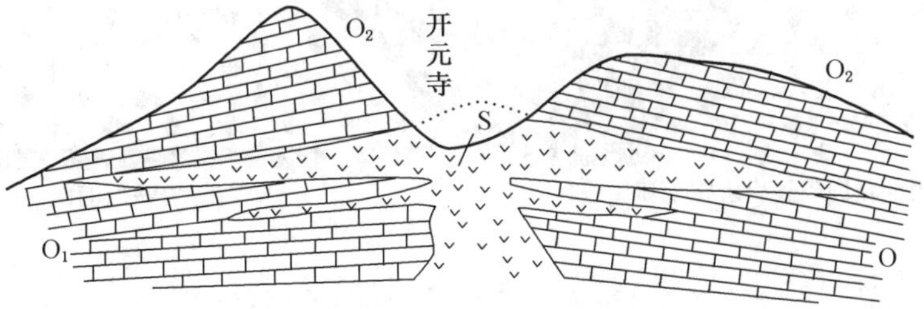


图5－3　山东济南开元寺闪长岩岩盘

3. 岩盆

岩盆是似盆状的大型整合侵入体，直径可达数十至上百公里、厚达数百至上千米，多产于构造盆地之中。组成的岩性一般为黏性较小易流动的基性或超基性岩类及碱性岩。非洲南部有名的布什维尔德岩体，就是一个由基性岩、超基性岩组成的巨型岩盆(图5-4)。

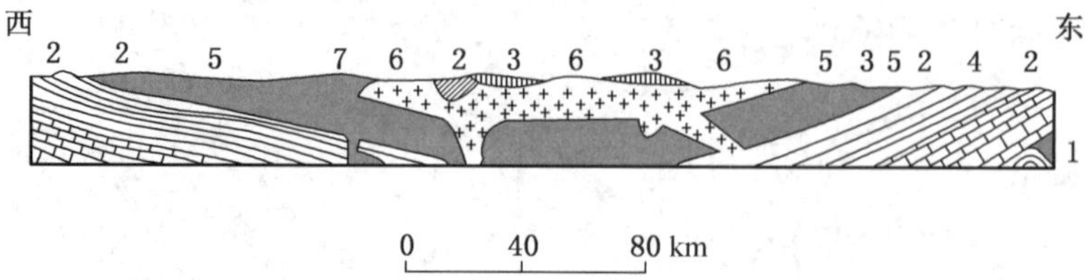


1—古老的结晶基底；2—特兰斯威尔系；3—罗盘格统；4—粗玄岩；
5—苏长岩；6—花岗岩；7—兰特斯盘格火山中心

图5-4 非洲南部布什维尔德岩盆剖面图

4. 岩鞍

岩鞍是一种侵入于褶皱转折端虚脱处的鞍状侵入岩体。岩鞍在平面上和剖面上都表现为新月形或马鞍形，故称岩鞍（图5-5）。岩鞍是褶皱区有代表性的侵入岩体，其规模不大，厚度从几厘米至数十米不等。这类岩体大致是与褶皱构造同时或稍晚形成的。

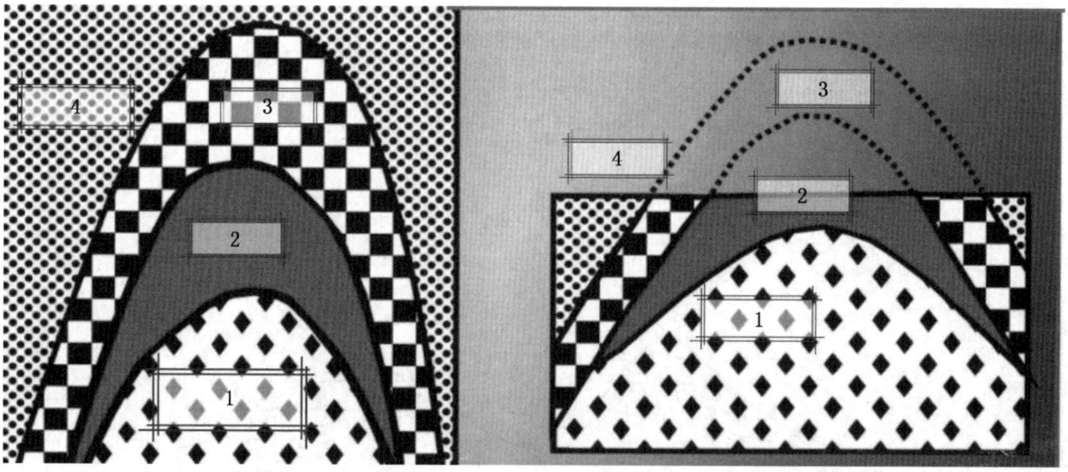


(a) 倾伏背斜内的花岗闪长岩岩鞍地质图　(b) 岩鞍剖面图

1—页岩；2—花岗岩；3—砂岩；4—砾岩

图5-5 岩鞍示意图

## 二、不整合侵入岩体

不整合侵入体是指岩浆沿斜切围岩层理或片理的裂隙侵入而形成的岩体。这种岩体的形态多种多样，按其规模、形态等，可将不整合侵入岩体的产状划分为若干类型，这里仅介绍岩基、岩株和岩墙三类。

1. 岩基

岩基是最大的侵入岩体，面积超过 100 km²，常可达数千乃至上万平方公里。岩基一般形成不规则的椭球形，常沿构造变动较强烈的地带分布，成为造山带核部的巨大岩体，因此其延伸方向是与区域构造走向大体一致的。岩基一般由花岗岩或花岗闪长岩类组成。岩基往往沿大褶皱或复背斜核部侵入，其延伸与总的区域构造线方向一致。由此可见，岩基的侵入和分布与强烈的区域构造变形有密切关系。

2. 岩株

岩株是一种不规则的近浑圆状或圆柱状的中、小型不整合侵入岩体，如北京房山花岗闪长岩岩株就是一例（图 5－6）。岩株出露面积一般小于 100 km²。岩株与围岩接触面一般较陡，有时呈复杂的形态。规模很小的岩株称为岩枝。岩株可以是岩基的一个分枝，也可以是一个单独的侵入岩体。组成岩株的岩浆岩有酸性岩、中酸性岩、基性岩和超基性岩。岩株分布较普遍，尤其在岩浆岩发育区更常见，并且常产于复背斜核部及断裂交叉的部位。

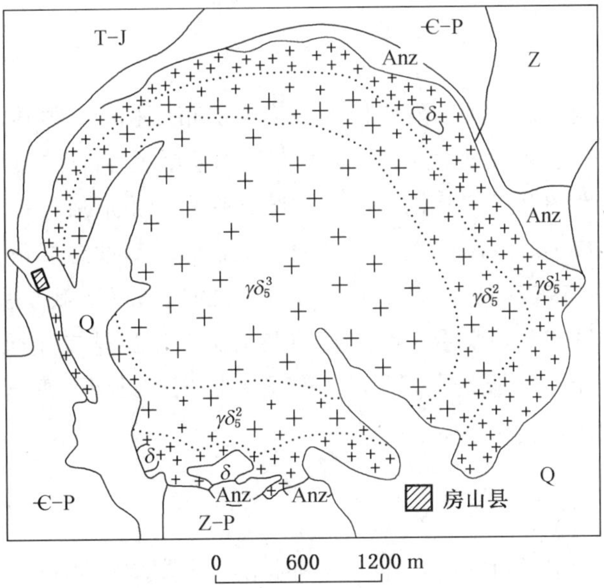


图 5－6 北京房山花岗闪长岩岩株

3. 岩墙

岩墙是一种长度远大于其厚度的板状、似板状侵入体，一般产状陡并切割围岩。岩墙规模变化大，宽度一般为数十厘米至数十米，长度一般为数百米至数公里。岩体产状与围

图5－7 天山东南部侏罗系砂岩内的粗面粗玄岩岩墙

岩产状垂直或斜交。耐风化的岩墙在地貌上常表现为一堵长长的墙（图5－7）。多数岩墙是岩浆充填断裂构造形成的，岩墙向深处逐渐变薄。组成岩墙的岩石主要有酸性、中性和基性岩类等。同一岩浆活动期中形成的岩性基本相同的许多岩墙往往构成一定形式的岩墙群。这种区域性岩墙群的岩性多为基性，分布形式和形成机制也与区域性构造变形之间存在着内在的联系。巨大的岩墙群反映了巨型区域断裂特征，特别是基性岩墙群，常是地壳伸展作用的产物，属于伸展构造的基本要素，可作为确定和研究地壳伸展作用机制的重要依据。

**☞ 知识点44：喷出岩体产状**

喷出岩体的产状按喷出方式、熔岩性质和喷发岩体的形态分为熔岩被、熔岩流和火山锥三类（图5－1）。

## 一、熔岩被

熔岩被又称熔岩盖，是一种喷发规模大、熔岩层布面积广、厚度大，但厚度比较稳定的扁平状喷出岩体。熔岩被覆盖面积为数百平方公里至上万平方公里，厚数百米至数千米。熔岩被多数由基性的玄武岩浆构成。以裂隙式喷发为主形成的熔岩被规模较大；由中心式喷发形成的规模较小。厚度很大、分布面积又很广的基性熔岩可构成高原玄武岩熔岩被。如印度德干高原、南美高原，都是这类熔岩被的发育区。我国张家口北部汉诺坝一带，在第三纪时，大量玄武岩浆沿东西向裂隙及火山口溢出达二十余次，厚约300 m，分布面积在1000 $km^2$ 以上，构成蒙古高原的一部分。四川、云南、贵州等省的二叠纪峨眉山玄武岩熔岩被，分布面积更为广阔。

## 二、熔岩流

熔岩流是一种呈带状展布的熔岩体，常局限在一个宽阔的河谷或低洼地带。熔岩流一般由中心式喷发形成，规模较小，通常呈舌状分布；沿流动方向的长度比宽度和厚度大得多。底面随下伏基底地形变化起伏不平，而顶面则比较平整。

## 三、火山锥

火山喷发物围绕火山通道堆积成的一种锥状体，称为火山锥。它是中心式喷发的产物。火山锥的形态取决于火山通道喷发的猛烈程度和熔岩的物理性质等。根据组成火山锥的火山喷发物成分的不同，可将火山锥分为火山渣锥、火山碎屑锥、熔岩锥和复合锥四类。

各种产状的岩浆岩体可以单独出现，也可以由岩基、岩株及其分支产状（如岩盘、岩床、岩盆、岩鞍或岩墙等）相互关联组成复合岩体；如岩浆喷出地表还可形成熔岩被、熔岩流和火山锥。有时大型岩床或岩墙又可以分出若干枝叉，形成各种更次一级的小型的、不同产状的岩体。因此，岩浆岩体产状类型是复杂多样的，前述几种类型只是几种常见的产状而已。

必须指出，岩体与围岩层理和片理的关系（协调的或不协调的接触关系）仅仅是相对的。往往因岩体的不同部位、不同深度以及不同的围岩构造特点而有所变化。因而可以出现同一岩体在某一部分是整合的，而另一部分是不整合的。总的整合中可以有局部的不整合，总的不整合中也可以有局部的整合等等。岩浆岩体产状受多种因素的影响，诸如围岩的岩性和构造，岩浆的化学成分、物理性质和活动方式，以及古地理环境等因素。其中，围岩的性质和构造特征，对岩体产状起着最重要的控制作用。

岩体产状的构造控制包括岩体形成前先存构造的控制、岩体形成时的构造变动的影响和岩体形成后构造变动的改造。先存构造的影响主要表现在：①控制岩体的分布；②多数情况下控制岩体的产状和形态。例如，追踪式岩墙就是受先存共轭剪节理控制而形成的。岩体形成时的构造变动的影响主要包括岩体产状的局部改变、岩体的分布以及岩体对围岩作用而产生的花岗岩穹窿、放射状岩墙、环状岩墙和锥状岩席。岩体形成后构造变动的改造主要表现在岩体产状的改变，即形成褶皱和断裂构造，这些将在后面讨论。

## 任务二　岩浆岩体的原生构造和次生构造

【任务目标】

掌握岩浆岩体的原生构造以及相关内容。

【任务描述】

岩浆岩体主要分为侵入岩体和喷出岩体两大类。它的主要构造特征是一般不具成层性；因此，其发育的褶皱与断层的表现远不及沉积岩表现得那样清楚；它的另一特征是岩体内常发育各种原生构造。

【任务知识】

**☞ 知识点45：岩浆岩体的原生构造**

岩浆岩体的形成过程可分为两个阶段：早期以岩浆流动为主，晚期以岩浆凝固为主。在岩浆的流动过程中，由于岩浆内部某些先已凝固的矿物，随着岩浆的流动而形成原生流动构造。在后期岩浆凝固过程中，岩浆岩体内部产生了一系列断裂构造（节理），称为原生断裂构造。原生流动构造和原生断裂构造，统称为岩浆岩体的原生构造。

## 一、侵入岩体的原生流动构造

侵入岩体的原生流动构造，又可分为线状流动构造及面状流动构造两种。

1. 线状流动构造

线状流动构造又叫流线。它是由针状、柱状及长条状等矿物作定向排列而形成的，或者是由暗色矿物凝集而成长圆形析离体或长条状捕虏体顺长轴方向定向平行排列而成（图5－8）。

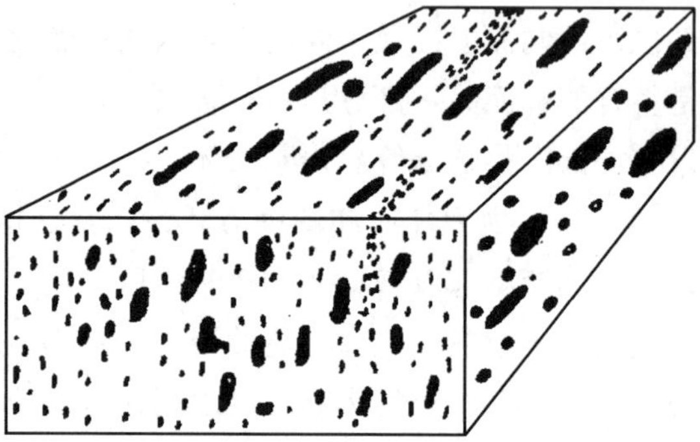

黑块示捕虏体；密集短线示析离体；短粗线示板状矿物

图5－8　侵入岩体中线状流动构造和面状流动构造示意图

线状流动构造是岩浆流动形成的，因此它在一定程度上反映了岩浆的相对流动方向。

2. 面状流动构造

面状流动构造又称流面。它是由片状、板状、柱状等矿物及扁平状的捕虏体，析离体成面状或层状定向排列而成。与面状构造相似的是假层状构造，又称带状构造，它是不同颜色或不同成分矿物作带状排列或带状交替排列而成的构造，各带的厚度变化很大，即使同一带的各个部分，其厚度也不稳定。

从生产实践中得知，流面基本上平行于接触面，所以流面的产状能指示接触面的产状。

流线在流面上的侧伏角可以任意变化，即可以向不同方向倾伏，这是因为在同一流动面上，岩浆可以沿任意方向流动。图5－9a中流面和流线均水平。图5－9b、c、d流面均直立，但其上的流线的倾伏方向却不同，例如，图5－9b流线向右倾伏，图5－9c流线向左倾伏，图5－9d流线直立。

侵入体中流动构造明显与否，主要取决于岩浆的流动速度、黏度及接触面形态和结晶分异情况。在同一侵入体的不同部分流动构造明显程度亦不一致，一般边缘部分较中心部分的流动构造明显些。

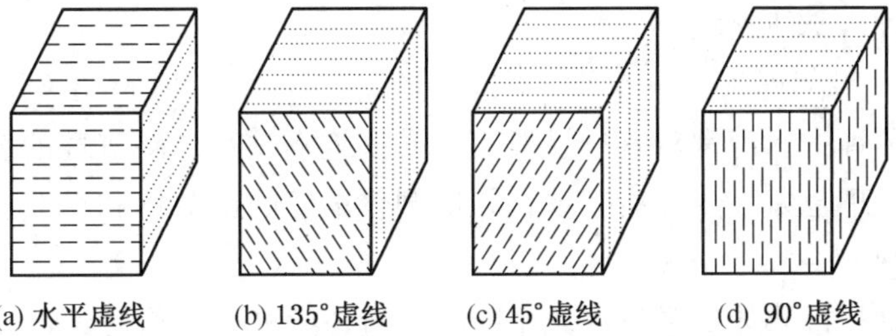


图5-9　流线在流面上的不同倾伏方向

## 二、侵入岩体的原生断裂构造

侵入岩体的原生断裂构造是岩浆冷凝阶段形成的断裂构造。岩浆的冷却首先是从边缘部分开始，所以岩浆岩体的断裂构造是从边缘向中心逐渐发展的。侵入体中所发育的原生断裂构造主要有横节理、纵节理、层节理及斜节理4种（图5-10）。

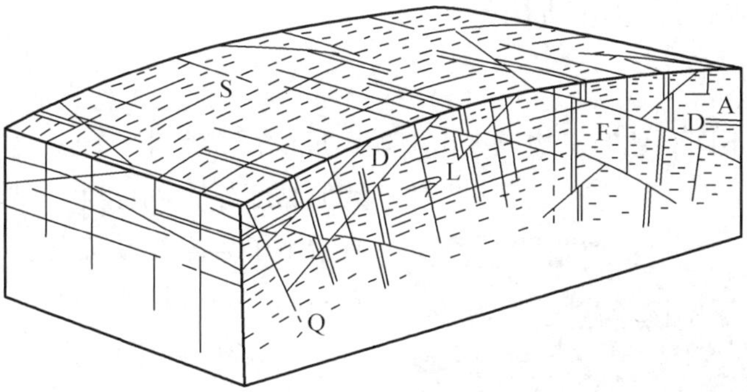


Q—横节理；S—纵节理；L—层节理；D—斜节理；F—流线；A—细晶岩脉

图5-10　深成岩体顶部理想的原生破裂构造类型示意图

（1）横节理。横节理又叫Q节理。其裂面垂直于流线，裂面粗糙，为张性节理。横节理在岩体顶部较发育，两侧相对较差，它的产状随流线产状的变化而改变，倾角一般较陡。横节理为较早期发生的节理，常被残余岩浆或后期热液物质，如细晶岩、伟晶岩、煌斑岩、基性岩和石英岩脉所充填。

（2）纵节理。纵节理又叫S节理。节理面平行流线而垂直流面，裂面粗糙，属张性节理。在岩体顶部流线平缓的地段，纵节理发育较好。

纵节理也可为残余岩浆或后期热液所充填，但远不及横节理脉岩发育。

（3）层节理。层节理又叫L节理。节理面平行流线或流面，且与接触面平行或大致平行，故能近似地代表岩体与围岩的产状。层节理在水平的或平缓地侵入体顶部和两侧较发育，它也常被各种岩脉所充填。

（4）斜节理。斜节理又叫 D 节理。它是与流线、浅面都成斜交关系的两组 X 共轭剪切节理，两组斜节理中，经常只有一组发育，另一组不发育。斜节理的裂面较光滑，常见有擦痕。许多斜节理也常被热液所充填，并切割较早期的横节理和纵节理，可见斜节理的形成时间相对较晚。

以上四种节理是侵入体最常见的原生断裂构造。此外，还有几组次要的、不常见的断裂构造，如边缘节理等。

侵入岩体的原生流动构造与原生断裂构造有着明显的几何关系。随着侵入体的形态及流动构造的产状变化，原生断裂构造的空间位置也随之发生变化。同样，横节理在岩体不同部位其产状不同，在某一部位是垂直的，而在另一部位则是倾斜的、甚至水平的。可见原生流动构造与原生断裂构造间有着内在的紧密联系。

原生断裂构造并不是在所有侵入岩体或同一侵入岩体的不同部位都普遍发育，更不是几种节理都同等发育，经常在不同部位往往是一种节理占优势。总的来说，岩体边缘部分较中心部分发育一些。

## 三、喷出岩体的原生流动构造

1. 流纹构造

流纹构造是由不同颜色的矿物或火山玻璃组成的层状色带。流纹构造常见于流纹岩或其他黏度较大的酸性、碱性熔岩中。流纹构造指示了熔岩流动面的位置，但不能指示熔岩流动方向（图 5－11）。

图 5－11　流纹岩中的流纹构造

2. 流面和流线

流面为流动的构造，一般出现在岩浆岩中，是由岩浆的流动形成的，表现在岩浆岩中为岩石中片状矿物的定向排列，一般流面平行于片状矿物的最大扁平面。此外岩浆岩中仍然可以保留流线。岩浆或熔岩流动使长条状、柱状矿物呈定向排列所形成的构造称为流线，常见于喷出岩。两个不同的流线方向可以确定一个流面的方向。

3. 绳状构造

熔岩表面呈绳索状扭曲的构造称为绳状构造，它常见于玄武岩流层面上。绳状构造是处于炽热塑性状态熔岩的上部表面薄壳受到下部熔浆流动的影响而发生拖拉和卷扭的结果。因此，绳状构造所在的表面就代表一次喷出的熔岩的顶面。熔岩绳状构造一般呈弧形，弧顶指向流动方向，即从弧内向弧外流动（图 5－12）。

图 5 - 12　玄武岩中的绳状构造

图 5 - 13　熔岩中的气孔构造

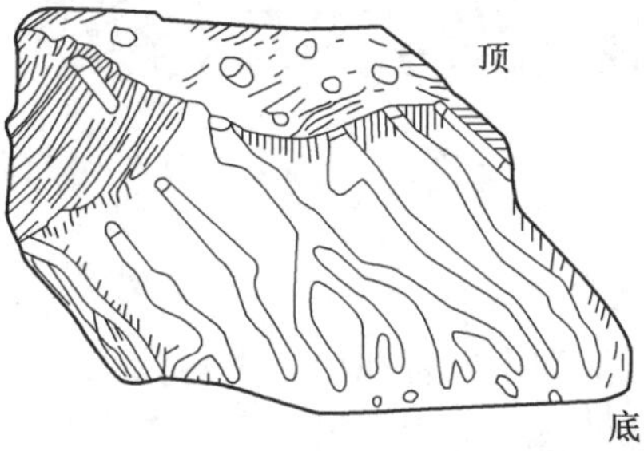


图 5 - 14　管状气孔分叉指向岩层底面

4. 气孔构造和杏仁构造

当熔岩喷出时，由于压力降低，气体从熔岩中逸出而形成各种大小和数量不同的圆形或椭圆形气孔，个别呈管状气孔，称气孔构造（图 5 - 13、图 5 - 14）。具有气孔构造的岩石，其气孔以后被矿物质（如方解石、石英、玉髓等）所充填形成的一种形似杏仁状的构造，称为杏仁构造（图 5 - 15）。杏仁构造与气孔构造多分布于熔岩的表层，因此可根据多层的此类构造判断火山喷发的次数。

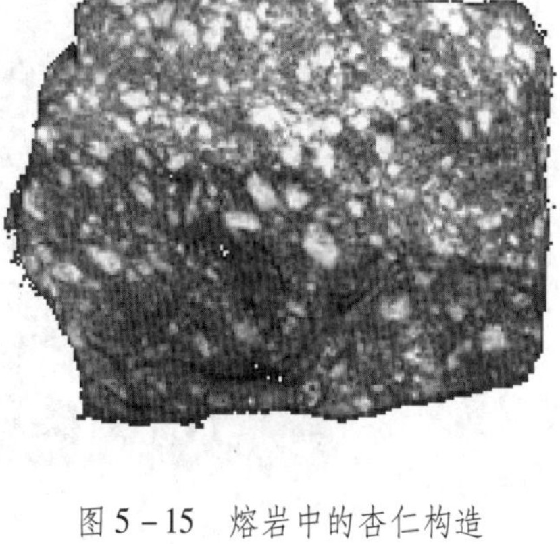

图 5 - 15　熔岩中的杏仁构造

## 四、喷出岩体的原生破裂构造

1. 枕状构造

枕状构造是由于基性岩浆在海底喷出以后，其外层迅速冷却凝固形成硬壳，硬壳受内部流体的挤压而破裂，熔体挤出又再冷凝成另一个硬壳，反复作用便形成这种构造，因其状如枕头，故称枕状构造。枕状体表面较光滑，常有纵向及横向沟纹。当发现枕状构造时，就知道这是由水底火山喷发而形成的，所以具枕状构造熔岩的出现，是判别这个区域曾经在水下的重要的标志。枕状构造经常能在大洋的底部发现。枕状构造中可见放射状节理（图5－16）。各个岩枕之间的空隙内常充填玻璃质、硅质和沉积碎。

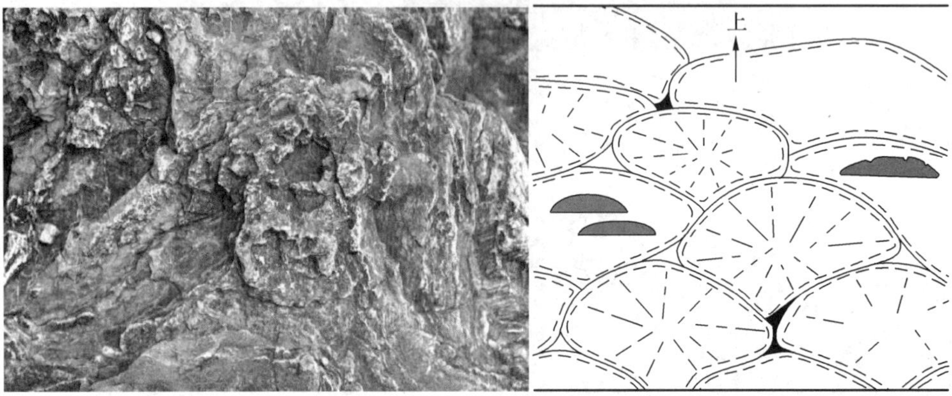


图5－16　枕状熔岩左图为西西里岛的枕状熔岩，右图为枕状构造断面示意图

2. 柱状节理

柱状节理多发育在产状平缓的火山岩内。柱状节理面总是垂直于熔岩的流动层面，在产状平缓的玄武岩内，若干走向不同的节理常将岩石切割成无数个竖立的多边柱状体，因而称柱状节理（图5－17）。这种构造多发育在产状平缓的玄武岩内，也见于安山岩、流

图5－17　福建漳浦第三系玄武岩中的柱状节理

纹岩、熔结凝灰岩中。它是柱状节理作用在熔岩流最后冷凝收缩期间调节负向膨胀而破裂的结果。根据柱体总是垂直火山岩的基底面及上下柱列的粗细差异，大体可确定熔岩流动面和岩体的产状。

**☞ 知识点46：岩浆岩体的次生构造**

岩浆岩体形成后，地壳运动使岩浆岩体形态和产状发生变化，引起新的构造变形，从而形成岩浆岩体的次生构造。由于岩体一般不像沉积岩那样具有层理，所以其次生构造较难识别。

## 一、岩浆岩体的褶皱构造

岩体形成后，由于应力的作用，可引起岩体和围岩一起褶皱，岩体内的褶皱是通过岩体内的流面和破裂面的弯曲而呈现的。这些构造面及其所划分的“层”并不具有新老层序关系，所以它们形成的褶皱就不能称为背斜和向斜，应称为背形和向形。通常这些背形和向形规模较小，其形态较开阔。

有些岩体界面与围岩层理是平行的，例如岩床受到后期构造运动，就会与周围的沉积岩或喷出岩一起褶皱，这类褶皱经常是通过岩体与围岩接触面的弯曲而显示出来。它们反映区域构造特征。当喷出岩体与围岩一起褶皱时，其特征与沉积岩层褶皱完全相似。例如，云、贵、川广泛分布的峨眉山玄武岩组成的褶皱与上、下沉积岩层褶皱形态就是完全相似的。

## 二、岩浆岩体的次生断裂构造

岩浆岩体形成后，在应力作用下形成的断裂称为岩浆岩体的次生断裂构造，它包括次生节理和次生断层。其特征和识别标志与一般节理和断层的特征及识别标志基本相同。但是，由于岩浆岩的岩石物理力学性质与沉积岩不同，因此，它们具有如下特征：

（1）岩浆岩体岩性均一，缺乏沉积岩中的断裂所具有的那些明显的标志，难以看出岩层的错动、重复、缺失等现象。在地质填图过程中如不注意常被遗漏，给人以岩浆岩体内构造较简单的假象。实际上岩浆岩体中的断裂构造也是很发育的。断距和滑距可以通过被错断的岩脉、相带等来确定。

（2）岩体在受强烈应力作用发生错动时，很容易使岩体破碎和发生动力变质。另外断裂面引起岩体破碎变形和产生重结晶作用，造成各种类型的断层岩和变质岩条带，有时还产生低温变质应力矿物，如绿泥石、叶蜡石、绢云母、滑石等。例如，大别山某地蛇纹石化橄榄岩体中的一条断裂带就是一条宽几十厘米的绿泥石片岩。

（3）岩体受力后，由于矿物变形而出现光性异常现象。如果矿物的变形呈带状分布，或因细粒化而形成糜棱岩带，则指示有断裂存在。这种断裂的破裂面一般很不明显，且具有韧性剪切带特征。韧性剪切带是岩体内发育得较普遍的一种次生断裂构造，对其的研究有助于揭示岩体的构造变形特征。

（4）岩浆岩体，特别是花岗岩体是比较均一的、连续的、坚硬的块状地质体。因此，形成的断裂面往往很平直，无论是走向上还是倾向上变化都不大，常由两组或多组断裂组合成网格状。

## 任务三 岩浆岩体构造的观察和研究

【任务目标】

1. 能够确定岩体接触关系与形成时代。
2. 会观察和研究岩体的原生构造与次生构造。

【任务描述】

岩浆岩体构造观察和研究的主要内容包括：岩浆岩体地质背景分析，岩浆岩体几何形态，岩体构造和围岩构造，岩体形成时代等方面的研究。对喷出岩体则要研究恢复古火山机制。

【任务知识】

**☞知识点47：侵入岩产出地质背景分析**

岩浆岩体的形成和变形受区域构造控制。研究岩浆岩体构造，必须首先查明区域构造背景。主要包括以下内容：

（1）大地构造属性。了解该区位处活动带、稳定区还是活化区。

（2）区域构造变形强度、形式。

（3）长期活动的大断裂及其规模、性质、产状和活动性。

（4）区域性岩浆带的规模、活动期次、岩浆岩体的一般特点和侵位机制。

（5）岩浆活动与区域构造发展的关系。把形成岩体的岩浆活动作为区域构造事件的一个方面进行研究。

**☞知识点48：岩浆岩体几何形态研究**

现在出露的岩浆岩体平面形态是深成岩体的任意水平剖面，因此要注意岩浆岩体总体几何形态的观察和恢复。

通过详细的构造填图和变形构造研究可以帮助确定岩浆岩体形态，了解岩浆岩体侵位机制。另外，通过重力资料和岩浆岩体边缘发育的流动构造和层节理也可以间接恢复岩浆岩体的形态。

**☞知识点49：岩浆岩体原生构造与次生构造的观察和研究**

岩浆岩体原生构造的观察包括：

（1）岩浆岩体形成前的构造观察，包括岩体与围岩的关系，岩体所在的区域构造部位等。

（2）岩浆岩体形成时的构造，包括原生流动和破裂构造。

（3）岩浆岩体形成后对围岩的影响。岩体次生构造的观察主要包括岩体的褶皱与断层的研究。

**☞ 知识点50：岩浆岩体围岩构造的观察**

岩体在侵位过程中，既受围岩构造影响，又与围岩相互作用，从而在围岩附近发生一定程度的变形变质作用。围岩构造的一般观测内容包括：

（1）围岩构造的形式和产状。

（2）围岩的层理或面理与侵入体内面理等定向组构的关系。

（3）接触变质晕的宽窄和分带性。

**☞ 知识点51：岩浆岩体接触关系与形成时代的确定**

## 一、岩浆岩体的接触关系

侵入岩体与围岩的接触关系可分为侵入接触、沉积接触和断层接触三种类型。

1. 侵入接触

又称热接触，是岩体侵入围岩中的一种接触关系。岩体的侵位时代晚于围岩，岩体与围岩的接触面形态复杂。其主要标志有：①岩体边部有边缘带和冷凝边，发育定向组构；②岩体内有围岩的捕虏体，主要分布在岩体的边部和顶部；③围岩中有从岩体伸出的岩枝或岩脉；④岩体附近的围岩有接触变质现象，甚至发生混染现象，并且自接触面向外逐渐减弱或呈分带性。岩体与围岩的接触面形态反映侵入作用的热动力状态，也受围岩构造控制（图5－18）。接触面形态有平直的、波状的、港湾状的、锯齿状的、枝杈状的、顺层贯入的等（图5－19）。

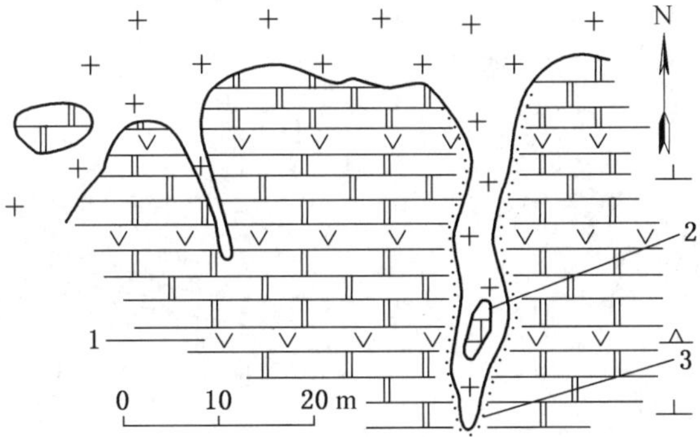


1—岩床；2—石灰岩捕虏体；3—烘烤边

图5－18 花岗岩体的侵入接触平面图

2. 沉积接触

岩体侵入后遭受风化剥蚀，之后再被新的沉积物所覆盖，这种接触关系为沉积接触（图5－20）。其特点是在接触面下，岩体顶部常有不平整的侵蚀面和古风化壳等风化剥蚀

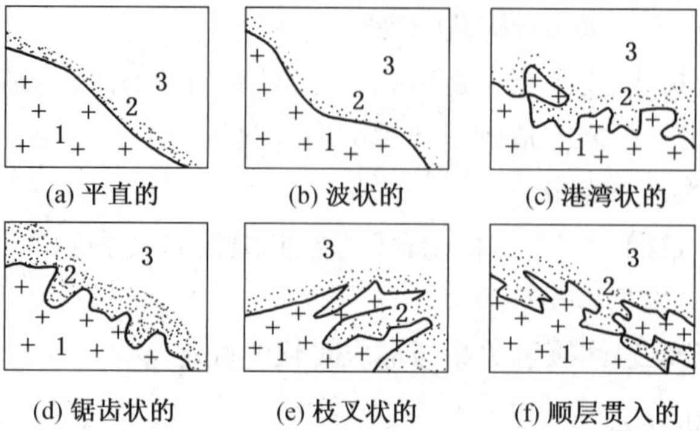


1—花岗岩；2—接触变质岩石；3—围岩

图 5－19　侵入接触面的性质

现象；与围岩接触处一般没有冷凝边；岩体内的原生构造或岩脉往往被接触面切割；其上覆围岩无热液蚀变现象；其底部常含有下伏岩体的岩屑、砾石或矿物碎屑；当围岩为沉积岩时，则层理与接触面往往平行，且接触面大都较平整。沉积接触反映侵入岩体的形成时代早于上覆地层。

3. 断层接触

侵入体形成后，由于断层作用，岩体与围岩接触，接触面即断层带。断层接触反映岩体是在断层之前侵入的（图 5－21）。

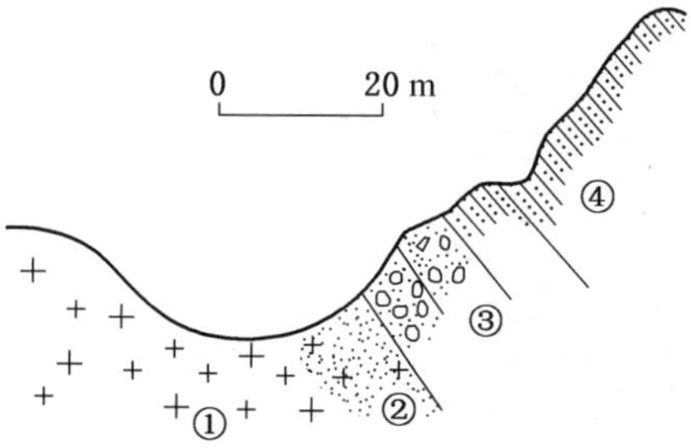


①—粗粒斑状花岗岩；②—风化蚀变花岗岩；
③—含砾花岗质碎屑岩；④—砂岩

图 5－20　皖南休宁花岗岩体与上震旦统休宁组砂岩沉积不整合接触

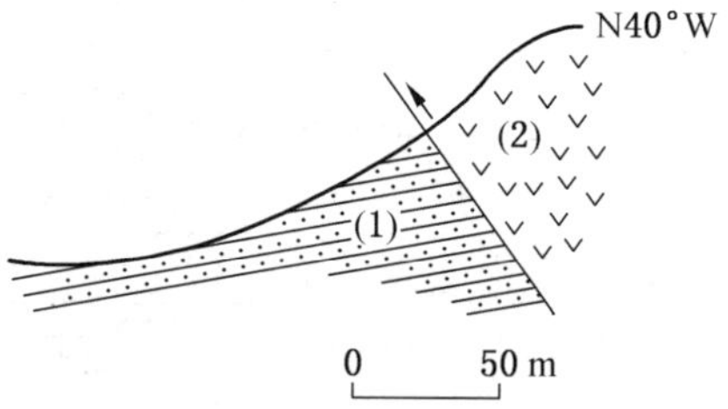


图 5－21　内蒙古西部某铬铁矿区超基性岩(2)和第三系砂砾岩(1)断层接触关系剖面图

侵入接触、沉积接触和断层接触可以是不同岩体与围岩的不同接触关系，也可以是同一岩体在不同部位上与围岩接触的关系。此外还常常出现两种接触关系的叠加现象，如沉积接触的不整合面又发生断层活动等。

## 二、岩体形成时代的确定

确定岩体形成时代对于指导普查找矿和鉴别构造运动期次有重要意义。当前常用的确定岩体时代的主要方法有同位素年龄法和地质年代法，这里仅介绍后者。

1. 根据接触关系

岩体与围岩为侵入接触时，岩体时代新于围岩时代。如图 5－22 所示，花岗岩侵入时代晚于元古代地层，花岗闪长岩、闪长斑岩侵入时代晚于石炭－二叠纪地层。岩体与围岩为沉积接触时，岩体时代老于围岩时代。图中，花岗岩时代老于石炭－二叠纪地层。

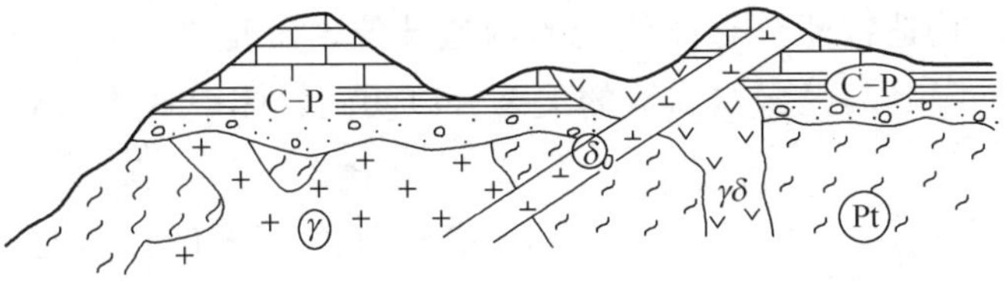


γ—花岗岩；γδ—花岗闪长岩；δ—闪长斑岩；Pt—元古代地层；C－P—石炭－二叠纪地层

图 5－22　根据接触关系确定岩浆活动时代

当岩体与岩体接触时，则时代新的岩体切割时代老的岩体。图 5－21 中，闪长斑岩切割花岗岩和花岗闪长岩，故闪长斑岩的侵入时代新于花岗岩和花岗闪长岩的侵入时代。

2. 根据岩体特性对比

当无法根据接触关系确定岩体的形成时代时，可以与邻区已知时代的岩体进行对比来推断岩体时代。对比的内容包括岩体的构造形式、侵位机制、岩石的结构构造、矿物成分、化学成分和微量元素等。一般来说，同期同源的岩体具有许多共性。一般说同期又同源岩体之间共性是主要的，若共同特征显著，则应是同一时代的产物。

3. 根据与区域构造的关系

岩浆活动总是与某一构造运动幕相关。如果岩体侵入燕山期褶皱之中，则表明岩体与褶皱同时形成或在褶皱作用晚期形成。如果查明了岩体与区域构造的时空关系，就可以基本确定岩体形成的相对时代。

4. 利用岩体相互穿插关系确定复式岩体内多期侵入的顺序

在岩浆岩广泛发育的地区，往往有多期侵入形成的复式杂岩体。在杂岩体内，各岩体之间存在侵入接触关系和有关现象。据此，可确定复式岩体的多期侵入顺序。其判别标志有：

（1）具冷凝边的岩体为晚期岩体，具烘烤边或接触变质晕的岩体为早期岩体。

（2）定向组构被切割的岩体为早期岩体，定向组构平行于两岩体接触面的岩体为晚期岩体。

（3）如果一岩体中包含有相邻岩体岩石的捕虏体，则为晚期岩体。

（4）一岩脉穿插到一个岩体内而被相邻岩体截切，截切岩脉的岩体形成时代较晚。

## 实训9　分析岩浆岩地区地质图并作剖面图

在分析岩浆岩地区地质图时，首先应分析区域地质构造，进而分析岩体的构造，得出岩体产状、构造特征和形成时代的正确结论。

### 一、分析侵入岩体构造

1. 分析侵入岩体产出的构造部位

分析岩体周围的构造特征及岩体所处的构造部位，看是否处在背斜核部或断裂带中。分析岩体展布的方向及其与区域构造线的关系，以明确岩体侵入的构造控制因素。

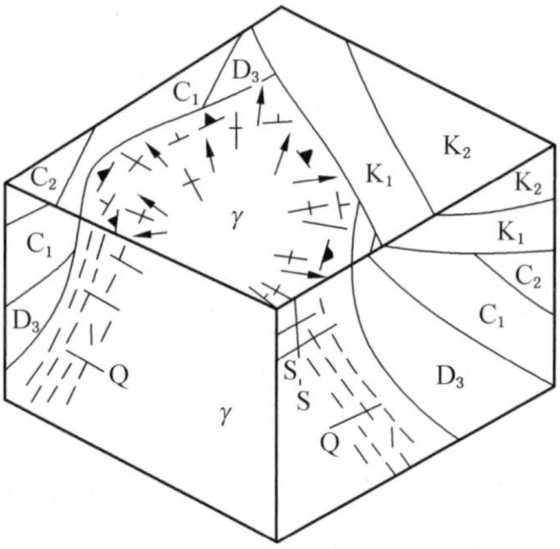


图5－23　岩浆岩体构造立体图

2. 岩体接触带的特征

分析岩体与不同时代地层的接触关系，是侵入接触、沉积接触，还是断层接触？如为侵入接触，还应分析是协调的还是不协调的？接触变质情况如何？根据岩体边缘的流面和层节理的产状，分析接触面的产状，推测侵入体向地下延伸的形态特征（图5－23）。

3. 分析侵入岩体的内部构造

分析流动构造和原生节理在岩体不同部位的发育程度、相互关系、原生构造在岩体内的分布规律和各种岩脉充填节理的情况。

4. 恢复岩体的形态和产状

根据侵入岩体平面形态、大小、与围岩接触关系、岩体内部的原生构造、岩相带的分布及残留顶盖的分布等，可以恢复岩体的形态和产状，并可探讨向深处的变化情况及其剥蚀的深度（图5－24）。

5. 岩体时代的确定

根据岩体与围岩的接触关系，可确定其与围岩的相对时代，然后结合围岩中构造运动的时代，来确定岩体的时代。如图5－23所示，侵入岩体（$\gamma$）的时代，晚于被侵入的围岩中最新地层中石炭统（$C_2$），早于覆盖它的最老地层下白垩统（$K_1$）。同时还应注意各类岩体形成的先后顺序，以确定岩浆岩活动的期次。

### 二、分析喷出岩体构造

喷出岩体多具层状构造，在地质图上的分析方法与沉积岩区相类似。但注意其多次喷

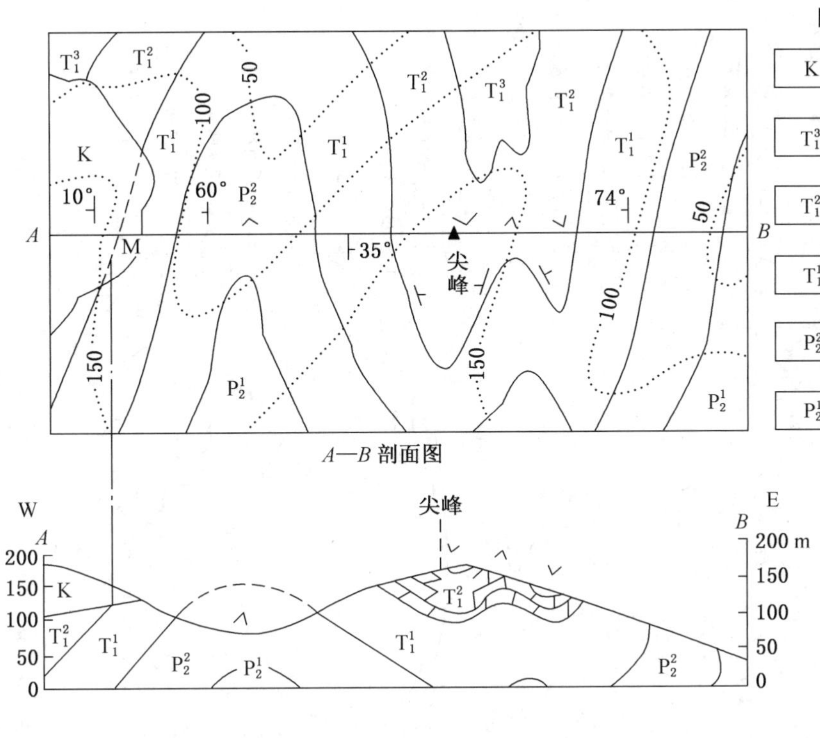


图 5-24　岩浆岩体地质图及剖面图

发，后期喷发的岩体界线可以切割早期喷出岩体的界线。对于喷出岩体原生构造的分析与侵入岩体相同。应特别注意其原生流动构造的产状和分布规律，它有助于查明火山口的位置和火山喷发时原始熔岩的流动方向。

## 三、编制岩浆岩体剖面图

为了更好地了解岩体形态，需要编制岩浆岩体剖面图。

（1）选择剖面线。通过对岩体构造特征的全面了解，选择最能反映岩体构造特征的方向作为剖面位置。如图 5-24 所示的 NW—SE 向，它穿过接触面、岩体各相带以及围岩残留顶盖。

（2）绘出接触面界线。依据岩体边缘带的流面和层节理产状特征绘出接触面界线。

（3）标绘岩相带界线。在同一岩体中相带宽度是有变化的，边缘相和过渡相随岩体深度增加而变窄，甚至消失，因此要合理描绘。

（4）用虚线恢复岩体被剥蚀的部分（图 5-24）。

**【练一练】**

1. 分析彩云岭地质图（图 5-25），确定岩体产状类型，与围岩接触关系，岩体形成时代及其与褶皱、断层的关系，并确定其形成时代及先后顺序等。

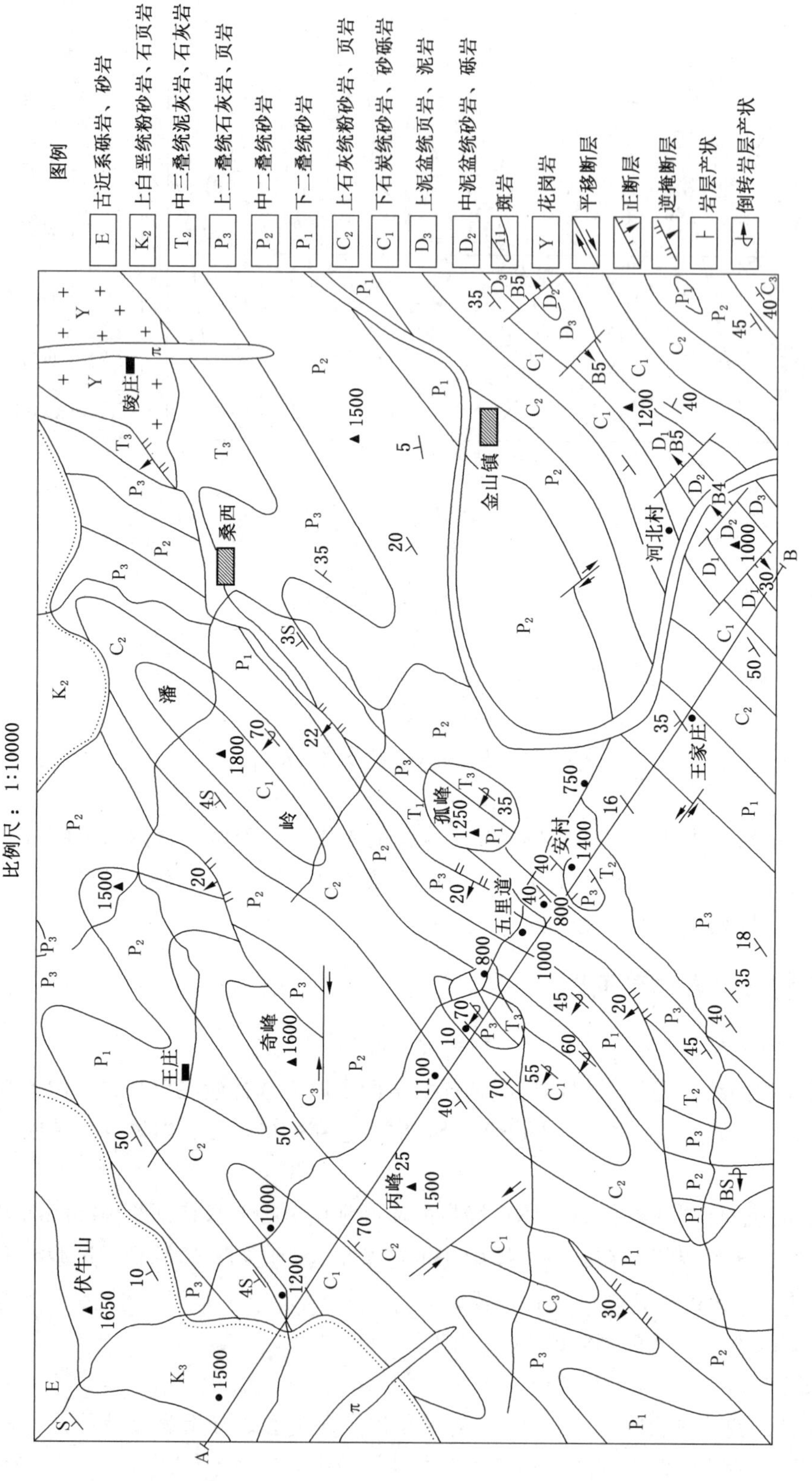
比例尺：1:10000
图例
E 古近系砾岩、砂岩
K2 上白垩统粉砂岩、石页岩
T2 中三叠统泥灰岩、石灰岩
P3 上二叠统石灰岩、页岩
P2 中二叠统砂岩
P1 下二叠统砂岩
C2 上石灰统粉砂岩、页岩
C1 下石炭统砂岩、砂砾岩
D3 上泥盆统页岩、泥岩
D2 中泥盆统砂岩、砾岩
π 斑岩
Y 花岗岩
平移断层
正断层
逆掩断层
岩层产状
倒转岩层产状
凌庄
桑西
金山镇
河北村
王家庄
安村
孤峰
五里道
潘
岭
奇峰
王庄
丙峰
伏牛山

图 5-25 彩云岭地质图

2. 过AB作地质剖面图。

【项目思考】

1. 岩浆岩的产状主要有哪些?
2. 岩浆岩体与围岩的接触关系分哪几种?
3. 岩浆岩有哪些原生构造?
4. 分别说明侵入岩体及喷出岩体的原生流动构造和原生断裂构造的主要特点。
5. 简述岩浆岩体的接触关系。
6. 如何确定岩浆侵入体的形成时代?

# 项目六　变质岩区构造

面理和线理是自然界广泛发育的地质构造，在变质岩中尤其发育；通过研究面理和线理，有助于分析研究褶皱、断层要素及空间状态、岩石变形行为及应力状态，进而研究分析地质时期地壳运动性质及方向。

从几何学的角度来看，任何地质构造都可以概括成面状构造与线状构造两类。断层面、节理面、褶皱的轴面、流面、劈理、片理、片麻理等都属于面状构造；褶皱枢纽、柱状矿物的定向排列、流线、各种构造面的交线都属于线状构造。面理和线理是面状构造和线状构造中比较广泛发育的两大类型。

根据面状构造与线状构造的形成时间，两者均有原生及次生之分。原生构造是指形成于岩石的成岩阶段；次生构造指形成于岩石的成岩阶段之后。

根据面状构造与线状构造在岩体中的分布特点，可分为透入性的和非透入性的。透入性的构造是指在一个地质体中按一定的规律均匀而连续分布的构造，一般它们呈隐蔽状态，当岩石经风化后才显示出来，它们反映整个地质体发生了均匀变形。而非透入性构造指仅仅产出于地质体的局部的构造，如在露头上见到的断层面或节理面。变形主要集中在断层面或节理面及其附近应力集中的部位，其间被分割的岩石很少或没有受到变形，所以又称为分割性构造。

透入性与非透入性是相对于观察尺度而言的，有些节理和断层在小型尺度范围内是透入性的，而在微型尺度上就不具有透入性。同样，某些节理和断层，在小尺度范围内是非透入性，但从区域尺度观察（如从卫星照片上观察），则平行排列均匀分布的断裂组就可以看作透入性构造。

本项目讨论的面理和线理，就是广泛分布于强烈变形岩石当中，在露头上和手标本上（即小型尺度上）所看到的透入性面状构造和线状构造。

## 任务一　面　　理

【任务目标】

1. 掌握劈理的类型及识别特征。
2. 理解面理的形成机制及与有关构造的关系。
3. 了解劈理的应力、应变意义及其在构造分析中的作用。

【任务描述】

透入性的面状构造称为面理，原生的面理构造在三大类岩石中均可出现，而次生的面理则主要发生在变质岩中。

面理可由矿物组分的分层、颗粒变化显示出来，也可由近平行的不连续面、不等轴矿物或片状矿物的定向排列，或某些显微构造组合所确定。广泛发育于变质岩中的面理具有多种类型（图6－1）。

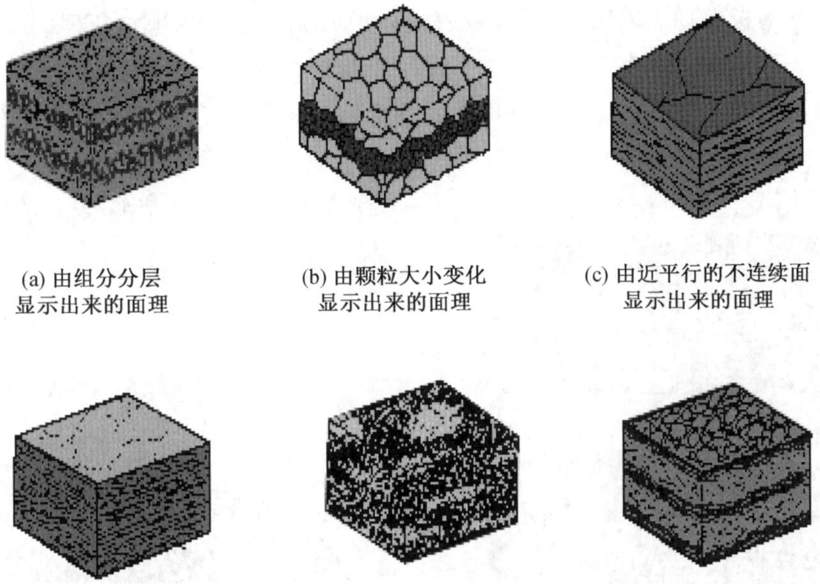

(a) 由组分分层显示出来的面理
(b) 由颗粒大小变化显示出来的面理
(c) 由近平行的不连续面显示出来的面理
(d) 通过矿物的优选方位定向排列显示出来的面理
(e) 由板状矿物或透镜状矿物集合体优选方位显示出来的面理
(f) 由组分分层以及颗粒的优选方位联合作用显示出来的面理

图6－1 各类面理示意图

【任务知识】

**☞ 知识点52：劈理的概念**

劈理是一种由裂面或潜在裂面将岩石按一定方向劈成平行密集的薄片或薄板的构造。裂面或潜在裂面称为劈理域，相邻两劈理面之间所夹的薄板状岩片，称为微劈石（De Sitter，1964）。岩石中劈理域和微劈石相间平行排列（图6－2）。

劈理域一般是由层状硅酸盐矿物（主要是云母）或不溶残余物富集成的平行或交织状的薄条带或薄膜组成。劈理域中原岩的结构和构造被强烈改造，矿物和矿物集合体的形态或晶格具有显著的优选方位。

微劈石是夹于劈理域间的窄的平板状或透镜状的原岩薄片。微劈石与劈理域间的边界可以是截然的，也可以是渐变的，它们紧密相间，使岩石显现出纹理。正是由于劈理域内的层状硅酸盐的定向排列使岩石具有潜在的可劈性。

☞ **知识点53：劈理的类型**

劈理的分类和命名方法有多种，下面介绍常用的传统分类方案和结构分类方案。

## 一、传统分类方案

根据劈理的成因和结构将劈理划分为三种基本类型：流劈理、破劈理和滑劈理。

1. 流劈理

流劈理亦称为板劈理。岩层、岩体或矿体在地应力作用或变质作用下，岩石内板状、片状和针状矿物颗粒沿着垂直于压应力的方向平行排列，由此产生易于劈开的软弱面，劈理面上矿物结晶细小（图6-3）。流劈理在强烈褶曲的岩层、断层两侧的岩体和变质岩内较为发育。

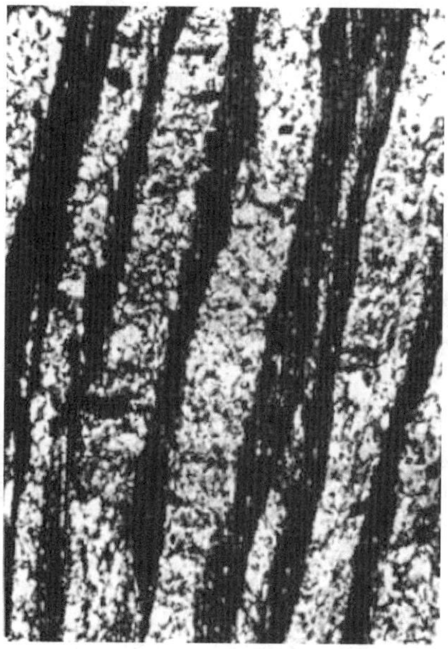

图6-2 劈理域（深色条带）和微劈石（浅色条带）

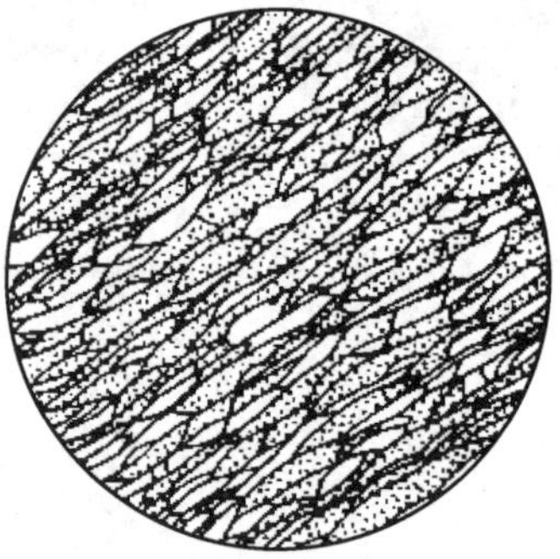

图6-3 大理岩中发育的流劈理

2. 破劈理

破劈理指岩石中一组与矿物的排列方向无关的、密集的平行破裂面，一般为剪裂面。破劈理的间隔一般为数毫米到数厘米，以其密集性和透入性与节理相区别（图6-4）。

3. 滑劈理

滑劈理又称剪劈理，折劈理或褶劈理。是一类切过先存面理的差异性平行滑动面，其劈理面平直，平行排列，其间距宽窄不一。沿劈面，岩石中的矿物颗粒，如云母、绿泥石等呈定向排列。两个平行劈面之间微劈石中的先存面理成S形弯曲或大小不等、纤细紧密

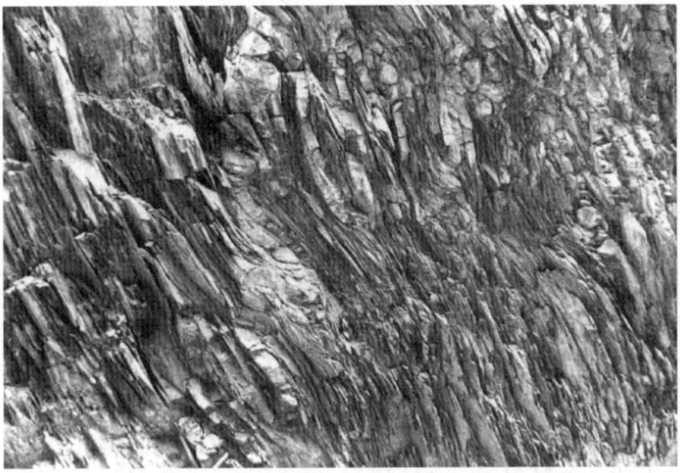

图6-4 破劈理

的小褶皱（图6-5）。滑劈理在具片状构造的岩石（如千枚岩、片岩）中发育较好。

滑劈理的力学成因属压性或压扭性，对其产生过程有两种解释：①先发生褶皱后出现滑劈面，即岩石中存在早期片理面，经褶皱作用，在其翼部出现脆弱面，即滑劈面，随着应力的加强，片理面不断被弯曲，出现滑劈面之间的小褶皱；②先形成劈面后出现小褶皱，即岩石中已存在片理，并为劈面所切割，两者与主压应力斜交，随着应力不断加强，劈面扭动、变位、滑移，片理面遂成小褶皱。

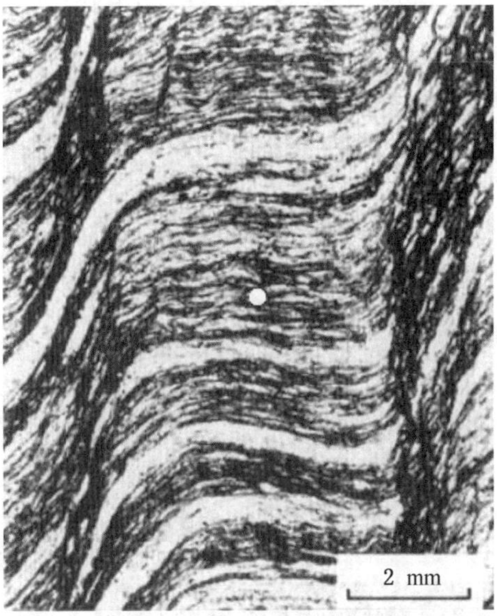


图6-5 滑劈理

## 二、结构分类方案

按照劈理域构造能辨别的尺度，将劈理分为两类：肉眼能辨别域构造的为不连续劈理；肉眼不能分清域构造的为连续劈理。

1. 连续劈理

如果劈理域很狭窄，借助偏光显微镜和电子显微镜才能分辨，这种劈理称为连续劈理。根据劈理中的粒度或域构造发育的程度，连续劈理可分为板劈理、千枚理和片理。

（1）板劈理。发育在细粒的低级变质岩中的透入性面状构造，以板岩中的板理为典型。矿物粒径一般小于0.2 mm。板劈理使板岩具有良好的可劈性，将岩石劈成十分平整的薄板（图6－6）。

图6－6　板劈理（陕西紫阳）

（2）千枚理。千枚理的特征介于板劈理与片理之间。主要发育在富泥质的千枚岩中，在露头上以柔和绚丽的丝绢光泽为其主要特色。

（3）片理。发育在中高级变质岩中的透入性面状构造。它与板劈理的区别是结晶程度的差异。晶体的粒径大于0.2 mm，一般在1～10 mm。片理使岩石裂开程度不像板岩那样完美，常劈成透镜状或粗糙的板状。

2. 不连续劈理

如果劈理域和微劈石可用肉眼鉴别，则这类劈理称为不连续劈理。不连续劈理根据微劈石的结构可分为两类：褶劈理和间隔劈理。

(a) 带状褶劈理

(b) 分隔褶劈理

图6－7　褶劈理野外照片

（1）褶劈理。褶劈理是由先存的连续劈理形成紧密相间、平行排列的微褶皱发展而来的。其间隔一般为0.1～10 mm。根据其域构造的形态再分为带状褶劈理和分隔褶劈理（图6－7）；带状褶劈理的劈理域较宽，域内的每一片层状硅酸盐矿物以小角度与劈理域的总方位相交。当劈理域变得十分窄并切截了微劈石中的连续劈理，使相邻的微劈石截然分开，则是分隔褶劈理。从带状褶劈理到分隔褶劈理还存在过渡类型。

（2）间隔劈理。一般相当于破劈理，由一系列平面交织线带、缝合线带的薄膜与其间的微劈石组成（图6－7）。劈理域一般较窄，间隔常以毫米计。在显微尺度上，多数间隔劈理的细缝中充填着黏土等不溶残余物质，形成劈理域，并能使两侧层理错开。

**☞ 知识点54：劈理的应变意义**

有限应变测量表明，劈理一般垂直于最大压缩方向，平行于压扁面，即平行于应变椭球的AB主应变面。

在变形岩石中，绝大多数的劈理与褶皱同期发育。劈理大致平行于褶皱轴面（图6－8）。在强岩层（如砂岩）与弱岩层（如板岩）组成的褶皱中，强岩层中的劈理常构成向背斜核部收敛的扇形，弱岩层中的劈理则成向背斜转折端收敛的反扇形。强弱岩层相间的褶皱岩系中，常形成劈理的折射现象（图6－9）。

图6－8　劈理大致平行于褶皱轴面

图6－9　劈理的折射现象

在紧闭褶皱中，劈理与轴面几乎一致，与褶皱两翼近于平行，仅在转折端处，劈理与层理大角度相交或近于垂直，表明劈理垂直于最大压缩方向。

劈理垂直于最大压缩方向还有很多证据，例如含有化石的板岩中，层面上平行劈理迹线方向的化石形体比未变形的要窄，垂直于劈理迹线方向的化石要比未变形的宽，表明劈理垂直于最大压缩方向。

虽然大多数劈理垂直于最大压缩方向，并平行于应变椭球的AB主应变面，但不能排除劈理的发育与剪切应变有关。如韧性剪切带中具有劈理特征的糜棱岩面理与应变椭球的AB主应变面不完全平行，而与剪应变有一定的关系。

**☞ 知识点55：劈理的野外观察**

劈理是变质岩区最常见的面状矿物。变质岩区的原生层理常被劈理置换或隐蔽，致使野外地质调查时把劈理误作为层理，从而导致对地质构造的错误认识。正确区别层理和劈理是变质岩区工作时要解决的首要问题。一般来说，岩性界面往往就是层理的标志。但是，许多变形强烈的劈理化岩石中，浅色的微劈石与深色的劈理域平行相间排列的成分分异层，极易被误认为是层理。这时要努力寻找变余的原生构造（如交错层、波痕等），并对标志层（如石英层等）进行认真追索。

野外观察时应注意以下几点：

（1）观察描述劈理性质，区分劈理的类型，分析劈理与岩石化学成分、矿物成分及岩石结构之间的关系。

（2）逐层测量劈理与层理的夹角。

（3）寻找劈理化岩石中的应变测量标志，了解劈理岩石的变形状态及其与劈理发育的关系。

（4）观察劈理之间以及劈理与其他构造的生成顺序。

（5）采集定向标本，为室内进行显微构造分析作准备。

## 任务二 线 理

**【任务目标】**

1. 掌握线理的类型及识别特征。
2. 理解线理的形成机制及与有关构造的关系。
3. 了解线理的应力、应变意义及其在构造分析中的作用。

**【任务描述】**

线理是指发育于岩石内部及表面的各种平行的线状构造，根据线理的形成时间，线理分为原生线理和次生线理，这里主要讨论次生线理。

**【任务知识】**

**☞ 知识点56：线理的概念**

线理是岩石中发育的一般具有透入性的线状构造。根据成因可分为原生线理和次生线理。前者是成岩过程中形成的线理，如岩浆岩中的流线；后者是指构造变形中形成的线理（图6-10）。

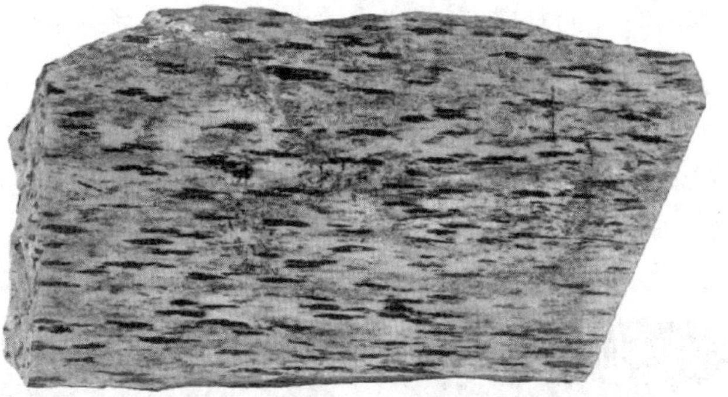

图6-10 岩浆岩中的流线

☞ **知识点57：线理的分类**

根据观察的尺度，可将线理分为小型线理和大型线理，前者指露头或手标本尺度上透入性线状构造，后者指大中尺度上不一定具有透入性的线理。常见的小型线理有拉伸线理、矿物生长线理、皱纹线理和交面线理等。常见的大型线理有石香肠构造、窗棂构造、杆状构造、铅笔构造和压力影构造等。

线理的类型较多，就其与变形过程中物质的运动方向及其与应变主轴的关系可归纳为两类：一类与物质运动方向平行，称为a型线理，若与最大应变轴一致，又称为A型线理；另一类与物质运动方向垂直，一般平行于应变椭球的中间应变轴，称作b型线理或B型线理。

## 一、小型线理

在变质岩石中，常常发育有各种微型或小型透入性线理，小型线理是构造运动的重要形迹，根据小型线理的形态和成因，可分为下列4类：

（1）拉长线理。拉长线理是岩石碎屑、砾石、鲕粒、矿物颗粒或集合体等平行排列形成的线状构造。它们是岩石组分变形时发生塑性拉长而形成的。其拉长的方向与应变椭球中的最大主应变轴A方向一致，故为A型线理（图6-11）。

图6-11 石英岩中砾石拉长线理

（2）矿物生长线理。矿物生长线理是由针状、柱状或板状矿物顺其长轴作定向排列而成的线理，是矿物在定向应力作用下沿引张方向重结晶生长的结果，因而矿物及其纤维生长的方向往往指示岩石重结晶或塑性流动的拉伸方向，属 A 型线理（图 6－12）。

（3）皱纹线理。皱纹线理是由先成面理构成的微细褶皱的枢纽平行排列而成的线理。微细褶皱的波长和波幅常在数厘米以下，或仅以毫米计。皱纹线理的方向与其所属的同期褶皱的枢纽方向一致，属 B 型线理（图 6－13）。

图 6－12　方解石类矿物生长线理

图 6－13　褶皱枢纽处皱纹线理

（4）交面线理。交面线理是两组面理相交或面理与层理相交形成的线理，常为 B 型线理，如图 6－14 所示，在薄层灰岩中发育两组间隔劈理。劈理张口且被深色灰泥物质充填，它们都与层理面相交成交面线理，两组交面线理在层面上构成网格。

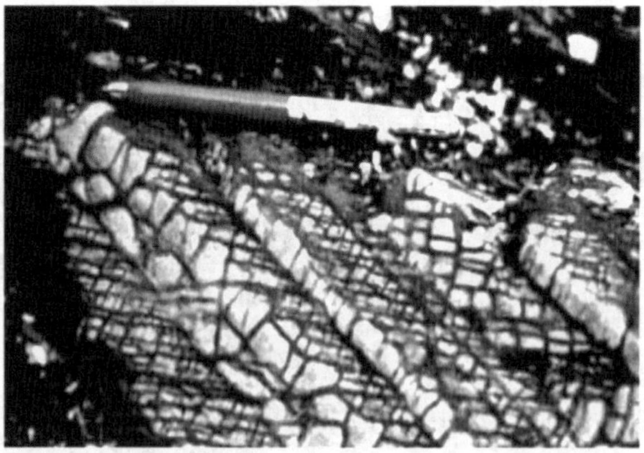

图 6－14　两组交面线理交织成网格

## 二、大型线理

在强烈变形的岩石中，常常会遇到一些由于岩层卷曲、肿缩、破裂、辗滚而构成的粗大平行线状构造，统称大型线理。这些线状构造各有其独特的构造形式、成因和构造形态，一般不具透入性。但在大尺度上观察也可看作是透入性的，主要包括以下几种：

1. 石香肠构造

石香肠构造又称为布丁构造，指一套不同力学性质岩石互层的岩系。在顺层拉伸或近于垂直层理的挤压下，软弱层因塑性流动而压扁，强岩层不易塑性变形而被拉断，其拉开的空间常被来自围岩的分泌物所充填或被软弱层流入而成楔入褶皱，裂开的强岩层块体成串并列，形似一排并列的石香肠。因此，石香肠构造实际上是各种断块、裂隙与楔入褶皱或分泌物充填的构造组合。香肠断面呈菱形（图 6－15）、短形、梯形、藕节状和不规则状，各香肠断面之间有的拉断、有的相连。石香肠的横断面形态反映了其变形特点，矩形石香肠是强岩层垂直层理脆性张裂的结果，反映其与弱岩层的韧性差很大，亦称张裂型石香肠。菱形石香肠是剪裂所成。如果较强层在被拉断以前发生明显的细颈化后再被剪裂而拉断，则形成透镜状石香肠，反映了岩层之间的韧性差较小。如果岩层间的韧性差很小，则相对强硬的岩层可能只发生局部的变薄，形成细颈相连的藕结形石香肠。还有形态复杂的或褶皱了的石香肠等。香肠体的长轴方向为 $B$ 轴方向。

图 6－15　石香肠构造

2. 窗棂构造

窗棂构造是强硬岩层组成的一排圆柱状或半圆柱状的大型线状构造。棂表面有时被磨光，并蒙上一层云母等矿物薄膜，其上可以有与其延伸方向一致的沟槽或凸起，并常被与之直交的横节理所切割。

窗棂构造常沿着强弱岩层相邻的强岩层的界面出现。一系列宽而圆的背形被尖而窄的向形所分开，形成嵌入式“褶皱”。软弱岩层总是以尖而窄的向形嵌入强岩层，强岩层面呈圆拱状的背形突向软弱层，从而铸成一系列圆柱形的肿缩式窗棂构造（图 6－16）。实验证明，窗棂构造是岩层受到顺层强烈缩短引起纵弯失稳形成的。

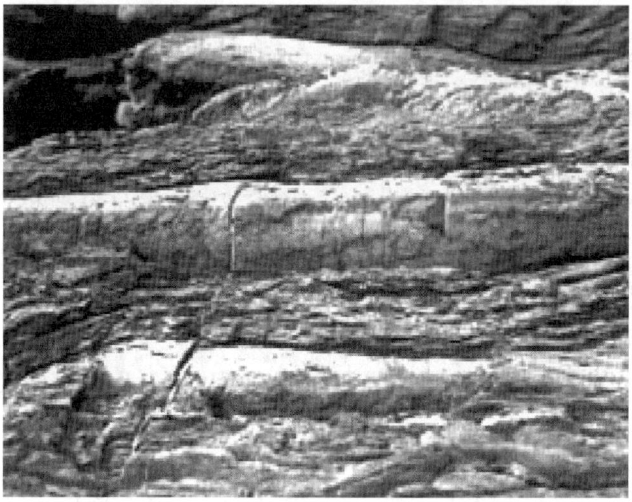

图 6－16　圆拱形肿缩式窗棂构造

窗棂构造的棂柱一般互相平行延伸，但也有扭转的棂柱，表明其不仅受到了平行层理的缩短，还可能受到一定程度的扭曲，使棂柱发生辗滚和扭转。

窗棂构造与石香肠构造不同，反映了平行层理的缩短，而石香肠构造则反映垂直层理的压缩。但是，窗棂柱的方向与香肠体的长轴一样，都代表了应变椭球体的 $B$ 轴。故为 $B$ 型线理。由一排平行的半圆柱状棂柱组成的大型线状构造，常沿着强的岩层相邻的强岩层界面出现。强岩层呈一系列宽而圆滑的弧形，突向弱岩层一侧，其间被指向强岩层的尖而窄的沟所分开。它是岩层受到顺层挤压，其界面形成尖圆式褶皱所成。所以窗棂柱的方向代表了应变椭球的 $B$ 轴方向，垂直棂柱并顺层的方向为缩短方向。

3. 杆状构造

杆状构造是由石英等单晶矿物组成的比较细小的棒状体。杆状体常产出于变质岩内小褶皱的转折端，杆状体的长度一般较小，为数厘米至十数厘米，与窗棂构造的主要不同在于多数杆状构造是由变形过程中产生的折离物质所组成的。

最典型的杆状构造是石英棒组成的杆状构造（图 6－17），石英棒的物质来源可以是硅质岩石在变质过程中的分泌物，这些分泌物集中于褶皱转折端低压地带呈石英脉产出，也有一些石英棒是先成的石英细脉随着围岩的褶皱辗滚而成。同样，断层作用造成的低压空间也有利于石英、方解石的沉淀，因而辗滚的石英棒、方解石棒在断层带中也很发育。杆状构造的长轴与褶皱平行，并与运动方向直交，故为B型线理。

杆状构造又称石英棒构造，是变质岩中由石英等单矿物组成的棒状体定向排列而成。其组成矿物是在变形变质过程中自围岩析出而在小褶皱转折端等低压地带晶出的，随着围岩的褶皱而透镜化，进而可辗滚成杆状。杆长为数厘米到数十厘米，其长轴与褶皱轴平行。

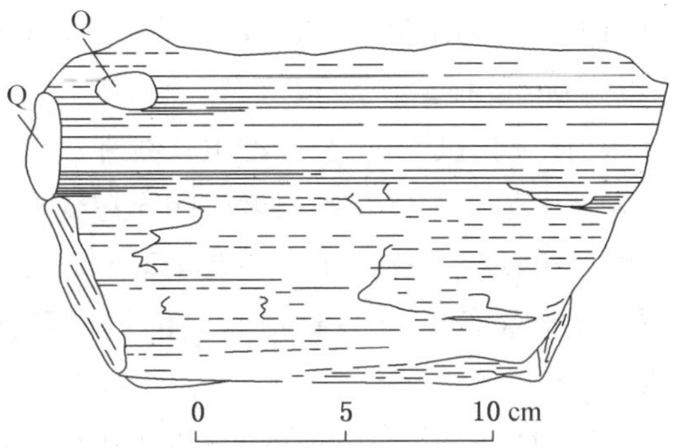


图6－17　硅质岩中的石英棒（Q）

4. 铅笔构造

铅笔构造是泥质或粉砂质岩石中被劈成铅笔状长条的一种线状构造（图6－18）。铅笔构造的形成作用可分为两类，一类是成岩压实与岩层挤压变形共同作用的结果，另一类是变形面理与层理交切的结果。岩石可破裂成大小不一的碎条，称作铅笔构造。这种构造最主要的特征是没有面状构造要素。横截面常是不规则的多边形或弧形。铅笔构造平行于区域构造变形的B轴方向，故为B型线理。另一种铅笔构造是交面的铅笔构造。它常由透入性的劈理面与层面相交而成。交面的铅笔构造常具有规则的断面形状，常平行于同期褶皱的褶轴，为B型线理。能使岩石劈成铅笔状长条的一种线状构造，常见于泥质或粉砂质岩石中。一般长数厘米至数十厘米，横截面成不规则的多边形。铅笔构造可能是两组劈理相交的结果，相当于B型线理。但更常见的铅笔构造以其长轴与有限应变椭球的长轴平

图6－18　铅笔构造

行，且找不到清楚的两组相交的劈理面，被认为是构造变形和成岩压实作用联合的产物，是收缩型应变的结果，是A型线理，但又平行于构造变形的中间轴方向。

5. 压力影构造

压力影构造是另一类矿物生长线理，属A型线理。常产出于低级变质岩中。压力影构造由岩石中强硬个体及其两侧或四周在变形中发育的构造纤维状结晶矿物组成。作为强硬个体的有黄铁矿、磁铁矿，还有化石、砾石、岩屑和变斑晶等，变形一般不强，只出现微破裂、变形纹等。核心矿物两侧的结晶纤维常由石英、方解石、云母或绿泥石等矿物组成。

在应力作用下，这些强硬物体在变形时将引起局部的不均匀应变，使其周围的韧性基质从坚硬物体表面拉开，形成低压引张区，为矿物提供了生长的场所。在压溶作用下，基质中的易溶物质在矿物界面上发生溶解，并从高压边界向低压引张区运移。沿着最大拉伸方向（A轴）生长成纤维状的影中矿物（图6－19）。纤维的生长方向随着变形过程中最大拉伸轴方向的变化而变化。

图6－19　眼球状压力影

坚硬核心体两侧的影中矿物的不同形状反映了不同的应变状态，在挤压变形或纯剪变形中，坚硬核心两侧的结晶纤维常呈对称形状，在单剪作用下，随着非共轴的递进变形，最大主应变轴（A轴）发生偏转。因此，坚硬核心体两侧的结晶纤维呈现出单斜对称的形状。黄铁矿晶体旋转变形模拟实验表明，不对称的影中矿物的结晶纤维生长随着剪切应变量的大小呈有规律的变化。通过对压力影中矿物结晶生长方向的测定，可以确定变形的主应变轴方位及其变化。

### ☞知识点58：线理的识别和测量

变形岩石中除了次生线状构造外，还可能残存原生的线状构造，如砾石的原生定向排列、岩浆岩的流线等。因此，在野外地质观察中，首先要区分原生线理和次生线理。但区分这两者较为困难。除在单个露头上注意研究线理的主要特征外，还要在更大范围内研究它的展布规律及其与其他构造的关系，才能查明成因并加以区分。

对于次生线理，要根据其基本特征及其与运动面的关系确定线理的类型。线理空间的确定是识别线理类型和确定与所属大构造几何关系的关键。线理产状也与其他线状构造产状一样，量度其倾向和倾伏向或侧伏向和侧伏角。

【小贴士】

值得注意的是，在测量线理产状时切忌把任意露头面上见到的相互平行的迹线当作线理。线理只有在面理面上的线状迹线才是真正的线理，其他切面上的线状方向或“长轴”的定向排列，都不是真正的线理。因此线理的测量一定要在与其伴生的面理上进行。

【项目思考】

1. 什么是劈理？劈理如何分类？各种劈理具有什么特点？
2. 简述研究劈理的意义。
3. 按照线理的形成机制，线理分为几种基本类型？
4. 简述A型线理、B型线理在研究地质构造中的意义。
5. 简述压力影构造和矿物生长线理的形成差别。

# 项目七 地 质 填 图

## 任务一 地质填图概述

【任务目标】

熟悉地质图件，掌握地质填图的内容、流程及方法。

【任务描述】

地质填图是一项综合性的调查研究工作，要对一个地区的岩石、地层、构造、矿产、地质发展史、水文地质及地貌等方面的地质情况进行全面的调查研究，首先应该进行的是野外地质调查研究、收集各种地质资料，然后才能编制地质图件和编写地质报告，完成全部工作。

【任务知识】

☞ **知识点59：地质填图的概念**

地质填图是指在对某一区域地壳表层的物质组成和地质构造情况进行了调查之后，将其用图件加以表现，并配以适当文字描述的一种地质工作方法。

由于用地质图件来表现地质现象和地质构造十分简明和直观，因此，地质填图是地质勘查工作的基本手段之一，也是资源勘查的基础工作。

在常规的地质填图工作中，如遇到表土掩盖、露头不好的地区，可以广泛使用坑探工程等手段揭露露头，也可参考钻探、地球物理勘探和邻近矿井的资料。遥感技术、GPS技术的发展和应用，进一步加大了地质研究手段的现代化以及基础数据收集的广度和深度，极大地提高了工效、降低了成本；计算机技术在绘图上的应用又进一步提高了地质填图的时效性和准确性。

☞ **知识点60：地质填图的类型**

地质填图的目的和要求不同，所要表现的详细程度就不同，图件的比例尺就不一样。因此，可将地质填图分为四种类型：

### 一、踏勘性地质填图

踏勘性地质填图是在研究程度较低的地区进行的最初期的勘查工作。这种地质填图的目的在于概括性地了解观测区的地质构造，可根据露头观测，来初步划分和研究不同时代主要地层单元的顺序和地质构造，并圈定可能存在的矿产资源远景地区。这类地质填图的比例尺较小，一般为1：1000000～1：500000。具体要求如下：

（1）对于地层要划分到“统”，在特殊情况下可划分到“系”或“界”。在古生物资料完备或有其他充足资料的条件下，也可能将地层划分到“阶”或更小的地层单位。

（2）对于侵入岩要划分出不同时代的侵入岩体。如果条件允许，还可划分出主要的侵入期，并初步查明其岩性、成分、产状和分布。

（3）概略地圈定第四系覆盖区，在综合地质图上应表示出河谷中大于4 $km^2$ 的第四系覆盖区，对于第四纪沉积物要尽量划分到“统”，并划分出不同的成因类型区。

（4）查明调查区地貌形态特征、地形与地质构造的关系。

（5）大致查明区内各岩系的水文地质情况。

（6）进行地质填图时，应尽量先用1：500000或1：200000的地形底图。在地形良好时，地质界线和地质点绘到地质图上的水平误差不应超过1.5 km。凡是宽度和直径大于2 km，直线延伸的地质体和巨型地质体都应绘到图上。穿越法对地质界线控制的最大距离在走向稳定地区为10～15 km，在构造复杂地区为5～10 km。

## 二、区域地质填图

区域地质填图是一项具有战略意义的、综合性的基础地质工作。其目的在于查明区域地质构造、地层、岩石的基本特征及矿产的分布规律，圈定出不同远景的含矿区域，初步确定含矿产地层的时代、厚度及其变化情况，圈定具有工业开采价值矿层的分布范围，并建议和指出进一步开展详细地质填图的地区。具体要求如下：

（1）对沉积岩、火山岩和浅变质岩的地层单位一般要划分到“阶”或“组”，个别地区难以划分时，可划分到“统”或相当于“统”的“群”。当褶皱地区的地层厚度超过1500 m、水平地层厚度超过100 m时，应更加详细划分，但岩性成分单一时可不再划分。第四系应划分成因类型及相对时代，条件许可时划分到“统”。

（2）对侵入岩要确定和推测相对顺序，查明侵入岩体的产状及岩石类型、矿物成分、结构、构造、化学成分等特征，研究侵入岩与围岩的关系等。

（3）在基岩大面积出露的地区，对新生代（主要是第四纪）各种成因类型的沉积物，凡是宽度在200 m以上或面积大于2 $km^2$ 的都要进行观察和描述。但具有特殊意义的第四纪沉积（如冰川沉积，湖相沉积等）不受此限。若第四纪地层分布范围广，成分复杂，且厚度达数十米时，可单独编制第四纪地质图，地层划分到“统”，并标定岩性及成因类型。

（4）对水文、地貌情况，一般不作系统调查，但对泉水、温泉应进行观测、记录和采样，并研究其出露的地质构造条件。在沙漠、干旱地区，应对井、泉点进行调查，编制水文点分布图。某些地区如需进行系统的水文地质、地貌调查时，可按下达的具体任务和要求进行工作。

（5）收集褶皱、断裂、节理、劈理等各种构造形态的实际材料，查明主要褶曲，断裂的分布、规模、形态、产状和性质及两者的相互关系、分布规律和形成时代，研究构造与岩浆活动、成矿作用的关系；研究构造与矿产分布的关系。

（6）进行地质填图时，应尽量先用1∶100000或1∶50000等较大比例尺的地形底图。对有特殊意义的地质体（如含矿产的地层、小侵入体、岩脉、矿层露头、找矿标志等）可放大表示。地质界线和地质点的精度要求平距误差在200 m以内，高程误差在50 m以内。穿越法对地质界线的控制最大距离一般为2 km。航空相片解译效果好、地质构造简单的地区可适当放宽到3～6 km。在第四系大面积分布的地区可放宽到4～6 km。

## 三、详细地质填图

详细地质填图的目的在于详细研究调查区地质构造、含矿地层的岩性、岩相及其厚度变化；查明矿层层数及标志层，并进行矿层对比，详细研究构造变动、岩浆活动及其对矿层的影响；初步圈定矿区的范围，做出矿产工业价值的初步评价，比例尺一般使用1∶5000～1∶10000，具体要求如下：

（1）地层单位在“组”和“阶”的基础上应划分到“段”或“带”。当褶皱地区的地层厚度超过500 m，缓倾斜地层厚度超过100 m时，应再详细划分。标志层、煤层（或其他矿层）及有特殊意义的岩层，均应单独分层，可放大比例尺绘在图上。第四系松散堆积层应划分其成因类型及相对时代，条件许可时应在“统”的基础上进一步划分到“组”。

（2）进一步详细研究侵入体产状、分布及其对煤层（或其他矿产）的影响，并圈定其分布范围，对侵入含煤地层（或其他矿产地层）中的脉岩，应作侵入时代的研究和划分。

（3）对基岩区内面积小于0.5 $km^2$与沟谷中宽度小于100 m的第四系，在图上仍按基岩填绘。大片第四系覆盖区，在物、化探工作的基础上，可酌情布置工程点给以揭露。

（4）进一步查明区域内一般水文地质条件，初步查明含水层的分布情况和地下水的补给情况及可能利用的条件，调查地下水的露头（井、泉、沼泽、水池等）、岩溶、生产矿井和老窑等水文地质点，描述其出露点及附近的地形地质条件，并正确标定其位置，编制与地质图比例尺相同的水文点分布图。

（5）确定地层、构造的接触性质及类型，对某些重要界线应有坑探工程控制，各种地质构造和地质体要标定直径大于100 m的闭合地质体和宽度大于50 m、长度大于250 m的线状地质体以及长度大于250 m的断层和褶皱构造。小于上述规模的直接、间接找矿标志和具有特殊意义的地质体，应适当放大或归并表示。地质界线（或观测点）的水平误差在图上不得大于1 mm，高程误差不得超过该比例尺地形图标准等高距的1/2。穿越法对地质界线控制的最大间距在基岩区一般为400～800 m，点距300～500 m，在航空照片解译程度较高的地区和岩性单一的地层或岩石出露较宽的地区，其点、线距均可适当放宽。大片第四系分布区，其线距可放宽到1000～1500 m。

## 四、专门地质填图

专门地质填图是进行勘探工程布置的依据，也是详细研究煤田地质或其他有关矿产的基础工作，目的在于对含煤地层和煤层（或其他矿产）进行更详细的研究和对比，并确定对比的主要标志，确定煤层（或其他矿层）的厚度、结构及变化规律，如果是煤层，还要确定煤的变质程度、煤的种类及其技术指标，确定含煤建造的成因类型和勘探网度。也是使用1：5000～1：10000这样的大比例尺。以煤田地质填图为例，对本类地质填图具体要求如下：

（1）对含煤地层要做出全区的含煤地层标准柱状图及综合柱状图，划分含煤地层，确定标志层，并予以命名；研究标志层和煤层间的关系。含煤地层柱状图的比例尺采用1：200～1：500。

（2）根据所测得的含煤地层柱状图确定煤层的层位和层数，并给予命名，查清煤层层序和分布。在坑探工程或钻探工程中进行煤质取样，并进行肉眼研究，以确定煤的合理用途及风、氧化带的深度。

（3）对侵入体作更详细的研究，确定其产状、规模、成分、变质作用及其对煤层、煤质的影响程度和对井田的可能破坏情况。对中、小型的层状或脉状侵入体要放大表示在图上。

（4）对水文地质的研究，除详细了解区内所有的井、泉、沼泽、水池等地下水露头的分布规律，地形地质条件，补给和排泄条件，出水处的特征（涌出或流出、成股或成带）、成因类型及其与岩性、构造的关系，了解岩溶现象及其分布规律、水位和流量的动态变化等之外，还应进行专门的水文地质工作（包括试验）和生产矿井的水文地质调查。

（5）在暴露式煤田应着重研究与矿山建筑、地下水垂直分带与勘探及开发条件有关的地貌现象，在掩盖式煤田要着重研究与水文地质和工程地质有关的问题，如堆积物的岩性、松散程度、分布、厚度及含水性。

（6）对所有的地质构造均应详细研究，按采用的比例尺，在图上大于1 mm者均应表示出来。对地层、构造的接触性质和类型及某些重要地质界线的确定，需要有坑探工程的控制和证实。对深部地质构造情况的推断，要有物探和钻探资料作为依据。地质界线（或观测点）的水平误差在图上不得超过1 mm，高程误差不能大于该比例尺地形图标准等高距的1/2。

**☞ 知识点61：地质填图比例尺的选择**

在地质填图工作中，正确地选择地形底图的比例尺是极为重要的。因为各种比例尺的地质填图都有一定的精度和质量要求，选择地质填图的比例尺将直接关系到填图的精度和质量，同时也影响到工作的目的和任务能否完成。选择地质填图的比例尺时，要考虑下述几个方面的因素：

### 一、填图的目的和任务

在煤田地质勘查工作中，填图的比例尺根据勘查程序而定，一般在预查阶段用1：50000或1：25000的比例尺；在普查阶段用1：25000或1：10000的比例尺；在详查阶段用1：25000、1：10000或1：5000的比例尺；而在勘探阶段则用1：10000或1：5000的比例尺。所有提供建井用的地形地质图，其地形底图的比例尺均不应小于1：10000。

### 二、工作地区地层露头的出露情况

在表土掩盖地区，为了详尽地表示少数露头的地质情况，需要用坑探、钻探等地质勘探手段进行配合，为此，应适当放大比例尺。

### 三、工作地区地形、地貌的复杂程度

在地形、地貌较复杂的地区，应当选择较大比例尺，以便更细、更好地表现各种地质现象。

### 四、工作区内的地质构造复杂程度

在地质构造极为复杂的情况下，用通常规定的比例尺不能把地质构造表示出来，也就达不到预期的目的，这时也要适当地放大比例尺。

### 五、工作区内已开展过的地质工作及已有的地质工作程度

除上述条件外，在金属矿床分布的地区填图时，还应考虑矿产类型、规模及矿化的复杂程度。

上面分析了选择地质填图比例尺的种种条件，但最基本的条件还是地质填图的目的和任务，其他条件只是综合考虑的一个方面。另外，在地质填图工作中通常都是由小比例尺向大比例尺逐步进行的，这是因为随着在工作地区填图比例尺的增大，地质研究程度也在逐步提高。当发现有含煤远景的地区，就需要做较大比例尺的地质填图工作，以进一步提高地质研究程度。由此可见，选择地质填图的比例尺是一项极为重要的工作。

## 任务二　地层剖面及柱状图的测制

【任务目标】

熟练掌握野外实测地层剖面的方法及运用实测数据绘制地层柱状图。

【任务描述】

1. 实测地层剖面。
2. 绘制地层柱状图。

【任务知识】

☞ **知识点 62：野外实测地层剖面的方法**

在系统、全面地开展地质填图工作之前，必须选择一条以上横穿岩层走向、岩层露头较好的路线测制地层剖面图。实测地层剖面图可分为全层实测地层剖面图和重点层段实测地层剖面图两种。前者要对调查区出露的全部地层进行详细分层，研究岩层厚度、成分、结构、分层标志、含煤特征以及地层层序、接触关系、时代归属等，采集岩矿；对化石标本进行室内鉴定，有根据地建立地层剖面，后者则侧重于对含煤地层及其上覆 500 ~ 700 m 地层进行分层研究，重点了解各填图单位的标志、厚度、岩性和岩相的变化。

## 一、测制剖面图的目的

（1）查明各类岩层的地层层序和厚度。

（2）确定地层的时代。

（3）查明不同时期的沉积间断和角度不整合等接触关系以及侵入体在剖面中的位置。

（4）研究构造发育特征。

（5）研究组成地层剖面岩石的成分、结构构造、分层标志、所含化石及岩相特点，对含煤地层要研究其旋回结构的特征。

（6）查明各煤层在地层剖面中的位置。

在工作初期，对剖面的研究和描述要特别详细。在确定了岩石类型、掌握了调查区地质构造和地层发育的基本特征后，可参照以前所作的描述。

通常，由于缺乏完整和连续出露的全层剖面，必须研究一系列的局部剖面，再根据标志层将各局部剖面加以对比，编制成全层剖面。

在测制了完整的全层实测地层剖面后，就可以确定填图的地层单位和选择填图中使用的标志层。

## 二、地层剖面的选择和要求

（1）剖面线要选择在地层出露良好、层序完整和未经构造破坏的地区（研究某一构造现象者除外），其方向应垂直于地层走向。如遇个别地段被掩盖，可用坑探工程予以揭露或沿某一标志层的走向平移，用辅助剖面加以弥补。此时必须进行详细的研究和对比，避免人为的缺层或重复。

（2）地层剖面图的比例尺必须远远大于地质填图的比例尺。例如在作 1：200000 地质填图时，测制剖面的比例尺一般采用 1：10000 的比例尺。对含煤地层中的煤层层位或有特殊意义的地段，还应用更大的比例尺测制地层剖面。在测制剖面过程中，还应将剖面线位置及所出露的地层位置，准确地填绘在地质图上。

（3）分层的详细程度和精度要求应与各阶段地质填图中对削面的要求相适应，一般为相当于地层剖面图比例尺 1 mm 的厚度。对于含煤地层中厚度大于 2 m 的岩层应单独分层编录。有特殊意义的岩层、重要化石层、标志层、煤和其他矿层，不论厚度大小，均应单独分层。编录时应根据条件尽量直接量取岩层真厚度。

（4）各类地质填图的剖面数随填图比例尺的大小应有所区别。在踏勘性地质填图阶段，应多测剖面，特别是分段的短剖面，这对于对比地层有很重要的意义。在区域地质填图阶段，沿走向每隔 30 km 需测一个穿过全区整个构造单位（如向斜两翼）的大剖面，每隔 10 km 要测一个只切过含煤地层及其上覆和下伏地层（统或统的一部分）的小剖面。在详细地质填图和专门地质填图阶段，要求在调查区内有不少于 1 条的全层实测地层剖面。重点层段实测地层剖面的间距和揭露整个含煤地层的主干槽的间距参见表 7－1。

表 7－1　重点层段实测地层剖面和主干槽间距表

| 比　例　尺 | 1：50000 | 1：25000 | 1：10000 | 1：5000 |
|---|---|---|---|---|
| 地层剖面间距/m | 6000～8000 | 4000～6000 | 2000～4000 | 1000～2000 |
| 主干槽间距/m | 4000～6000 | 2000～4000 | 1000～2000 | 500～1000 |

（5）地层的划分和命名原则及地层符号的使用等，均应符合地层规范。

## 三、地层剖面图的测制方法

在选择好地层剖面的位置后，要沿剖面线进行详细踏勘，以便确定地层和岩体的划分及地层层序和地层接触关系；了解岩性组合规律及其变化情况；寻找化石，确定地层时代，初步选定标志层和地层划分的单位；了解沿线地质情况和工作条件等。在踏勘过程中，对主要地质界线、标志层、标本、样品的采集地点，均应设立明显标记。

剖面测量组一般由 5～6 人组成。1～2 人在前面做地层分层和测量岩层产状；2 人测量导线长度和方位角、坡度角；1 人做记录和地质描述；1 人画剖面草图和采集标本。人员的分工可以根据实际情况灵活调动。具体测量根据所用仪器、工具及其精度的不同，可分为半仪器法测量和仪器法测量两种。半仪器法是用皮尺或测绳量距离，用罗盘测导线方位角和岩层产状，用罗盘或手持水准仪测导线坡度角。仪器法是用经纬仪等精密测量仪器来测量导线方位角、距离和坡度角等。仪器法通常是由地质人员和测量人员协同进行工作的。特别是对矿区地质勘探线剖面图，必须应用仪器法进行测量，即由地质人员先在各观测点（如地层分层、断层线、煤层等地质界线点）详细观察和记录，并在每个点上插旗编号，再由测量人员用经纬仪测出地形剖面线，然后再将地质情况表示在图上。

地层剖面应自下伏地层开始，由老到新测制。导线要基本上垂直地层走向，并且要分段进行测量。每一段导线的测量过程是：①确定剖面方向；②丈量导线长度和测量导线坡度角；③对地层进行分层，并确定各分层在皮尺或测绳上的读数；④对分层进行岩性描述和测量有代表性的岩层产状；⑤采集岩矿、化石标本及样品，并进行编录。

在进行上述工作的同时，要将各项测量数据及地质观察结果报告给记录员，记录员按地层剖面测量记录表格内容（表7－2）逐项进行填写，并勾绘出草图。完成一段导线的上述工作后，再进行下一段导线的测量工作。按照这样的步骤测量下去，直到地层剖面图测完为止。在测量剖面的过程中，还应注意下述的一些问题：

表7－2　地层剖面测量记录表示例

剖面位置＿＿＿＿＿＿＿＿　　　　比例尺＿＿＿＿＿＿

| 导线号 | 岩层号 | 导线方位角 | 导线坡度角 | 导线距 | | 高差 | 累计高差 | 岩层产状 | | | | 导线方位与岩层走向夹角 | 岩层分层厚度 | 岩层累计厚度 | 地层时代 | 岩性描述 | 备注 |
|---|---|---|---|---|---|---|---|---|---|---|---|---|---|---|---|---|---|
| | | | | 斜距 | 平距 | | | 位置 | | 倾向 | 倾角 | | | | | | |
| | | | | | | | | 斜距 | 平距 | | | | | | | | |
| 1 | 2 | 3 | 4 | 5 | 6 | 7 | 8 | 9 | 10 | 11 | 12 | 13 | 14 | 15 | 16 | 17 | 18 |
| | | | | | | | | | | | | | | | | | |

测制人＿＿＿＿＿　　记录人＿＿＿＿＿　　审查人＿＿＿＿＿　　测制日期＿＿＿＿＿

（1）测点最好选择在坡度改变处（或拐弯处）、煤层、标志层或岩层分层处。在地形平坦和岩层巨厚地段也不宜将皮尺拉得过长，一般以30 m以内较适宜，以免误差过大。

（2）如果拉皮尺的两个人高度相差不大，用罗盘测斜仪或手持水准仪测坡度角时，最好二人同时互相瞄准对方的眼睛，取两者读数的平均值。

（3）皮尺虽是沿斜坡拉直线，但在绘制地形剖面线时，不应机械地画成直线或折线，要用素描方式把地形变化表示出来，这样绘出的地形才近于自然状态。

（4）剖面线应尽量垂直岩层走向。若不垂直时，在剖面图上应当用岩层的视倾角作图。

（5）在测量地层剖面过程中，应就地及时地绘出剖面草图。

（6）在剖面图上，岩层分层以尽量详细为好。一般岩层厚度若按测图比例尺在剖面图上达到1 mm厚时，或虽达不到这个厚度但是具有一定意义的岩层或煤层，都应划分出来，并适当加以放大绘在剖面图上。

（7）沿河边、铁路或公路测剖面时，应把河岸或路侧的地形示意地画在剖面草图上，并填绘出地质内容。

## 四、绘制地层剖面图

野外实测地层剖面所获得的各项数据，需要在室内进行计算和整理，然后编制实测地层剖面图（图7-1）。先算出水平距、高差、累计高差及导线方位与岩层走向夹角等，填在表格中相应各栏内；再用岩层厚度计算公式，求出岩层各分层的厚度。

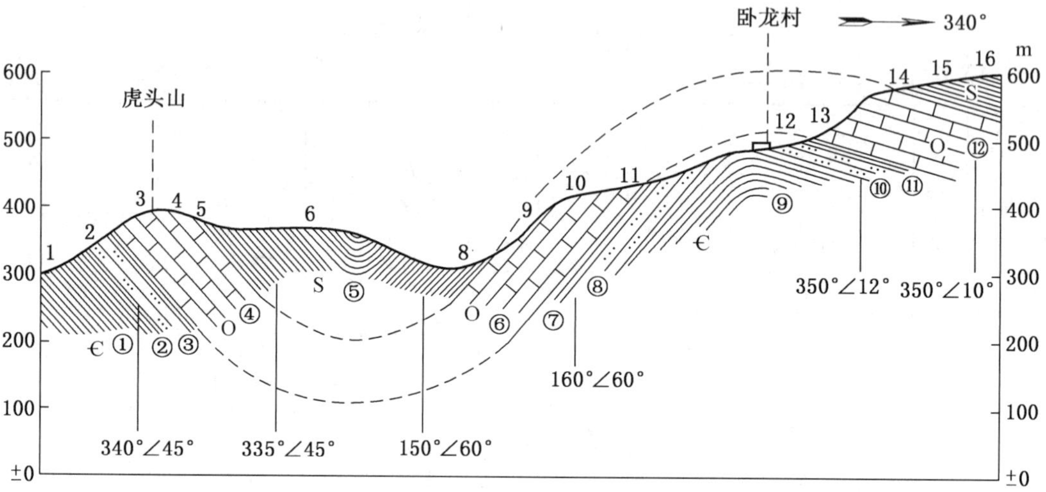


图7-1 用直线法绘制的实测地层剖面示意图

1. 直线法

这种方法适用于剖面线基本垂直于区域岩层走向且为一直线的情况（图7-1）。绘图步骤是：

（1）绘制地形剖面线。根据各导线点及各测点的高程、平距，将各导线点及测点按规定比例尺透绘于图纸上，参照野外草图上的地形变化情况，勾绘出地形剖面轮廓，并在其上注明主要地名及显著地物。

（2）绘制地层剖面。根据地质界线的实际位置，在地形剖面的相应位置上，按岩层产状画出地质界线。当剖面线方向与岩层走向夹角大于80°时，岩层界线按真倾角画；当夹角小于80°时，则应按视倾角画。

（3）勾绘构造形态。根据岩层产状的变化情况将地质构造形态勾绘出来。在勾绘时需注意，一般地质剖面图上，地表附近地质界线用实线勾绘；地面以下深部的地质界线，因系推断，所以只能用虚线勾绘。

（4）整饰图件。在剖面图上用规定图例符号注明各测点在相应位置上所测定的产状数据。根据岩矿、化石标本和样品的采集位置，在地质剖面图上用规定图例符号，注明标本、样品的采集位置和编号。填绘岩石花纹图例，注上图名、比例尺、方位、图例和图签等。经验收后即可清绘复制成正式图件。

2. 投影法

在剖面线不直，经常成一折线的情况下，常采用投影法。

投影法是将呈折线转折的剖面线，投影到一条选择的基准线上，然后按基准线方向与岩层走向间关系，作出基准线地质剖面图（图 7－2）。具体作图步骤如下：

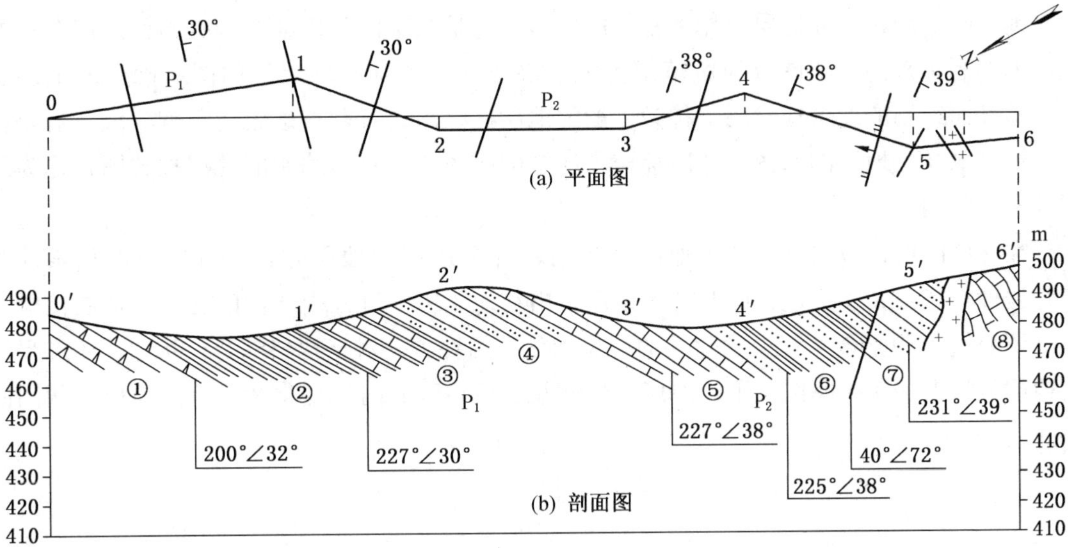


图 7－2　用投影法绘制的实测地层剖面示意图

（1）作导线平面图。按照各段导线的方位角和平距逐段划出平面图，将各地质界线点、产状测量点及标本、样品的采集点，分别标明在平面图的相应位置上。

（2）选择基准线。基准线要垂直或接近垂直于区域岩层走向，且其位置应尽量靠近多数导线段。如果剖面起点与终点连线符合此条件，即可用此连线作为基准线，其方向即为剖面方向。

（3）绘制地形剖面线。在平面图上，从各导线点垂直基准线方向引投影线与基准线相交，各交点即为导线点在基准线上的投影点。在剖面图上，按各点在基准线上的平距及各点标高依次将点标出，并用光滑曲线将其连接起来，得出剖面的地形轮廓线。

（4）绘制地层剖面。从平面图上将各地质界线点按上述方法顺次投影到基准线上，再投到地形剖面图上，根据岩层产状描绘出地质界线及构造形态。在描绘时，如若基准线方向与岩层走向斜交，则需把真倾角换算成视倾角后才能描绘地质界线。

（5）整饰图件。将岩层产状的测定位置，标本、样品的采集位置，先投影到基准线上，然后再投影到剖面图相应位置上，并按规定图例符号注明岩层产状及标本、样品的采集位置和编号。此外，还要注明岩性、地层代号，写上图名、比例尺及方位。

投影法的优点是地质剖面图连续完整，地质内容歪曲较少，剖面长度与平面长度一致。缺点是计算和作图均较麻烦，剖面上的地形坡度、露头宽度与实际测量不完全一致。在野外实测地层剖面图时，由于表土覆盖、地形等因素的影响，一般很难做到使整个剖面方向成一条直线。除非地质勘探线剖面图要保持直线，中途不能改变方向或平移。所以一般均用投影法编制实测地层剖面图。

**☞知识点63：地层柱状图的绘制方法**

地层柱状图是野外地质工作最基本的资料，它是在全面分析整个调查地区地层资料的基础上绘制出来的。若调查地区范围不大，仅根据一个实测地层剖面图所确定的地层层序、厚度而绘制的地层柱状图，称为一般的地层柱状图。若调查地区的范围广大，需要在不同地点测几条地层剖面图，然后综合各地层剖面图的资料而编制的地层柱状图，称为地层综合柱状图。

在柱状图中，应反映出调查地区由老到新各个地层的地质时代、分层厚度和累计厚度、岩性柱状及文字描述，同时还应该反映出在地质历史过程中岩性的变化、地层接触关系（不整合、假整合）以及含化石的层位和化石的种类。对于地层综合柱状图，还应当注明地层的最大和最小厚度及平均厚度，岩性及岩相在区域内的变化情况等。地层柱状图的格式见表7－3。

表7－3 地层综合柱状图

比例尺：1：1000

| 地层单位 | | | | 层号 | 地层代号 | 厚度/m | 岩性柱状 | 岩性描述 | 化石 | 矿产 | 备注 |
|---|---|---|---|---|---|---|---|---|---|---|---|
| 界 | 系 | 统 | 阶 | | | | | | | | |
| | | | | | | | | | | | |
| | | | | | | | | | | | |
| | | | | | | | | | | | |
| | | | | | | | | | | | |
| | | | | | | | | | | | |
| | | | | | | | | | | | |
| | | | | | | | | | | | |
| | | | | | | | | | | | |
| | | | | | | | | | | | |

在编制含煤地层柱状图时，必须精确标定煤层在剖面中的位置，厚度、顶底板岩性等特点，并尽可能编制出含煤建造的岩性、岩相旋回剖面图。

无论是编制一般的地层柱状图，还是编制地层综合柱状图，都应当注意下面几个问题：

（1）在编制柱状图前，要对岩层的时代和分层、岩层的分层厚度和累计厚度、地层的接触关系、岩性特征和所含化石的种类等逐项进行核查，确实无误后才开始制图。

（2）在编图时，要按地层的时代由老到新、从下至上地按顺序逐层绘制。

（3）在图上用1 mm能表示厚度的岩层均应在图上表示出来。但对于有特殊意义的矿层、煤层及标志层，即使其厚度达不到1 mm，也要夸大厚度给予表示，并用文字注明其真实厚度。

（4）在调查地区若有岩浆岩分布，就要查清岩浆岩的生成时代、岩石性质和名称，并用规定的图例符号把岩浆岩的种类、生成顺序及与围岩的接触关系在图上表示出来。

（5）地层柱状图的比例尺一般大于实测地层剖面图的比例尺。例如1：50000～1：25000比例尺的地质填图，相应的地层剖面图的比例尺可采用1：5000～1：2000，则地层柱状图的比例尺为1：2000～1：1000；1：10000～1：5000比例尺的地质填图，地层剖面图可采用的比例尺为1：2000～1：1000，则地层柱状图的比例尺为1：1000～1：500。

# 任务三　地质填图的方法

【任务目标】

熟练掌握GPS技术和运用遥感地质图件填图。

【任务描述】

1. 掌握常规地质填图方法。
2. 熟悉GPS技术、遥感地质填图技术。
3. 了解3S集成技术与数字地球。

【任务知识】

**☞知识点64：常规地质填图**

在调查区建立了地层剖面、划分了填图单位、选择了标志层之后，地质人员即可依据确定的地层层序及划分方案，按照对填图比例尺的精度要求进行野外地质填图工作。

## 一、野外工作前的准备阶段

野外工作前的准备阶段一般包括下面几项主要工作：研究调查区及邻区已有的地质资料；选择调查区所需地形图、航空照片、卫星照片等；野外踏勘，编写设计任务书及组织野外工作队，配备所需的仪器设备等。

1. 研究调查区及邻区已有的地质资料

（1）充分收集调查区及邻区所有的地质资料，如区域地质填图的报告及普查报告等，熟悉矿区内的地层、构造、岩浆岩及矿产分布等特点。然后将这些资料编成目录，注明调查机关，调查人员及调查年月。

（2）对重要资料要加以摘录、整理，并复制必要的图件。

（3）对资料进行全面的分析研究，把区域内的含煤地层和煤层、地质构造等概况综合编绘在一张图上。对这些资料中的结论意见、疑问及有争论的问题均需归纳综合在一起，以便在今后地质填图工作中加以验证、修正和补充。对调查区内的水文地质、气象、地貌、第四纪等地质资料，摘其主要部分，以便编写地质报告时参考；应研究自然地理及经济地理各种相关的技术规范，必要时加以摘录或复印。

（4）为了对调查区进行充分而全面的了解，有条件时最好与熟悉本区或曾在本区工作过的同志进行座谈和讨论，征求他们对进一步工作的意见。

2. 选择调查区所有的地形图、航空照片及卫星照片

（1）收集调查区所有的地形图，选择其中精度较高的，并采用比例尺比地质填图比例尺大一倍的地形图作为底图，以便用以编制地形地质图。

（2）收集调查区的航空摄影照片及卫星照片，尽可能地加以复制。

（3）若无合适的地形图，应预先进行地形测量或根据已有的航空摄影测量资料用平射照相制图法编出图件。

3. 野外踏勘

在编制地质填图的设计以前，要进行航空照片的初步解译及野外实地踏勘，并收集资料。

（1）穿越一两条剖面，了解地层和标志层的出露情况、地质构造、地貌及水文地质的一般情况。检验前人测制的地层柱状图，熟悉分层系统，并了解其可靠程度，以便确定填图单位。

（2）进行航空照片的初步解译：检验地形图的精度和航空照片解译标志及其效果。

（3）了解有关矿产的分布、开采和利用等方面的资料。通过对生产矿井和老窑的调查，对煤层、构造情况作大致的了解。

（4）了解坑探工程的施工条件和居民点分布及生活状况。

4. 编制地质填图工作的设计书

在前述各项工作的基础上，应在指定的期限内编制地质填图技术设计书。设计是根据上级下达的任务书和《规程》要求，并结合调查区的具体情况而制定的“作战方案”。设计应做到任务明确、方法对头、部署得当、措施具体和简明扼要。

地质填图工作设计由普查组或分队编制，提交大队或公司审查批准。设计未经批复，不能全面开展工作。工作过程中发现地质情况有重大变化时，应及时修改设计。

设计书内容应包括地质部分及生产技术部分，可参照下列提纲编制：

（1）地质部分包括：工作的目的和任务，调查区的地理经济特征，前人进行的地质工

作简述，调查区地质概况，工作方法及工作量等。

（2）生产技术部分包括：总论，地质填图工作，坑探工程及钻探工程、物探工程、取样及化学分析等工作，地形及工程测量工作，水文地质工作，小窑访问及矿山测量工作，室内工作，生产组织及经济核算。

（3）附调查区的交通位置图及地质图（或概略地质图）。

5. 地质调查队的组织与装备

地质调查队应根据调查区的特点和技术力量的强弱组成综合队或专业队。如技术力量较强，技术人员又具有全面的工作能力，则可采用分区分组包干的办法；否则，可采用分为若干个专业组（如地面地质组、坑探工程组，水文地质组等）的办法，以发挥所有技术人员的作用。

野外装备以轻便、齐全和便于工作为原则。常用的装备有地质罗盘、地质锤、2 kg 重的大锤、干式气压表、放大镜、测斜仪、计步仪、手持水准仪、80 m 或 50 m 的皮尺或测绳、望远镜、盐酸及装盐酸用的滴瓶、照相机及照相用具等。

## 二、地质观测路线的布置

地质观测路线的布置通常采用三种方法：

1. 路线穿越法

其特点是观测路线与区域构造线及地层走向大致垂直，能比较容易地查明调查区的地层年代、层序、接触关系和地层厚度以及全区的基本构造特征，工作量也较小。但在构造复杂地段，对地层厚度、岩相沿走向的变化不易查清，而且在两条路线中间地段的地质界线可能与实际情况会有出入。因此，在基岩出露较好、地质构造不太复杂和岩相稳定的沉积岩地区可用此法控制地质界线。此法适用于 1：50000 或更小比例尺的地质填图。

2. 顺层追索法

其特点是选择一定数量的重要地质界线、标志层或煤层等顺走向进行追索。此法能精确地确定地质界线，比较容易地查明标志层、煤层厚度和岩相的横向变化，容易查明构造变动的细节，但对于了解岩层的正常层序、煤、岩层厚度及岩相的纵向变化等不如路线穿越法确切。此法通常用于大比例尺地质填图，以查明煤、岩层、岩浆岩体与围岩的接触界线及断层线等。在地质构造十分复杂的地段，可帮助查明构造形态和性质。

3. 全面踏勘法

是穿越走向和顺走向追索两种方法的综合，能较精确地圈定某一地质体的位置。通常用于大比例尺的地质填图。

地质观测路线的间距直接关系到野外资料收集得是否准确、齐全，故应慎重确定。其主要取决于地质填图比例尺的大小、构造复杂程度、基岩出露程度、通行条件以及航空照片的解译程度等。具体标准见表 7－4，可结合实际情况参照执行。

表7-4 地质观测点密度、观测线长度及点距

| 比例尺 | 构造复杂程度 | 每平方公里的观测点数/个 | 每平方公里的观测线长度/km | 地质界线上的点距/m |
|---|---|---|---|---|
| 1:50000 | 简 单 | 1.2~1.6 | 1.2~1.6 | 500~1000 |
| | 中 等 | 1.6~2.5 | 1.6~2.0 | |
| | 复 杂 | 2.5~4.0 | 2.0~2.4 | |
| | 极复杂 | >4.0 | >2.4 | |
| 1:25000 | 简 单 | 4.0~6.0 | 4.0 | 250~500 |
| | 中 等 | 6.0~9.0 | 6.0 | |
| | 复 杂 | 9.0~12.0 | 8.0 | |
| | 极复杂 | >12.0 | >10.0 | |
| 1:10000 | 简 单 | 20~30 | 12.0 | 100~200 |
| | 中 等 | 30~45 | 14.0 | |
| | 复 杂 | 45~60 | 16.0 | |
| | 极复杂 | >60 | >18.0 | |
| 1:5000 | 简 单 | 60~90 | 24.0 | 50~100 |
| | 中 等 | 90~120 | 26.0 | |
| | 复 杂 | 120~150 | 28.0 | |
| | 极复杂 | >150 | >30.0 | |

## 三、地质观测点的布置

在野外进行地质观察和描述记录的地点称为地质观测点。地质观测点通常布置在观测路线上的露头处，以能控制地质界线为原则。在勾绘地质草图时，为控制基本构造形态和地质界线而布置的观测点，称为基本观测点。在用仪器法实测地质图时，为进一步控制构造形态和地质界线，又同时满足观测点的密度要求，在基本观测点之间沿地质界线加密布置的观测点及产状观测点，称为测图观测点（加密观测点）。基本观测点应详细观测记录，其内容包括点的编号、位置、观测日期、观测者；露头情况包括出露特点、风化程度、周围地貌等；岩石性质、层位及产状；节理、褶皱、断裂要素及其力学性质；煤层及其与围岩的关系，该点与其他观测点的关系；采取标本的记录，摄影或素描等。测图观测点一般只做简要的描述记录。在1:50000或更小比例尺的地质填图工作中，应全部采用基本观测点，在1:10000和1:5000的地质填图工作中，根据构造复杂程度，基本观测点一般占全部观测点的1/4~1/3；构造简单时，可适当减少，构造复杂时，应适当增加，甚至全部采用基本观测点。

在不同地区或不同地段所出现的地质现象各有不同，因此在每一观测点上要抓住主要现象，对有意义的地质现象进行重点描述。另外，对地质观测点之间的各种地质现象，如地层、煤层、构造等的特点要做连续的观察和记录，以便由点到线地加以扩大，从而得出总体概念。

野外资料是否符合要求以及是否完整，关键在于地质观测点的位置和密度是否恰当以及地质观察、描述和记录的详细程度。决定观测点密度的因素与观测线相同，如在含煤地层和复杂构造附近要加密，而在非含煤地层和简单构造附近则可放稀，具体可参照表 8－4，并结合实际情况而定。

## 四、野外地质观测点位置的标定

在野外布置了观测点后，需要将观测点的位置标定在地形图上。根据地质填图的目的和任务、精度要求的不同，通常有以下三种方法：

1. 目视法标定

用罗盘定向、气压计测高程、步测距离，适用于小比例尺及部分中比例尺的地质填图。要求的精度是水平误差不得超过比例尺分母的 4‰，高差不得超过同比例尺地形图的一倍等高距。这种方法虽然速度快，但在煤田地质填图中很少采用。

2. 半仪器法标定

用小平板测绘地形和定观测点，气压计测高程、皮尺量距离，适用于中比例尺地质填图。要求的精度是水平误差不得超过比例尺分母的 2‰，高差不得超过同比例尺地形图的等高距的 1/2。

3. 全仪器法标定

用经纬仪或大平板仪标测观测点，并描绘地质对象，适用于大比例尺或专门性的更大比例尺的地质填图。精度要求和与地质填图比例尺相当的地形测量相同，各种工程坐标必须用仪器测绘在图上。

在煤田地质填图工作中，观测点位置的标定要符合下列要求：

（1）在 1∶50000 地质填图中，地质观测点可用半仪器法标定，要求在图上的点位误差一般不得大于 1 mm，但在 1∶25000 的地质填图中，除了非含煤地层的界线点、一般构造点可用半仪器法标定外，对含煤地层顶底界线点、煤层露头线点、生产矿井、老窑、各种工程点、重要构造点等，均应用全仪器法标定。

（2）在 1∶10000 及 1∶5000 的地质填图中，所有的地质观测点必须用全仪器法标定。产状观测点可根据具体情况，采用半仪器法标定。

（3）在 1∶25000 和 1∶10000 的地质填图中，观测点的测量精度应达到同比例尺地形测量地物点的精度。

（4）在 1∶5000 地质填图中，图根控制测量及地质工程测量的方法和精度应符合原国家地质矿产部 1997 年颁布的《煤田地质填图规程》的规定。

## 五、地质点观察和记录

在确定了地质观测点的位置后，要进行详细的观察和记录。观察的内容如下：

（1）地层的分层。对标志层及岩性进行仔细的研究，地层的时代要尽量通过采集化石标本加以验证。还要观察地层之间的接触关系，并确定其类型。

（2）地层的岩石组成。仔细观察岩石性质，并初步给予命名。要采集岩石标本，以便进行室内鉴定；还要观察岩石的风化程度。

（3）测量岩层的产状。观测岩层中节理发育的情况，并测量节理面的产状，观察地质观测点所在位置的构造部位及其与整体构造的关系，如向斜的北翼或南翼，或者是倾伏向斜的转折端处等。若有断层，要测量断层面产状，观察断失部位及断层破碎带的情况，判断断层的上盘和下盘以及位移的情况。

（4）对煤层要观察其出露厚度及厚度的变化。观察煤层中夹矸的情况，并采取新鲜的标本，以备鉴定。

（5）若有岩浆岩时，要观察岩浆岩的岩性，并要初步命名。研究岩浆岩体的产状及其与围岩的接触关系。

（6）地貌和水文地质情况。

观察上述内容后，要在野外地质记录本或观测点卡片上做好记录。对有意义的地质现象要做好素描或照相。在野外进行地质观察时，不能泛泛地观察和记录，要注意抓住重点内容。对主要内容要详细观察和记录，其他重复内容可扼要记录。此外，还要注意不能孤立地观察一个点的地质情况，要把周围地质情况联系起来进行观察和记录。

## 六、填绘地质界线

在地质观测点上进行地质观察和记录后，需要将各观测点上观察到的同一地质界线（地层分界线、断层线等）编联起来。编联的方法如下：

（1）在地质观测点上观察时，若是地质界线点，就应注意地质界线向两侧延伸的情况，并尽可能地将较远的地质界线也勾绘出来，到近处再加以校正。

（2）若是大比例尺的地质填图，因为地质观测点布置得较密，而且多采取顺层追索法布置观测路线，所以填绘地质界线比较容易。

（3）若是中、小比例尺的地质填图，因为地质观测点的密度相对较小，且布置观测路线常常是采用路线穿越法，所以除应注意地质观测点的周围情况外，还可在野外根据“V”字形法则及插入法原理加以编联。

应当注意，填绘地质界线必须在野外地质观察的同时进行，不能在室内臆想地勾绘。如果发现地质观测路线的间距太大，以至于不能控制地质界线的精度，就应作一些补充的观测路线，以保证质量。对于意义重大的断层、标志层、不整合接触线及煤层露头线等，应进行适当追索，以便准确地填绘。

## 七、野外填图的室内整理

每天在野外地质观察中所获得的实际资料，都应当天在室内及时地进行整理。填图时的室内整理工作主要包括下述内容：

（1）对野外地质记录进行检查、归纳和综合，看是否还有疑点和问题。在肯定无误后，即可将野外地质草图上地质观测点、地质界线及岩层产状等用规定的代表符号上墨，并转绘到清图上去。

（2）对于采集的岩石、矿物、化石、构造等标本，经核对其采集地点及层位无误后，要进行分门别类地整理、编号，经初步的肉眼鉴定后填入登记表，然后包装起来，送交有关化验部门进行分析鉴定。

（3）当一条地质观测路线或一个基站的填图工作结束后，要进行阶段性的室内整理，检查各种资料的完备程度和质量、地质填图的精度及对地质矿产问题的了解程度等，并总结路线地质及基站地质情况，工作方法和工作进度。

（4）当野外地质填图工作全部结束后，应对地质填图所取得的各项资料进行全面检查，总结调查地区的地质和矿产情况，并对整个填图工作进行总结，做好野外验收的准备工作。在室内整理过程中，如发现问题，应及时采取措施进行弥补。

## 八、地质素描

在野外地质观察过程中，除用文字记录、描述某些地质现象之外，往往还要用素描图加以补充。地质素描图的特点是强调地质构造现象的线条，一般不需要阴影，只要能真实地反映客观的地质构造现象即可。常用的素描分为远景素描、剖面素描、照相素描和近物素描四种。

1. 远景素描

其对象是山水，目的在于记录地质构造和地貌特征，所以应该是透视的。虽然没有比例尺，但需在图上注明地名和地点，以便与地形地质图相对照。图上还需注明绘图人的位置和瞭望的方向（图7－3、图7－4）。

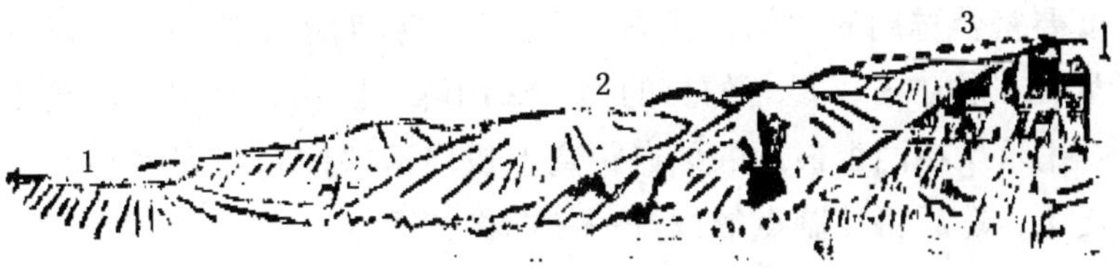


图7－3　张家口南天门素描图（1、2、3为三个不同时期的侵蚀面）
（据巴尔博，1929）

图7-4 张家口附近高台山素描图（表示南天门系中玄武岩火山栓）
（据巴尔博，1929）

2. 剖面素描

为了表示地层顺序、地质构造或矿体在地质构造中的位置，在不需要很高精度的情况下可用剖面素描法。当露头良好而路线又横穿走向时，常采用剖面素描法。路线剖面素描能帮助我们记忆和了解区域构造和其他地质情况。当进行小比例尺地质填图，特别是在新区时，这种方法比较适用（图7-5）。

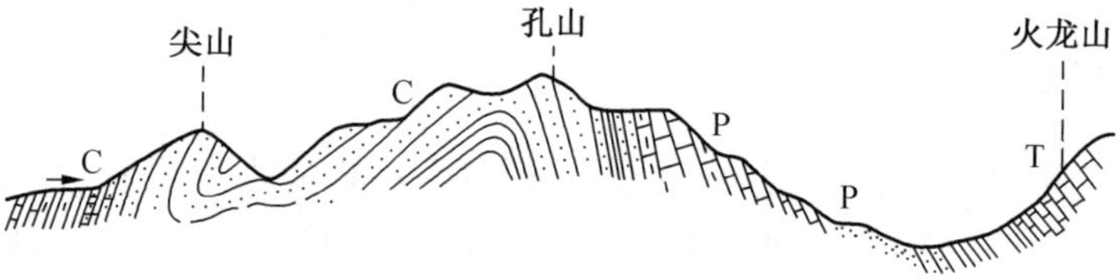


图7-5 南京附近孔山剖面素描图
（据李毓尧，李捷，朱森）

远景素描和剖面素描的一般作法是：

（1）素描者应面向目的物，两眼平视。取米尺一根，平放在两眼最近距离的焦点上。尺子与远处景物相遇所成的交线就是水平线。线的中心就是素描图的中心点。在图纸上画一直线（其长度要符合选用的比例）代表水平线，并标明水平线的中心点。

（2）选择远处景物中若干显著的目的物，如山峰、陡崖、大树、矿硐或房屋等独立物作为控制点，并用米尺在两个最近的焦点距离上量出这些控制点到中心点的距离，同时估计与水平线的交角，然后将控制点的位置一一标在图上。

（3）利用这些控制点，把图内其他景物的细节一一勾入图中。

（4）注上图名、方向和大致的比例。

另外，作远景素描时，还要注意以下的问题：①要有一定的比例，防止大的画小了或是小的画大了，尤其要注意使高差和水平距离的比例保持一致，以免夸大或缩小了地形的起伏，使素描图失真；②目的物的相对位置要正确；③地形轮廓要真实；④要有远近的表示，即透视画法。

远景素描的特点是远山轮廓细，近山轮廓粗，越近越粗，近山细节多，远山细节少，愈远愈少。远山与近山之间要留一些空地。

3. 照相素描

照相素描就是应用照相技术将目的物拍摄成相片，在相片上将各种地质构造现象表示出来的一种素描方法。这种素描方法比远景素描容易掌握，素描者只要具备一定的摄影技术及一般的素描素养即可。照相素描既适用于远景，又适用于近物。在野外地质填图时，为了形象地表示某一地质现象，常用此法。照相素描的步骤如下：

（1）选择出露良好、便于摄影的素描对象。

（2）初步研究其地质构造的特征和轮廓。

（3）在适宜摄影的自然条件下，把整个露头全部拍摄下来。

（4）将底片进行冲洗、晒印。

（5）拿印好的相片到原地质观测点，再将各种地质构造现象勾绘出来。

4. 近物素描

近物素描是指对天然露头的素描。露头范围不大，一般长为几十米，最长不超过100～200 m，最短为3～5 m。由于露头通常是立体的，因此素描图应该是透视的或半透视的。在素描图中，除了勾绘地质现象外，还应当勾绘一些地物，如小桥、房屋、大树等。常用的近物素描方法有：

（1）目测法。用目测判断目的物的大小，按比例尺画入图中。先选择若干特征，如小树、岩石大裂缝等，然后估计它们与目的物的距离和角度关系，作为控制点，再将目的物的细节和相对位置按比例尺一一描绘出来。

（2）皮尺法。作图的过程与目测法相同，但目的物之间的距离是用皮尺测定的，故较目测法准确。

（3）网格法。当露头规模不大，并且地质构造相当复杂时（如小型褶曲、矿脉、地层尖灭，冲刷现象的存在），先用粉笔在露头表面上画出方格网。方格每边长1～5 m，然后将方格按一定的比例尺绘到野外地质记录本上。在相应的网眼中，绘出目的物的轮廓，并精确地表示出各种地质构造现象。

（4）眼前网格法。事先做好钢丝线网小框，框的大小可采用10 cm×15 cm，每个网眼的边长为1 cm，把该小框放在素描者的眼前，使小框的范围内包括被素描露头的全部轮廓，然后按小框内每个网眼的方格，可以很容易地将目的物描绘出来。

另外，在地质填图过程中利用照相来记录某些地质现象，也是十分必要的。它的优点是效率高，并能真实地记录地质构造现象。地质摄影的技术与一般摄影一样，所不同的是地质摄影的取景要强调地质构造的完整性。同时，为了表示比例关系，摄影的时候常将铁锤或米尺放在露头上，用以比较目的物的相对大小。摄影后必须进行详细登记。对于十分重要的目的物，尤其是能被描述的内容甚为丰富，为了防止摄影效果一旦不好，而又不可能再到该露头处进行重摄的情况下，地质人员在摄影后，最好再绘制一张素描图，并在照相登记表上加以注明。

## 九、最终室内整理和编写地质填图工作报告

1. 最终室内整理工作的意义、内容与要求

野外工作结束后，最终室内整理和综合研究是地质填图工作的重要环节。它是从感性认识到理性认识必不可少的步骤。室内整理的内容与要求可概括为以下八个方面：

（1）全面整理岩石、矿物、化石等各种标本，核对编号、名称和采集地点等。重要的和有代表性的标本要陈列出来，供参阅对比。

（2）对重要的光片、薄片进行镜下观察和检查鉴定，以便确切地进行研究和加深认识。

（3）整理各种样品的分析鉴定报告，分别编制成表册，并进行统计和计算，结合标本和其他原始编录材料进行分析研究，绘制成有关综合图件及成果图。

（4）根据综合性研究的初步成果，对野外记录和其他原始编录资料进行补充和批注，但不得涂改或删除。对野外地质草图等相应图件也应予以订正和修改。

（5）根据古生物鉴定和同位素年龄测定结果，结合野外资料确定地层及岩浆岩的时代、顺序，进行统一的划分和对比，编制成图表；选择有意义的典型素材，作为编制报告的基础资料。

（6）对于各种地质构造，要结合大区域的构造单元和构造体系的划分进行分析研究，建立整体概念。

（7）根据区域沉积作用、岩浆活动、变质作用及构造变动等基本规律，分析判断各种矿产资源和各种物、化探异常地段的远景及其发展价值。

（8）根据上述分析结果和调查地区的实际情况，编制各种定稿地质图件。并参照规范的有关规定，拟定报告编写提纲，经领导机关审批后，编写地质报告。

2. 定稿地质图件的编制

在综合分析研究的基础上编制各种定稿地质图件，是地质填图工作的最终成果，也是最终室内整理工作的重要一环。各种定稿地质图件是反映调查地区地质矿产情况的基本资料。具体需要编制哪些图件，应根据工作的目的和任务以及调查地区的实际情况而定。

3. 地质填图工作报告书的编制

在室内综合整理研究和编制定稿地质图件的基础上，即可着手编制地质填图工作报告书，用以总结地质填图工作所取得的各项成果。这是地质填图工作的最后一项关键性工作。

地质填图报告书的内容，要根据地质填图工作的目的和任务，结合工作地区的实际情

况加以确定。除开头的序言和末尾的结论外，要有专门章节介绍工作地区的地层、岩石、构造、矿产及其他地质情况和工作成果。目前煤田地质填图工作常常是随着煤田普查或勘探工作同时进行的，并且是大比例尺的，所以不单独编制报告，而是将成果反映到有关煤田普查或勘探报告内。但在地质填图工作结束后，要提交地质填图总结报告。内容提纲如下：

1 概况
  1.1 目的和任务
  1.2 位置和交通
  1.3 自然地理
  1.4 矿井和小窑
  1.5 以往地质工作评述
2 工作方法、工作量和质量评述
  2.1 工作方法
  2.2 工作量和质量评述
3 地层
4 构造
5 岩浆活动
6 煤及其他有益矿产
  6.1 煤层
  6.2 煤质
  6.3 其他有益矿产
7 结论
  7.1 主要成果及质量评述
  7.2 资源远景评价
  7.3 存在的问题及下步工作的建议
8 各种综合性图件（包括地形地质图、地层综合柱状图、煤岩层对比图、实际材料图等）
9 各种成果表（包括所有的原始记录及成果表）

**☞ 知识点65：运用GPS技术填图**

## 一、什么是GPS技术

GPS是全球定位系统（Global Positioning System）的简称，由美国国防部于1973年开始研制，1993年建成。该系统的空间星座部分目前由32颗卫星组成。卫星向地面用户不间断地发送导航定位信号和电文。在地球上的任何地方、任何时间可接收到最少四颗卫星的信号，从而确定位置。定位分为绝对定位、相对定位和差分定位。绝对定位精度可达

27 m，相对定位精度可达 $10^{-6} \sim 10^{-9}$ m。在地质填图中，为了快速准确地确定地质点位置可用差分（RTK）定位（图 7－6）。

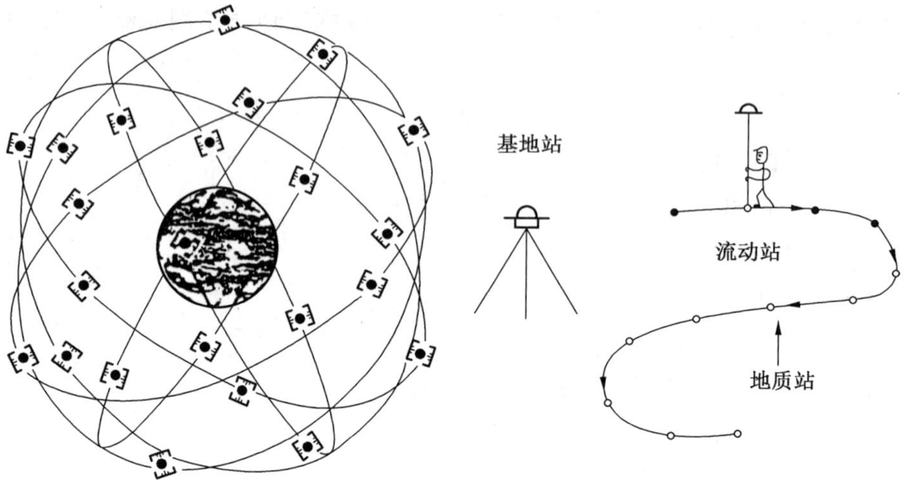


图 7－6 GPS 全球定位卫星星座及测定地质点示意图

## 二、GPS 系统的组成

GPS 由三大部分组成，即空间部分、地面监控部分、用户设备部分。

1. 空间部分

GPS 系统的空间部分是指 GPS 工作卫星星座，由 32 颗卫星组成，均匀分布在 6 个轨道上。卫星轨道平面与地球赤道面倾角为 55°。各个轨道平面的升交点赤经相差 60°，轨道平均高度为 20200 km。卫星运行周期为 11 h58 min（恒星时 12 h）。距角相差 90°。GPS 卫星的上述时空配置，基本保证了在地球上任何地点、任何时刻均至少可以同时观测到 4 颗卫星，以满足地面用户实时全天候精密导航和定位。GPS 卫星的主体呈圆柱形，直径约为 1.5m，重约 774 kg，两侧各安装两块双叶太阳能电池板，能自动对日定向，以保证卫星正常工作用电。每颗卫星带有 4 台高精度原子钟，其中 2 台为铷钟，2 台为铯钟。GPS 卫星上设有微处理机，可以进行必要的数据处理工作，它主要的 3 个基本功能是：①根据地面监控指令接收和储存由地面监控站发来的导航信息，调整卫星姿态、启动备用卫星；②向 GPS 用户播送导航电文，提供导航和定位信息；③通过高精度卫星钟向用户提供精密的时间标准。

2. 地面监控部分

地面监控部分包括主控站、监测站和注入站。主控站 1 个，位于美国本土科罗拉多斯普林斯（Colorado Springs）的联合空间执行中心 CSOC；注入站 3 个，分别设在印度洋的迭戈·加西亚岛、南大西洋的阿森松岛和南太平洋的卡瓦加兰。监测站5个，其中4个与主控站、注入站重叠，另外一个设在夏威夷。主控站的主要任务为：根据各监测站提供的观测资料推算编制各颗卫星的星历、卫星钟差和大气层修正参数并把这些数据传送到注入站；提供GPS系统的时间标准；调整偏离轨道的卫星，使之沿预定的轨道运行；启用备用卫星以取代失效的工作卫星。注入站的主要任务为：在主控站的控制下，把主控站传来的各种数据和指令等正确并适时地注入相应卫星的存储系统。监测站的主要任务为：给主控站编算导航电文提供观测数据，每个监控站均用GPS信号接收机，对每颗可见卫星每6 s进行一次伪距测量和积分多普勒观测，并采集气象要素等数据。

其实，在地面上只要用接收机测出4颗卫星信号到达本接收机的时间，就可准确推算出接收机所在地的经纬度、海拔高度、时间、运动速度等数据。

3. 用户设备部分

由GPS接收机硬件和相应的数据处理软件以及微处理机及其终端设备组成。其主要功能是接收GPS卫星发射的信号，获得必要的导航和定位信息及观测量，并经简单数据处理实现实时导航和定位，用后处理软件包对观测数据进行精加工，以获取精密定位结果。

## 三、GPS卫星定位系统的基本原理

前面已经知道，GPS卫星定位系统由地面控制站、GPS卫星星座和GPS接收机三部分组成。那么GPS卫星定位系统是怎样工作的呢?

地面主控站根据监测站对GPS卫星的监测数据，外推出一定时段的轨道参数——预报星历，并将预报星历编成导航电文，加上卫星钟差改正、大气层修正等编成导航电文注入卫星；GPS卫星通过$L_1$和$L_2$波段的载波将伪随机码（CA码和P码）及导航电文向地面发射；GPS接收机接收GPS卫星信号，对卫星信号进行解算，得到该点的三维坐标以及时间信息等定位信息。流程如图7－7所示。

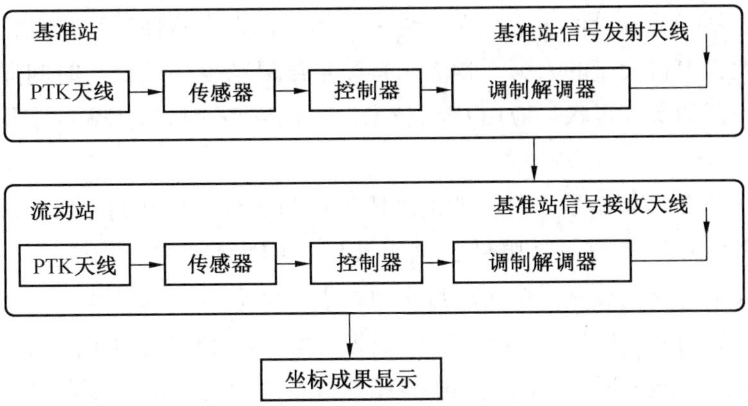


图7－7 GPS卫星定位系统的基本原理

## 四、GPS 卫星定位系统的特点

GPS 导航定位系统之所以在许多领域得到广泛应用，出现了与 GPS 系统相关的产业，是因为其本身具有诸多优点，概括起来主要有以下七个方面：

（1）定位精度高。由于 GPS 技术采用差分定位，其相对定位精度在 50 km 以内可达 $10^{-6}$ m，100 ~ 500 km 可达 $10^{-7}$ m，1000 km 以上可达 $10^{-9}$ m。在 300 ~ 1500 m 工程精密定位中，1 h 以上观测的解算，其平面位置误差小于 1 mm。

（2）获取信息快速实时，观测时间短。由于 GPS 系统的不断完善，软件不断更新，目前 20 km 以内相对静态定位，仅需 15 ~ 20 min。快速静态相对定位测量时，当每个流动站与基准站相距在 15 km 以内时，流动站只需观测 1 ~ 2 min，动态相对定位测量时，流动站出发时观测 1 ~ 2 min，然后可随时定位，每站观测仅需几秒钟。

（3）测站间无须通视，不受视野条件影响。

（4）可提供三维坐标。

（5）操作简便。随着 GPS 机不断改进，自动化程度越来越高，体积也越来越小，重量越来越轻，有的已达“傻瓜化”的程度。

（6）全天候作业，不受起雾、刮风、下雨下雪等气候的影响。

（7）功能多、应用广。GPS 系统不仅可用于测量，还可用于测速、测时。

由于 GPS 技术具有以上特点，在获取高精度的数据或者在制作高精度、现势性要求强的地图时，不仅需要保证定位数据的准确性，而且还要考虑到能快速及时地提供所需要的数据信息。

## 五、利用 GPS 直接完成地质点的定位工作

野外地质点的定位准确与否直接影响到各种地质图件的质量。矿产资源勘查、矿区范围的划定、矿体规模的测定等都需要进行定点测量。以往的地质测量工作主要利用传统手段如经纬仪、全站仪等测量仪器进行人工测量，然后在室内整理计算得到最终结果。这样做不但工作量大，浪费大量的人力、物力，且测量结果精度还较低，时间周期也长，不能及时反映矿产资源的实际现状。应用 GPS 技术，可以减少矿区范围界限定位误差，取得很好的成果。

用 GPS 定位系统测定地质点，一般由地质人员与测量人员共同完成，采用快速定位方法，至少需要 2 台 GPS 接收机。野外数据采集时，GPS 接收机置于基点（控制点）上，另一台由地质人员选择地质点，依次在每个地质点上竖立 GPS 接收机，3 ~ 5 min 即可完成地质点的测定，如图 8 – 2 所示。经计算机数据处理后，得到地质点的平面坐标和高程，然后将地质点展绘到地形图上，绘出地质界线并进行必要的注记，即完成填图。

GPS 的定位比传统的人工定位更精确、更迅速，特别在地形复杂或平坦单调的地区更能显示出其优势。从野外踏勘到扫面填图的路线调查，以及专业勘探（包括物探和化探）

的整个定位工作，完全可以由 GPS 取代人工作业。存储于 GPS 接收机内的地质点的坐标值可以通过 GPS 与 GIS 之间的接口直接进入 GIS 空间数据库并标注在地形图上，为制图和空间信息分析提供精确的点源信息。

另外，GPS 在地物化综合剖面测量、野外地质填图以及地质工程点，如钻孔、探槽、剖面、地质点等地质工作中均得到广泛应用，因它操作方便、工作快捷、体积小便于携带，且定点定位精度较高，能满足工作需要。

**☞ 知识点 66：遥感地质填图**

自 20 世纪 70 年代以来，空间遥感技术就取得了重大进展，形成了对地球资源及环境的信息收集系统，为地学遥感应用开辟了广阔的前景（图 7－8）。到目前为止，航天遥感和航空遥感技术已经广泛应用于区域调查和地质填图工作中，其中航天遥感技术的应用体现在从宏观上对影像岩石单元的识别和划分、遥感构造分析与遥感制图、遥感找矿及成矿预测等方面；航空遥感技术主要从局部和细节上分析地质构造、岩性地层、蚀变岩和侵入岩体等。

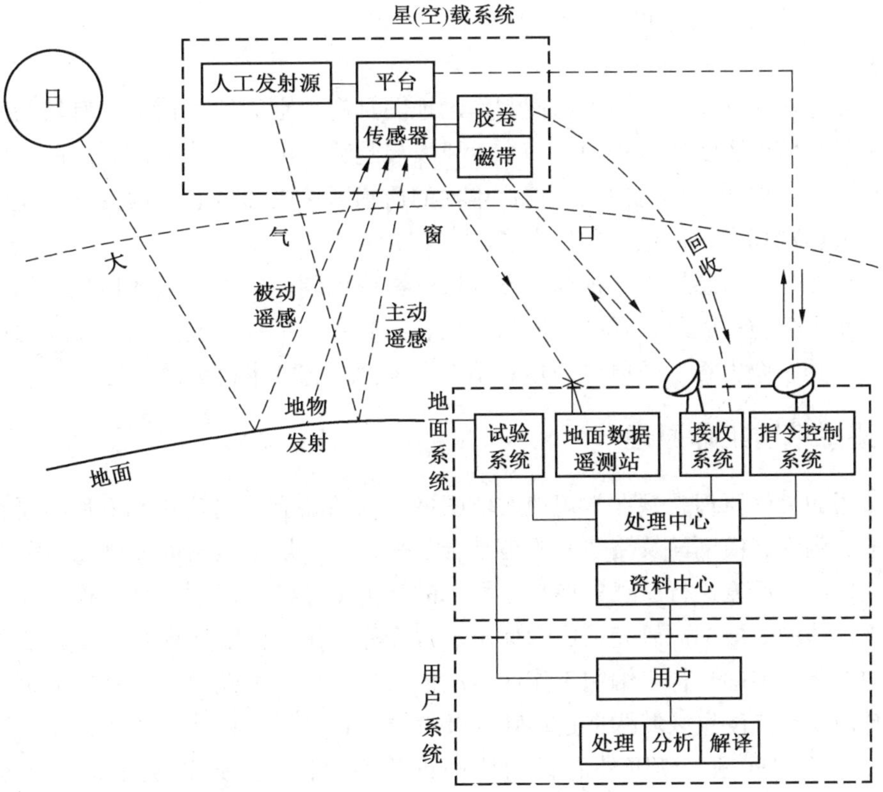


图 7－8 遥感技术系统工作原理示意图

遥感技术可以指导区域调查工作的合理部署，减少野外调查路线长度，遥感资料在岩性识别、断裂解译、侵入岩单元划分等方面均具有明显的优势。通过重磁、遥感数据复合处理图像的综合解译可识别出在地面调查中难以发现的基底或深部构造形迹，并在空间上圈绘区域构造框架。运用航空航天遥感图像的栅格数据和矢量数据混合处理方法可以进行计算机辅助地质解译制图，使界线的圈定更加直观和准确。遥感技术可以提高地质研究质量，缩短填图周期，保证区域调查质量，具有明显的社会经济效益。

## 一、遥感影像

遥感影像是把地理环境中的各种组成地物以及它们的相互关系表现在一个缩小的平面上，是地球表面自然景观综合的缩影，最显著的特点是综合性。大量的地理信息体现在遥感图像的像素上，像素记录了对应地点上的景观信息。随着遥感技术的发展，地质图件的制作方法也有了许多变化。当前许多国家在编制以遥感影像为地理底图的地图，是因为遥感影像具有以下优点：

（1）遥感影像具有丰富的基础地理信息，直观性好。

（2）获取信息及时，信息的现势性强。

（3）从经济方面来看，可以节约资金。

（4）数据精度高，可靠性强。

用遥感影像作为地理底图，可以使制作的地图具有丰富的地理信息，有较为直观的立体感，这也是当前地图制作过程中的一个重要发展趋势。由于遥感影像制成的地图能较好地结合遥感影像与地图各自的优点，它比单独的遥感影像更加具有可读性和可量测性，比普通地图更加客观真实，信息量更加丰富。

值得注意的是，遥感地质是依据岩石地层的影像色调、影纹、地形地貌等的差异进行岩石地层单元划分的；因此，在原岩原始性质和面貌发生了根本改变的深变质岩区进行遥感地质填图，其影像岩石填图单位的建立是有效发挥遥感技术优势的关键。

## 二、遥感填图工作原理

遥感填图的工作原理就是在常规地质填图理论的基础上，把航片、卫片等遥感图像解译尽量与地层剖面、横剖面及路线有机地结合起来，在大规模填图前在已测得分布全区的代表剖面上，尽量反复进行遥感影像地层划分的基本图像模型识别、航片模式化标志、影像结构分析、影像地层剖面研究、影像标志层解译等工作，保证地质基本填图法和遥感填图法结果的协调与准确，初步编制工作区地质框架图。在全区框架图的基础上，全面对航卫片再次解译，重点注意区域构造运动特征及地层分布规律，总结构造演化特征及含油气概况，并发现遗留问题，到野外有目的地进行最终验证。经过再次论证、修改后最终成图。

## 三、遥感填图的工作程序与方法

编图过程可以分为前期准备设计、野外填图调查、室内资料处理三个阶段。

1. 前期准备设计阶段

该阶段包括对工作原理、技术思路及工作程序的确定和路线布置、资料收集、踏勘及航卫片解译等众多前期工作。它是整个编图工作的基础，决定了后期任务的完成情况和工作质量。航卫片的初步解译是该阶段工作的重点。

2. 野外填图阶段

野外填图是地质基本填图和航、卫片遥感填图的有机结合体。它要求针对设计提出需要解决的问题，制定合理的地质路线，能够充分了解遥感与地质信息的对应关系。其具体程序及要求如下：

（1）选点与定点。观察点以岩层界线、不整合面、褶曲轴线及断层线为主。点位利用GPS初定，地形图实地校正，并利用航卫片辅助检查，以保证定点的准确无误。同时为便于验收，将点号写在实际点位处。

（2）航片、TM图地质解译及观察点的描述。该阶段航片及TM图解译是对设计阶段解译的完善，是地质填图的重要辅助。观察点的描述，应记录沿途所见的地质要素（层序、岩性、产状、接触关系）变化情况及填图单元的航片及TM图的影像特征（色调、纹理、图案、地貌及水系类型，地物的形状、大小、阴影、特定的空间分布位置与周围地物的相关关系等）。

（3）地质图的勾绘。在1∶5万的地形图上，标注好产状，并将能观察到的地质界线、断层、褶曲轴线填绘清楚，结合航片及TM图的解译成果，完成地质草图的初步勾绘。

（4）阶段整理。主要是对野外原始地形地质图进行检查、核对，检查线、点密度是否合乎要求，界线、轴线、断层线是否合理，对航片及TM图地质解译进行检查总结，并检查核对记录本，以便发现问题，在野外及时解决。最后，点、线上墨归类，留待室内使用。

3. 室内资料处理、图件修改及编审阶段

首先充分利用野外对遥感资料解译的结果，在室内进一步解译，完善野外勾绘出的地质草图。并针对解译过程中出现的问题进行野外实地勘测、修改，最终成图。

## 四、遥感信息在地质编图中的应用

获取优质的遥感图像后，经过对图像要素综合特征的全面分析，便可在编图中快速而全面地获取地层展布和构造等方面的信息。

1. 地层展布特征信息

反映地层的展布规律是地质图中最基本的要求之一。而在地质编图过程中要在短期内，以最经济、最可信的方法达到这一目的，遥感解译是最佳手段。在野外结合实测的剖面，各填图单元一经确定后，便可建立航、卫片的地层解译模式，从而快捷地勾绘出地层的分布界线。

根据各岩组的航、卫片特点，主要依靠能反映微观特征（如岩性、岩层产状、层理结构、岩石组合单元等）的航片，便可划分出各岩组的界线，而卫片的解译结果则起指导作用。

在遥感填图中，虽然航片的详细解译起主导作用，但地质界线的确定是离不开卫片的。

2. 构造信息

遥感图像所揭示的构造信息，按照构造分类包括褶皱和断层两方面，是地质图的另一核心内容。对构造宏观上的认识主要来自卫片，而构造的细节则主要依靠航片。

（1）褶皱信息。褶皱在航、卫片上的反映是非常明显的。背斜表现为外圆内尖的环形影像，而向斜则表现为外尖内圆的特征。在具体划分中，结合航片的产状信息，可以确定褶皱形态特征、轴线分布、变形期次等。

（2）断层信息。借助于遥感图像能充分表现真实地貌、反映自然景观的特点，从图像中可以纵观全局，各种信息一览无遗。其中，断层信息是较为明显的。从航、卫片图上可以了解断裂的性质、产状、断距、伴生构造、构造组合等重要内容。

## 五、遥感技术应用评价

由于遥感图像具有视域广阔、信息丰富、地貌形态逼真、地质概括力强等特点，因而用于地质编图中，能极大地减少工作量、缩短工期，以最少的投入得到最多的产出，真正起到事半功倍的作用。另外，由于其能提供遍布全区的宏观构造信息，因而不仅是对地质填图，而且对工区的综合研究也是较为重要的。

当然，遥感技术的应用是受一些客观因素制约的。如遥感图像受气候及植被等自然条件影响，这些都限制了该技术的推广。但是，即使在露头不太好的地区，遥感图像对构造研究也是非常有用的。随着科技的不断进步，通过对不同波段图像的深入研究，这些障碍最终都会被克服，遥感技术将能在更多领域发挥作用。

## 六、遥感地质工作发展趋势展望

遥感作为现代高新技术和重要的地质勘查方法之一，随着经济建设对地质工作需求的不断增长，今后10多年里，遥感地质应用的发展趋势将有以下特点：

（1）由于遥感卫星更加多样化、小型化和航空遥感资料获取方式向数字化方向转化以及计算机处理功能向高速度、大容量、定量化方向发展，遥感数据的获取和处理将变得更加便捷，遥感应用会深入地质工作的各个领域，变得更加普及。其中最突出的是，传统的区域地质填图方法将为全数字化填图技术所代替。

（2）传感器性能的改善，成像光谱技术和微波技术的发展，使遥感数据的光谱分辨率和空间分辨率不断提高，并能全天候、全天时获取，从而将显著地提高遥感在基础地质研究、矿产勘查、水工环调查和地质灾害监测等方面应用的有效性，大大拓宽遥感技术的服务领域。

（3）遥感技术与各种地学学科、多种高新技术进一步融合；遥感应用的方法技术将不断完善和更新；遥感图像的地质解译日趋自动化、定量化；遥感地质工作的管理更加科学化、规范化。

（4）遥感资料与应用成果通过国际信息互联网络的频繁交流，将激励遥感地质研究的国际科技合作，并有力地推动我国遥感地质产业化的进程。

☞ **知识点 67：3S 集成技术与数字地球**

## 一、3S 集成技术

3S 技术是全球定位系统（GPS）、遥感（RS）和地理信息系统（GIS）的总称。是集 GIS、RS 和 GPS 技术，构成整体、实时和动态的对地观测、分析和应用的运行系统。

3S 的结合应用，取长补短，是自然的发展趋势，三者之间形成了“一个大脑，两只眼睛”的框架，其中，RS 是智能神经网络中的传感器，它探测地球空间自身变化及受外界环境“刺激”，并把信息传输给神经中枢 GIS；GPS 是一个精密的定位器，以确定各种信息发生的时空特征，即空间地球位置，RS 和 GPS 向 GIS 提供或更新区域信息以及空间定位，GIS 进行相应的空间分析，从以 RS 和 GPS 提供的浩如烟海的数据中提取有用信息，并进行综合集成，使之成为决策的科学依据。

以地理信息系统为核心的 3S 技术的集成，构成了对空间数据适时进行采集、更新、处理、分析以及为各种实际应用提供科学决策咨询的强大技术体系。其中地理信息系统起着关键性的作用，具体有以下结合方式：

（1）地理信息系统与全球定位系统的结合。利用地球信息系统中的电子地图和 GPS 接收机的实时差分定位技术，可以组成 GPS + GIS 的各种电子导航定位系统，用于交通警车定位、城市规划红线放样等。

（2）地理信息系统与遥感的结合。对于地理信息系统来说，遥感是重要的外部数据源，是其数据更新的重要手段。而地理信息系统则可以提供遥感图像处理所需的辅助数据，以提高遥感图像的信息量和分辨率。

（3）3S 技术的整体结合。集 RS、GIS 和 GPS 于一体，构成高度自动化、实时化和智能化的地理信息系统，是空间信息适时采集、处理、更新及动态地理过程的现势性分析与提供决策支持辅助信息的有力手段。

为了真正实现 3S 集成，需要研究和解决 3S 集成系统设计、实现和应用过程中出现的一些共性问题，如 3S 集成系统的实时空间定位、一体化数据管理、语言和非语义信息的自动提取、数据自动更新、数据实时通信、集成化系统设计方法以及图形和影像的空间可视化等。

## 二、3S 集成技术的应用

20 世纪 90 年代以来，3S 技术得到迅速发展，其应用领域已遍及国民经济各个部门，在工程测量领域的应用更为广泛，取得了较大的成绩。3S 集成技术的发展，形成了综合的完整的对地观测系统，提高了人类认识地球的能力，拓展了传统测绘学科的研究领域。同时，也推动了相关学科的发展，如地球信息科学、地理信息科学等。

我国经济信息化进程和信息高速公路网络化的发展越来越迅猛，对地理信息需求也迅速增长，特别在解决资源、环境、人口、灾害等全球关心的重大问题上，迫切需要基础空间数据作为规划、监测、管理和决策的依据。

## 三、数字地球

1. 数字地球的概念

1998 年 1 月 31 日，美国副总统戈尔在美国加利福尼亚科学中心发表的题为《数字地球：21 世纪认识地球的方式》的演讲，首次提出了“数字地球（Digital Earth）”的概念，指出我们需要一个“数字地球”，即一种可以嵌入海量地理数据的、多分辨率的和三维的地球的表示，可以在其上添加许多与我们所处的星球有关的数据。

目前“数字地球”还没有一个确切的定义。一般认为“数字地球”是对真实地球及其相关现象的统一的数字化的认识，是以因特网为基础，以空间数据为依托，以虚拟现实技术为特征，具有三维界面和多种分辨率浏览器的面向公众开放的系统，包括对获取的地球信息进行处理、传输、存储管理、检索、决策分析和表达等内容。从狭义方向看，数字地球主要指应用 GIS、RS、GPS 等技术，以数字的方式获取、处理和应用关于地球自然和人文因素的空间数据，并在此基础上解决各种问题。数字地球是对真实地球及相关现象统一性的数字化重现和认识，其核心思想是：用数字化手段统一处理地球和最大限度地利用信息资源。

2. 数字地球的组成

支撑数字地球的科学技术有计算机科学、信息高速公路与空间数据基础设施、全球定位系统、地理信息系统和遥感技术。一般认为数字地球主要由三部分组成：

（1）不同分辨率尺度下的地球三维可视化的浏览界面（与目前普遍使用的 GIS 不同）。

（2）网络化的地理信息世界，为用户提供公用信息和商用信息，甚至可以为各类网络用户开辟一个认识“我们这个星球”的“没有围墙的实验室”。

（3）多源信息的集成器和显示机制，即融合和利用现有的多源信息，并将其“嵌入”数字地球的框架，进行“三维描述”和智能化网络虚拟分析，这是建立数字地球的关键技术。

3. 数字地球的意义和影响

数字地球是 20 世纪 70 年代以来信息革命的自然发展，是空间技术、信息技术、网络技术发展到一定阶段的产物，是继地球大发现和哥白尼、伽利略日心说之后，人类认识地球的重大飞越，有着深刻的时代、经济和技术背景。

我国1998年提出了建设数字地球和数字中国的战略构想，1999年11月在北京举行了首届数字地球国际会议，2001年9月在广州举办了中国国际数字城市建设技术研讨会暨21世纪数字城市论坛。作为一种发展战略，数字地球将在世界可持续发展中发挥极其重要的作用。作为一种前沿技术系统，数字地球必将推动地球科学、空间科学和信息科学等相关科学与技术的飞速发展。无论是促进社会的可持续发展，还是提高人们的生活质量；无论是推进当前科学与技术的发展，还是开拓未来技能经济的新天地，数字地球都具有重要意义。

【项目思考】

1. 地质填图的意义何在?
2. 地质填图的方法和内容包括?
3. 现代地质填图手段相比传统地质填图手段的优越性有哪些?

# 附　　录

## 《构造地质》模拟考核（一）

一、名词解释（每小题4分，共32分）：

1. 面状构造：

2. 褶皱：

3. 节理：

4. 正断层：

5. 总滑距：

6. 地堑：

7. 走向断层：

8. 层理：

二、是非判断（每小题3分，共18分）：

1. 侧伏角是某构造面上的线理与该构造面走向的夹角。(　　)

2. 当地层倾向与地形坡向相反时，露头线与地形线弯曲同（反）向，露头线比地形线开阔（紧闭）。(　　)

3. 不整合形成的时代是在上覆最新（老）地层之前（后），下伏最老（新）地层之后（前）。(　　)

4. 当地层倾向与断层倾向相反时，正断层引起地层重复（缺失）。(　　)

5. 逆断层使得背斜（向斜）上升盘（下降盘）变宽（变窄）。(　　)

6. 断层活动的时代是被其破坏的最老（新）地质体之前（后），下伏最老（新）地质体之后（前）。（　　）

三、简答（每小题5分，共25分）：

1. 平行不整合的主要特征。

2. 原生节理与次生节理有何区别?

3. 张节理与剪节理有何区别?

4. 岩层的产状要素?

5. 节理与断层如何区分?

四、问答（第1小题13分，第2小题12分，共25分）：

1. 断层的存在有哪些标志?

2. 图示说明地层断距、铅直断距、水平地层断距三者之间的关系?

# 《构造地质》模拟考核（二）

一、名词解释（每小题 2 分，共 20 分）：

1. 递进变形

2. 枢纽

3. 张节理

4. 地垒与地堑

5. 水平断距

6. 飞来峰和构造窗

7. 叶理

8. 流线

9. 韧性剪切带

10. 应变

二、填空（每空 1 分，共 15 分）：

1. 岩层的接触关系包括（　　）、（　　）和角度不整合；

2. 岩层的产状要素包括（　　）、（　　）和（　　）；

3. 兰姆赛（Ramsay）依据褶皱横截面上等倾斜线形式和褶皱岩层厚度将褶皱划分为（　　）类（　　）型；

4. 逆冲推覆构造是由倾角小于（　　）的低缓逆冲断层面及上盘推覆距离大于（　　）的推覆体或逆冲席体构成的外来岩块组合构成的构造形式；

5. 劈理可以划分为（　　）、（　　）和（　　）等基本类型；

6. 水平岩层是指倾角小于（　　）的岩层；

7. 面状构造的倾向为 300°，倾角为 50°，用方位角法表示为（　　）；用象限角法表示为（　　）。

三、简答（每小题 4 分，共 20 分）：

1. 简述现代活动断层的标志。

2. 节理与解理的区别。

3. 简述角度不整合的特点及其研究意义。

4. 什么是叠加褶皱，简述其基本类型。

5. 绘图说明正断层与逆断层的区别。

四、论述（25 分）：

1. 沉积岩地区如何确定断层的存在（9 分）；

2. 里卡德（Richard）褶皱位态分类的原则、划分哪几种褶皱类型、各种类型有什么特点？（10 分）

3. 张节理与剪节理的本质区别？（6 分）

## 《构造地质》模拟考核（三）

一、名词解释（每小题 3 分，共 27 分）：

1. 面状构造

2. 褶皱枢纽

3. 轴面

4. 节理系

5. 正断层

6. 总滑距

7. 地堑

8. 地垒

9. 构造层次

二、是非判断（每小题 3 分，共 18 分）：

1. 侧伏角是某构造面上的线理与该构造面走向的夹角。(　　)

2. 当地层倾向与地形坡向相反时，露头线与地形线弯曲同（反）向，露头线比地形线开阔（紧闭）。(　　)

3. 不整合形成的时代是在上覆最新（老）地层之前（后），下伏最老（新）地层之后（前）。(　　)

4. 当地层倾向与断层倾向相同，且断层倾角大于地层倾角时，正断层引起地层重复（缺失）。(　　)

5. 正断层使得背斜（向斜）上升盘（下降盘）变宽（变窄）。(　　)

6. 断层活动的时代是被其破坏的最老（新）地质体之前（后），下伏最老（新）地质体之后（前）。(　　)

三、选择（每小题4分，共16分）：

1. 在垂直于岩层倾向的剖面上测得的视倾角（　　）。

A. 比真倾角大　　B. 比真倾角小，但不等于零

C. 等于真倾角　　D. 等于零

2. 顺一缓倾山沟而上，在沟底见一矿层，倾向前进方向，倾角中等。此矿层“V”字形露头线的尖端必然（　　）。

A. 指向沟的下游　　B. 指向沟的上游，但比等高线弯曲更紧闭

C. 弯曲同等高线　　D. 指向沟的上游，但比等高线弯曲更宽阔

3. 按照褶皱的位态分类，轴面倾角80°，枢纽倾伏角近水平的褶皱为（　　）。

A. 斜歪水平褶皱　　B. 斜歪倾伏褶皱

C. 斜卧褶皱　　D. 倾竖褶皱

4. 在地层层序正常的地区，当断层倾向与地层倾向相同，且断层倾角大于地层倾角，并出现地层重复时，该断层为（　　）。

A. 正断层　　B. 逆断层　　C. 平移断层　　D. 枢纽断层

四、简答（每小题5分，共25分）：

1. 简述平行不整合的主要特征及其地质意义。

2. 原生节理与次生节理有何区别?

3. 面状构造的产状要素有哪些？它们各具有什么含义?

4. 简述断层角砾岩。

5. 简述地堑及地垒构造。

五、问答（每小题7分，共14分）：

1. 张节理与剪节理有何区别?

2. 断层的存在有哪些标志?

# 参 考 文 献

[1] 徐开礼，朱志澄．构造地质学 [M]．北京：地质出版社，2004.
[2] 徐开礼，朱志澄．构造地质学（附本）[M]．北京：地质出版社，2004.
[3] 王希峰．构造地质学．北京：石油工业出版社，1992.
[4] 张达尊，杜文健．构造地质学 [M]．北京：石油工业出版社，1987.
[5] 曾佐勋，范光明．构造地质学 [M]．武汉：中国地质大学出版社，2008.
[6] 孙超．构造地质学 [M]．北京：地质出版社，1993.
[7] 朱志澄．构造地质学 [M]．武汉：中国地质大学出版社，1999.
[8] 朱志澄，宋鸿林．构造地质学 [M]．武汉：中国地质大学出版社，1991.
[9] 陆克政．构造地质学教程 [M]．北京：中国石油大学出版社，1994.